长江上游生态与环境系列

长江上游冰冻圈变化及其影响

丁永建 上官冬辉 等 著

科学出版社

北 京

内 容 简 介

长江上游冰冻圈富集。区域变暖背景下，冰冻圈发生剧烈变化，且对水文、生态、环境和工程等影响日益显著。本书立足长江上游，以冰冻圈要素为核心内容，以冰冻圈变化及其影响为主线，在总结已有研究成果的基础上，更新并融合最新研究成果，全面和系统地介绍了长江上游的冰川、冻土、积雪、湖冰等冰冻圈要素的分布及变化，冰冻圈与气候相互作用，冰冻圈变化对水文、生态、地表环境与灾害及工程的影响，以及长江上游冰冻圈旅游资源评价与开发利用等最新进展。

本书可供长江上游乃至三江源生态环境保护、水文水资源利用、交通管线规划、区域经济可持续发展等管理决策者以及滑雪场建设、科研院所、大专院校师生等相关领域科研和技术人员使用。

审图号：川 S【2024】00036 号

图书在版编目（CIP）数据

长江上游冰冻圈变化及其影响 / 丁永建等著. —北京：科学出版社，2024.3

（长江上游生态与环境系列）

ISBN 978-7-03-078150-5

Ⅰ.①长⋯　Ⅱ.①丁⋯　Ⅲ.①长江－上游－冰川－区域水文学－研究　Ⅳ.①P343.6

中国国家版本馆 CIP 数据核字（2024）第 042462 号

责任编辑：郑述方　李小锐 / 责任校对：王　瑞
责任印制：罗　科 / 封面设计：墨创文化

科 学 出 版 社 出版
北京东黄城根北街 16 号
邮政编码：100717
http://www.sciencep.com
四川煤田地质制图印务有限责任公司印刷
科学出版社发行　各地新华书店经销

*

2024 年 3 月第 一 版　开本：787×1092　1/16
2024 年 3 月第一次印刷　印张：16 1/4
字数：385 000

定价：228.00 元

（如有印装质量问题，我社负责调换）

"长江上游生态与环境系列" 编委会

《长江上游冰冻圈变化及其影响》
著 者 名 单

成　员（按姓氏笔画排序）

丁永建	丁光熙	上官冬辉	马俊杰	王　栋	王世金
王生霞	王荣军	王彦霞	牛富俊	刘文浩	刘文惠
许君利	孙卫兵	杜宜臻	李　兰	李　韧	李向应
李耀军	杨建平	杨珍珍	杨淑华	肖　瑶	吴晓东
吴锦奎	何晓波	汪少勇	张世强	张钰鑫	陈　继
赵求东	胡国杰	俞祁浩	秦　甲	秦　彧	郭浩楠
韩添丁	谢昌卫	窦文康	戴礼云	魏彦强	

秘书组

王欣悦　王梅霞　苌亚平

序

长江发源于青藏高原的唐古拉山脉，自西向东奔腾，流经青海、四川、西藏、云南、重庆、湖北、湖南、江西、安徽、江苏、上海等 11 个省（自治区、直辖市），在上海崇明岛附近注入东海，全长 6300 余千米。其中，宜昌以上为上游，宜昌至湖口为中游，湖口以下为下游。长江流域总面积达 180 万 km²，2019 年长江经济带总人口约 6 亿，地区生产总值占全国的 42%以上。长江是我们的母亲河，镌刻着中华民族五千年历史的精神图腾，支撑着华夏文明的孕育、传承和发展，其地位和作用无可替代。

宜昌以上的长江上游地区是整个长江流域重要的生态屏障。三峡工程的建设及上游梯级水库开发的推进，对生态环境的影响日益显现。上游地区生态环境结构与功能的优劣及其所铸就的生态环境的整体状态，直接关系着整个长江流域尤其是中下游地区可持续发展的大局，尤为重要。

2014 年国务院正式发布了《关于依托黄金水道推动长江经济带发展的指导意见》，确定长江经济带为"生态文明建设的先行示范带"。2016 年 1 月 5 日，习近平总书记在重庆召开的推动长江经济带发展座谈会上指出，"当前和今后相当长一个时期，要把修复长江生态环境摆在压倒性位置，共抓大保护，不搞大开发""要在生态环境容量上过紧日子的前提下，依托长江水道，统筹岸上水上，正确处理防洪、通航、发电的矛盾"。因此，科学反映长江上游地区真实的生态环境情况，客观评估 20 世纪 80 年代以来人类活跃的经济活动对这一区域生态环境产生的深远影响，并对其可能的不利影响采取防控、减缓、修复等对策和措施，都亟须可靠、系统、规范科学数据和科学知识的支撑。

长江上游独特而复杂的地理、气候、植被、水文等生态环境系统和丰富多样的社会经济形态特征，历来都是科研工作者的研究热点。近 20 年来，国家资助了一大批科技和保护项目，在广大科技工作者的努力下，长江上游生态环境问题的研究、保护和建设取得了显著进展，其中最重要的就是对生态环境的研究已经从传统的只关注生态环境自身的特征、过程、机理和变化，转变为对生态环境组成的各要素之间及各圈层之间的相互作用关系、自然生态系统与社会生态系统之间的相互作用关系，以及流域整体与区域局地单元之间的相互作用关系等方面的创新性研究。

为总结过去，指导未来，科学出版社依托本领域具有深厚学术影响力的 20 多位专家策划组织了"长江上游生态与环境系列"丛书，围绕生态、环境、特色三个方面，将水、土、气、冰冻圈和森林、草地、湿地、农田以及人文生态等与长江上游生态环境相关的国家重要科研项目的优秀成果组织起来，全面、系统地反映长江上游地区的生态环境现状及未来发展趋势，为长江经济带国家战略实施，以及生态文明时代社会与环境问题的治理提供可靠的智力支持。

　　丛书编委会成员阵容强大、学术水平高。相信在编委会的组织下，本系列将为长江上游生态环境的持续综合研究提供可靠、系统、规范的科学基础支持，并推动长江上游生态环境领域的研究向纵深发展，充分展示其学术价值、文化价值和社会服务价值。

中国科学院院士

2020 年 10 月

前　　言

各拉丹冬峰（藏语：高高尖尖的山峰）仿佛一个身材高挑、身披白纱的美少女矗立在长江源头。"君住长江头，我住长江尾，日日思君不见君，共饮长江水"。源自各拉丹冬冰川的融水以涓涓细流汇成滚滚长江东流水。长江上游以韧性十足的水源涵养能力，滋育着世界屋脊上独一无二的生态系统。"亚洲水塔"和"生态屏障"成了长江上游高寒区域的两大重要功能。

在全球变化和人类活动的综合影响下，冰雪消融加快，冰川不稳定性增加；多年冻土呈现出下界抬升、上限下降、冻土温度升高等变化趋势，其中，以活动层增厚的变化最为明显；活动层增厚直接影响土壤含水量及碳循环过程，影响生态环境及水源涵养功能，威胁长江上游的生态安全，并对其周边环境产生影响。长江上游南水北调西线工程，穿越多年冻土区，涉及水文、生态、冰冻圈、环境等问题，这些问题影响青藏高原区域水安全与生态安全屏障功能的稳定与否。长江上游经济带生态环境保护工作已经摆上优先地位，冰冻圈要素之冰川、冻土、积雪、河湖冰等是长江源乃至长江上游重要的生态要素，冰冻圈变化产生的一系列影响是各方关注重点。本书将针对气候变暖背景下冰冻圈要素如何变化，其对生态、水文的影响，对重大工程及冰雪旅游服务的影响开展综合性评估研究。

本书共 8 章。第 1 章绪论，对长江上游的自然地理、经济社会概况进行阐述，着重介绍冰川、冻土、积雪和湖冰的分布及冰冻圈要素的作用，确定本书的基本构架；第 2 章在大量的野外实地观测和遥感调查基础上，阐述长江上游冰川、冻土、积雪和湖冰变化特征；第 3 章描述冰冻圈能水循环的特点和关系，揭示冰冻圈变化对气候的反馈；第 4 章利用长江上游水文站资料，探讨冰冻圈融水对河川径流的影响；第 5 章介绍长江上游的植被和土壤生态系统特征及由冰冻圈变化引起的陆地和水生生态系统变化；第 6 章阐述冻融、雪灾和冰川等相关冰冻圈地表环境与灾害，分析其发育特征及影响；第 7 章探讨冰冻圈变化对交通工程、能源工程、水利工程及三江源国家公园建设的影响；第 8 章首次探讨了长江上游积雪旅游服务功能。

本书得到中国科学院（A 类）战略性先导科技专项"美丽中国"（XDA2310040309）和"地球大数据科学工程"（XDA19070500）、三江源（西藏片区）"高寒流域水资源评估及其对气候和生态环境变化的响应研究"（XZ202301ZY0001G）、国家自然科学基金委重点项目"多年冻土变化与水文过程的耦联机制研究"（42330512）、中国科学院国际合作局对外合作重点项目"泛第三极环境与'一带一路'协同发展"-"冰雪过程与模型研究"（131C11KYSB20160061）等资助，并得到冰冻圈科学国家重点实验室的支持。第 1 章由丁永建主笔，上官冬辉、牛富俊、王世金、戴礼云、王生霞、秦甲参与；第 2 章由上官冬辉主笔，谢昌卫、戴礼云、李耀军、王荣军参与；第 3 章由李韧主笔，胡国杰、肖瑶、张钰鑫、杨淑华、马俊杰、刘文浩、杜宜臻、郭浩楠参与；第 4 章由赵求东主笔，韩添丁、何晓波、谢昌卫、刘文惠、汪少勇参与；第 5 章由吴晓东主笔，秦彧、李向应、王栋参与；第 6 章由牛富俊主笔，王世金、俞祁浩、许君利、李兰、杨珍珍参与；第 7 章由陈继主笔，张世强、杨建平、王彦霞参与；第 8 章由王世金主笔，吴锦奎、魏彦强、窦文康、孙卫兵参与。王欣悦、王梅霞、茫亚平、丁光熙在本书研讨、会议组织、材料准备等方面做了大量工作，保障了本书的顺利编写和出版，在本书即将付印之际，对她们的高效组织工作表示感谢。

"长江上游生态与环境系列"之《长江上游冰冻圈变化及其影响》在冰冻圈科学研究从自然科学向自然与人文学科交叉方向发展研究的大势下付梓，既是作者长期在这一地区辛勤耕耘的总结，也是对这一地区已有研究成果的集成。掩卷之时，由衷地对在这一艰苦地区长期坚守、默默奉献的科技人员表示感谢和敬意。

由于笔者水平所限，加之研究尚待深入，疏漏、不足之处在所难免，恳请广大读者批评指正。

作　者

2024 年 3 月

目　　录

第1章 绪　　论

长江是世界第三、亚洲第一大河，水资源丰富，生态类型众多，生物多样性较高。长江横贯中国东西，从高耸的冰雪高原到广袤的河口平原，绵延数千千米，是中华民族繁衍生息的摇篮，也是维系中国可持续发展的重要战略纽带。长江上游生物垂直分带显著，水能资源丰富；源区冰冻圈富聚，湖泊湿地广布，水源涵养功能巨大，水塔效应突出。在全球变暖背景下，冰冻圈正加速变化（Ding et al.，2019），冰冻圈变化对水文、生态、环境、工程的影响也日益显著。系统梳理长江上游冰冻圈变化及其影响，对认识长江上游在整个长江流域的作用、科学推进生态文明建设意义重大，这不仅是推进长江流域生态大保护的重要一环，也是实现流域可持续发展的科学基石。

1.1　长江上游概述

1.1.1　自然地理概况

长江是中华民族的母亲河，也是我国第一大河，全长 6397km。长江发源于世界屋脊——青藏高原腹地的唐古拉山主峰各拉丹冬姜古迪如冰川，由源区沱沱河、通天河经金沙江，和岷江汇合后称为长江。长江流域宜昌水文站以上的流域称为上游，位于 90°E～113°E，24°N～36°N，面积约为 89.77×10⁴km²。长江上游西起青藏高原各拉丹冬，东至湖北宜昌，全长 4511km，依次经过青海、西藏、云南、四川、重庆、湖北等 6 个省区市。长江上游地区以山地为主，地形复杂，自西向东包含我国地势第一、二级阶梯和第三级阶梯过渡带，也是青藏高原重要组成部分。长江上游段落差高达 6000m。长江源区自然条件恶劣，水文站点稀少，长江上游直门达水文站是仅有的一个可全面控制源区径流量、现有资料序列比较完整、可比性较好的水文站点，故将直门达水文站以上作为长江源区，目前的冰川、冻土和积雪研究多集中在长江源区。

长江上游地区地貌类型以山地、丘陵为主，地形陡峻，河流深切。地势西北高、东南低，构成了西北部藏北高原与东南部高山峡谷地貌单元组合。藏北高原长江源区高程一般高于 4300m，地貌上表现为北西或北西西向展布的盆地与山地相间分布，明显受控于构造尤其是新构造运动，高差一般小于 500m；往南东方向河流密集深切，河谷狭窄，谷坡陡峭，干流河谷高差一般超过 1000m，为典型的高山峡谷地貌。据统计（表 1.1），长江上游地区的主要地貌类型为中起伏山地和大起伏山地，分别占长江上游地区总面积的 31.0%和 23.4%；极大起伏山地、平原和台地面积占比均小于 8%。

表 1.1　长江上游地区地貌类型统计表

地貌类型	面积/km²	占比/%
平原	64729	7.2
台地	56468	6.3
丘陵	101660	11.3
小起伏山地	170038	18.9
中起伏山地	278310	31.0
大起伏山地	209947	23.4
极大起伏山地	16547	1.8
总计	897699	100.0

资料来源：中国科学院资源环境科学与数据中心. www.resdc.cn。

上述地形地貌特征造就了长江上游地区气候分布格局，长江源区为亚寒带湿润半湿润高原气候，冻融作用显著，多年冻土、深季节性冻土发育；而东南高山峡谷区受近南北走向的山脉控制和大气环流影响，表现为降水少、昼夜温差大、气温垂直分带明显。整体上长江上游区域差异性地形地貌与气候特征、强烈的新构造运动与地震活动，导致了该区内外动力作用强烈、地质环境脆弱、地质灾害频发、灾害链特征显著。

长江上游地区气候类型复杂多样，既有寒温带气候，又有亚热带湿润季风气候，降水丰沛，集中在 5~10 月，约占全年降水量 70%以上；气温差异大，高原寒冷、河谷燥热、平原湿热（图 1.1）。

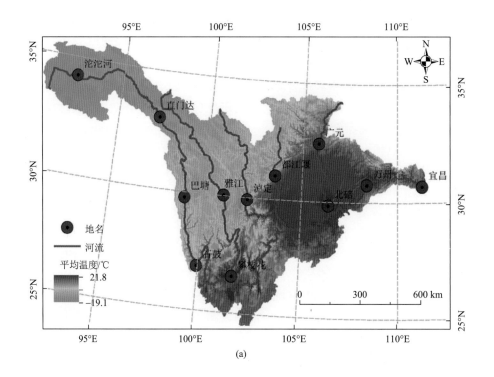

(a)

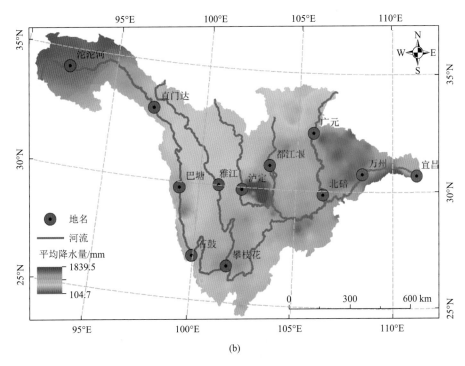

(b)

图 1.1 长江上游多年平均气温（a）和多年平均降水量分布（b）

资料来源：中国科学院资源环境科学与数据中心. www.resdc.cn

长江上游地区高山土类型分布最广泛，面积约 $29.63 \times 10^4 km^2$，占长江上游地区总面积的 33%，广泛分布在长江上游的西北部地区；其次是初育土，面积约 $18.97 \times 10^4 km^2$，占总面积的 21.14%，主要分布在长江上游的东北部地区；淋溶土和铁铝土占比也较大，面积占比分别为 20.51% 和 10.48%，面积分别约为 $18.41 \times 10^4 km^2$ 和 $9.40 \times 10^4 km^2$，均主要分布在长江上游的中部；其余 11 类土壤类型面积较小，总占比不超过 15%（表 1.2）。

表 1.2 长江上游地区土壤类型面积统计表

土壤类型	面积/km²	占比/%
淋溶土	184083	20.51
半淋溶土	44553	4.96
钙层土	97	0.01
初育土	189738	21.14
半水成土	6906	0.77
水成土	18754	2.09
人为土	56572	6.30
高山土	296278	33.00
铁铝土	94049	10.48
城区	170	0.02
岩石	891	0.10
湖泊、水库	2210	0.25

续表

土壤类型	面积/km²	占比/%
江、河	1319	0.15
江河内沙洲、岛屿	20	0.00
冰川雪被	2059	0.23
合计	897699	100.00

资料来源：中国科学院资源环境科学与数据中心. www.resdc.cn。

　　长江上游地区的主要植被类型为栽培植被、草甸和灌丛（表 1.3），其中，长江上游地区栽培植被的面积约为 $21.24 \times 10^4 \text{km}^2$，占总面积的 23.67%，主要分布在长江上游的东北部地区；草甸的面积约为 $19.70 \times 10^4 \text{km}^2$，占总面积的 21.94%，主要分布在长江上游的西北部地区；灌丛面积约为 $17.51 \times 10^4 \text{km}^2$，占长江上游地区总面积的 19.50%，主要分布在长江上游的中部地区；针叶林和阔叶林分布也较多，面积分别约为 $13.49 \times 10^4 \text{km}^2$ 和 $6.20 \times 10^4 \text{km}^2$，分别占总面积的 15.03% 和 6.90%；其余 6 种植被类型面积较小，占长江上游地区总面积的 12.96%。

表 1.3　长江上游地区植被类型面积统计表

植被类型	面积/km²	占比/%
其他	8242	0.92
针叶林	134942	15.03
针阔叶混交林	1585	0.18
阔叶林	61955	6.90
灌丛	175081	19.50
草原	35895	4.00
草丛	42974	4.79
草甸	196957	21.94
沼泽	421	0.05
高山植被	27204	3.03
栽培植被	212443	23.67
合计	897699	100.00

资料来源：中国科学院资源环境科学与数据中心. www.resdc.cn。

1.1.2　经济社会概况

　　长江上游是长江流域重要的生态安全屏障和水源涵养地，承载着西部大开发和长江经济带等重大国家战略。长江上游是长江经济带高质量发展的制约端和难点区，也是未来更多生态产品的创新创造主产区，在维系长江生命线、保障战略资源供给、筑守生态基底、加强空间联系、拓宽内陆消费市场等方面起着不可替代的作用（文传浩等，2021）。

　　2018 年，长江上游区域人口总计 4850 万左右，地区生产总值（gross domestic product，GDP）2.35 万亿元。其中，四川省、重庆市人口较多，经济基础相对较好。2018 年，川、渝、滇、黔城镇化率分别为 52.29%、65.50%、47.81% 和 47.52%，除重庆外，其他三省城镇化率仍低于同期全国城镇化率（59%）（丛晓男等，2020）。长江源区为高原牧业区，人口分布较为分散，产业单一。其中，长江源玉树藏族自治州（简称玉树州）总人口仅 41.45 万左右，GDP 53.61 亿元，分别占长江上游相应总量的 8.55% 和 2.28%，玉树州城镇化率不足 17%。

长江上游东部区域交通网络便捷通达，西部区域则较为滞后。东部区域的成都、重庆、宜昌已形成完善的陆路、航运和航道交通网，区内通达性较高。西部大片区域以青藏公路（109）、川藏公路（317）、上海—聂拉木（318）、西澜线（214）国道公路交通为主，航空交通为辅。其中，国道是长江上游西部区域国家重要的战略交通线路，对于该区居民生活与国家战略发展有着重要意义。随着川藏铁路的建设，长江上游地区间通达性将得到极大改善，也必将推动区域间的经济合作和促进该区人口与经济的全面发展。航空运输则建成了长江上游机场群。长江上游大型港口包括重庆港和宜昌港。

1.1.3　水能资源

长江是我国水能资源最丰富的河流，其中 89% 的水能资源在长江上游。《中国十二大水电基地发展规划》中规划的"大水电基地"，长江上游流域分布有 5 个（表 1.4），其装机容量占十二大水电基地装机容量（1.7 亿 kW·h）的 67.6%。长江上游水电梯级水电开发集中分布于上游干流、金沙江、雅砻江、岷江、沱江、嘉陵江、乌江等（孙宏亮等，2017）。

表 1.4　长江上游大型水电基地

大基地		水能蕴藏量/万 kW	电站装机容量/万 kW	年发电量/(亿 kW·h)
金沙江水电基地		5551	4789	2610.8
雅砻江水电基地		3400	2265	1181.4
大渡河水电基地		1748	1805.5	1009.6
乌江水电基地		1043	867.5	418.38
长江上游水电基地*	三峡		1768	840
	石硼、朱杨溪、小南海、葛洲坝		774.5	435

*长江上游水电基地宜宾至宜昌段分石硼、朱杨溪、小南海、三峡、葛洲坝 5 级开发，三峡为长江上游段，其他区域处于长江中游段。

青海玉树直门达到云南石鼓为金沙江上游段，多年平均降水量为 550～1000mm，年均气温−2～13℃。金沙江上游长约 994km，落差 1722m，装机容量占长江上游的 16%。

长江上游水电储量蕴藏量为 2.67 亿 kW·h，可开发量为 1.97 亿 kW·h，占全国可开发量的 53.4%（孙宏亮等，2017），是"西电东输"的主要产电区，在减排温室气体、防洪减灾、实现节能减排目标、促进可持续发展等方面发挥着重要作用。

1.1.4　矿产资源

长江流域是我国重要的矿产资源地。其矿产资源包括黑色金属、有色金属、贵金属、非金属及能源矿产等，是我国黑色金属（铁、锰、铬、钛等）矿产的主要基地。流域内的云南、贵州、四川、湖北、湖南、安徽等省均为我国的矿产资源大省，矿产资源及其相关产业成为这些地区的重要支柱产业。

长江上游的西昌、攀枝花地区是我国钒、钛、磁铁矿的主要矿产基地。攀西地区钒钛资源居全国第一。滇中昆明、武定一带盛产磁铁矿，是昆钢的主要矿石来源地。除此之外，鄂西地区沉积型赤铁矿等也有重要的工业价值。川、滇诸省区的发育沉积型锰矿及其风化后形成的氧化锰矿，是我国冶金工业的主要矿源。

长江上游是非金属矿产资源比较集中的地区。其中，云南昆明、贵州开阳磷矿资源占据我国六大磷矿生产基地的两个。此外，重晶石主要集中在长江上游的贵州、甘肃甘南等地，其中仅贵州就占全国总储量的1/3左右，贵州天柱是我国著名的重晶石矿山。而贵阳一带的高铝耐火黏土为我国重要的耐火黏土矿产基地之一。

长江流域的能源矿产相对匮乏。煤炭资源西多东少，主要分布于长江上游，有限的煤炭资源主要集中在四川、重庆、贵州、云南等地。长江上游煤炭资源占长江流域的78%。长江上游的油气资源主要集中在四川盆地，现进入开采的有川中、川东、川西北、川东南、川西南等气田。

1.2　长江上游冰冻圈分布

1.2.1　长江上游地区冰川分布

根据《中国第二次冰川编目》数据（刘时银等，2015），长江上游地区共发育冰川1530条，占中国冰川总数的3.15%；冰川覆盖面积为1681.44km²，占中国冰川总面积的3.25%；冰储量约为117.5km³，占中国冰川总储量的2.61%。长江上游地区冰川平均面积为1.10km²，大于全国冰川平均面积（1.07km²）。长江上游冰川分布于金沙江、雅砻江、大渡河和岷江流域（图1.2），其中2/3以上的冰川分布于金沙江流域，而长江源地区分布着长江水系一半以上的冰川，其面积和储量分别占长江水系的67.53%和70.55%，因此长江源是长江水系的主要冰川作用区。

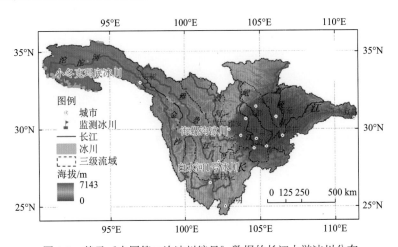

图1.2　基于《中国第二次冰川编目》数据的长江上游冰川分布

绝对海拔及冰川相对高差是决定冰川数量和规模的主要地形要素（施雅风等，2000；刘时银等，2015）。长江上游区的主要山脉包括昆仑山、唐古拉山和横断山脉，海拔均超过 3000m，相对高差达到了 1000～2000m，有利于现代冰川的发育。从数量上来看，横断山脉分布着长江上游地区数量最多的冰川，其次为唐古拉山，昆仑山冰川数量最少。但从面积上看，唐古拉山冰川面积占长江上游冰川总面积的接近六成，而横断山脉尽管数量最多，但面积比例只占约 1/3，昆仑山冰川所占面积比例最小，不到 10%。三条山系冰川的平均面积分别为：1.57km^2（唐古拉山）、0.56km^2（昆仑山）、0.87km^2（横断山脉）（表 1.5）。

表 1.5 长江上游各山系冰川数量与面积统计

山系	数量/条	占比/%	面积/km^2	占比/%
唐古拉山	618	40.39	970.7	57.73
昆仑山	275	17.97	153.58	9.13
横断山脉	637	41.63	557.16	33.14
总计	1530	99.99	1681.44	100.00

长江上游地区以面积＜1.0km^2 的冰川为主，合计 1203 条，占该地区冰川总数量的 78.63%。尽管＜1.0km^2 的冰川数量多，但冰川面积仅为 363.50km^2，只占长江上游冰川总面积的 21.62%。面积介于 2～5km^2 的冰川有 107 条，总面积为 336.12km^2，占冰川总面积的 19.99%；面积＞20km^2 的冰川仅有 10 条，占冰川总数量的 0.65%，但冰川面积却达到了 287.88km^2，约占长江源地区冰川总面积的 1/5（17.12%），其中 7 条位于唐古拉山系，3 条位于横断山脉，这 10 条冰川的具体信息如表 1.6 所示。

表 1.6 长江上游地区面积＞20km^2 的 10 条冰川信息

冰川名称	ID	所属山系	中心点经度	中心点纬度	面积/km^2
	5K451F0008	唐古拉山	91.10°E	33.50°N	54.28
	5Z213A0009	唐古拉山	90.85°E	33.44°N	29.82
岗加曲巴冰川	5K444B0064	唐古拉山	91.16°E	33.46°N	29.50
	5Z213A0004	唐古拉山	90.87°E	33.50°N	27.81
	5K451F0069	唐古拉山	90.67°E	33.95°N	27.00
姜古迪如北侧冰川	5K451F0030	唐古拉山	91.07°E	33.46°N	26.14
磨子沟冰川	5K612F0008	横断山	101.94°E	29.62°N	25.81
海螺沟冰川	5K612F0003	横断山	101.91°E	29.58°N	24.53
	5K444B0044	唐古拉山	91.17°E	33.41°N	22.86
燕子沟冰川	5K612F0013	横断山	101.86°E	29.63°N	20.13

以 50m 为间距对长江上游地区冰川海拔梯度特征进行统计分析，如图 1.3 所示。长江上游地区冰川面积高程特征符合正态分布，平均中值面积海拔为 5515.8m。冰川发育在海拔 3000～6600m，其中海拔 5400～5900m 的冰川面积达到 1084.67km²，占该地区冰川总面积的 64.51%，为冰川集中发育区域。海拔 4000m 以下地区受气候和地形的影响不利于冰川发育，仅有不到 5.29km² 的冰川分布；而海拔 6000m 以上，由于山地面积较小，冰川面积也相应较少，冰川覆盖面积为 72.61km²，仅占冰川总面积的 4.32%。长江上游冰川中，海拔最高（7142.8m）的冰川为位于横断山脉的海螺沟冰川，其中心点的经纬度坐标为 29.58°N，101.91°E；末端海拔最低（2979.4m）的冰川仍然是位于横断山脉的海螺沟冰川。

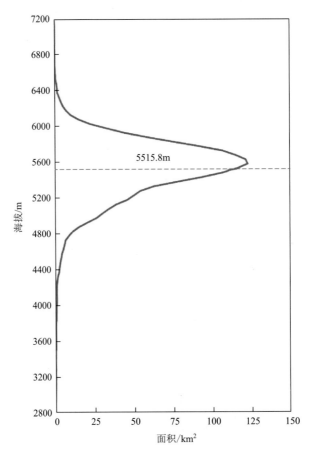

图 1.3　长江上游地区冰川海拔梯度特征

1.2.2　长江上游冻土发育状况

长江上游广泛发育着多年冻土。据统计，多年冻土区的面积为 15.84×10⁴km²，占长江上游总面积的 17.65%，而长江上游多年冻土的 81.9% 分布于长江源区（图 1.4）。根据中国科学院青藏高原冰冻圈观测试验研究站多年冻土的监测站点及相关研究，在楚玛尔河流域和沱沱河流域青藏公路以西的区域，多年冻土一般以富冰低温多年冻土为主，如昆仑山区、可可西里山区、风火山区和唐古拉山区。在青藏公路以东区域，多年冻土大多仅在高山区分布，河谷等低海拔区域多年冻土一般以高温多年冻土为主，以岛状冻土分布和季节冻土并存，并且受地表水系的影响严重。海拔低于 4200m 的区域基本没有多年冻土存在。区内多年冻土分布面积由东向西逐渐增加，西北部和布尔汗布达山、巴颜喀拉山、阿尼玛卿山等高山区为岛状多年冻土区；东北部和东南部除个别山地外均为季节冻土区。

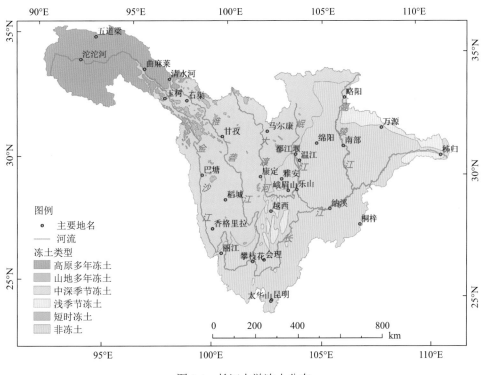

图 1.4 长江上游冻土分布

1.2.3 长江上游积雪分布

基于"中国地区 5km 分辨率 AVHRR[①]逐日无云积雪面积数据"提取长江上游 1980～2018 年逐年积雪日数、积雪期长度、积雪初日和积雪终日，并在此基础上计算多年平均值，获得多年平均积雪日数[图 1.5（a）]、积雪期长度[图 1.5（b）]、积雪初日和积雪终日的空间分布图（图 1.6）。基于"中国长时间序列 25km 雪深数据集"（Che et al.，2008）提取 1980～2018 年长江上游逐年的月平均雪深、年平均雪深、年最大雪深（图 1.7）。

---

① AVHRR 表示高级甚高分辨率辐射仪（advanced very high resolution radiometer）。

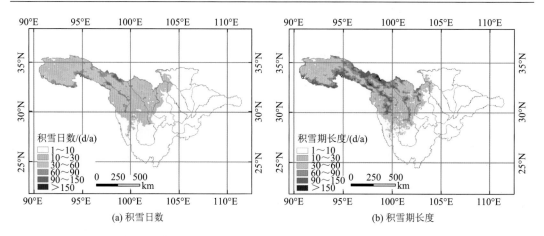

图 1.5　流域多年年平均积雪覆盖日数和积雪期长度空间分布

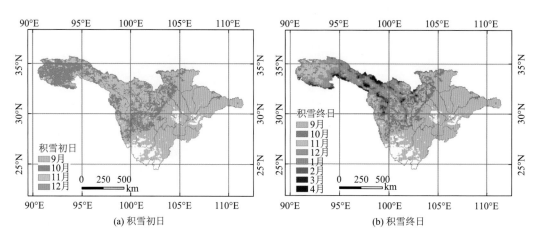

图 1.6　长江上游多年年平均积雪初日和终日空间分布

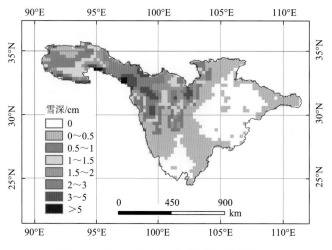

图 1.7　长江上游多年年平均雪深空间分布

积雪日数和年平均雪深的空间分布格局一致。整个流域积雪分布不均，最大积雪日数大于 150d，年平均雪深最大可超过 5cm。积雪主要分布在长江源区，源区内积雪覆盖日数最高超过 150d，积雪日数高于 60d 的区域超过 20%。源区年平均雪深在 2~5cm，最高超过 5cm，大于 2cm 的区域约占整个源区的 40%。其他大部分区域积雪覆盖日数在 10d 以内，年平均雪深在 0.5cm 以内。长江上游的南方地区积雪很少，大部分区域常年无雪。

从积雪初日和积雪终日分布图看，在 90°E~95°E，积雪初日和终日都较早，积雪初日在 10 月，积雪终日在 10~11 月，积雪期长度较短；95°E~100°E 以及 100°E~105°E 区域的北部，大部分积雪初日在 11 月，积雪终日在 2~3 月，其积雪期相对较长。100°E~105°E 区域的南部基本没有积雪覆盖。

1.3　长江上游冰冻圈的作用

1.3.1　突出的生态屏障功能

长江上游植被垂直分带明显，森林、灌丛、草地等在不同高度带具有各自的分布范围和生物多样性特点，形成了具有高度梯度且稳定的生态组成和生态类型分布格局。从高原到山地、从高山到河谷、从山谷到平原，各自的生态组成特点突出、生态服务功能不同，在不同高度梯度上构成了一个完整的生态屏障体系。正因为如此，在《全国重要生态系统保护和修复重大工程总体规划》布局的 7 个生态屏障区中，长江上游涵盖青藏高原生态屏障区和长江重点生态区两个生态功能区，可见其生态屏障功能十分重要且又非常突出。长江上游生态屏障，重点关注的是冰川萎缩、冻土融化、草地退化、生物多样性受损、河湖和湿地面积减少、水土流失等问题。

长江上游被列为全国水土保持重点防治区，重点关注上游高山、陡坡、河谷区的水土流失。这些地区，尤其是干热河谷区，是全国水土流失治理的难点区和重点区。同时，在冰冻圈广泛分布的源区，冰川不稳定性增加、冻融侵蚀加剧、冻融滑塌、冻融湖塘、泥石流等地表过程与灾害频发。水土流失由点状逐渐蔓延、扩大。冻融侵蚀形成的水土流失是与风蚀和水蚀并列的全国三大水土流失类型之一，在气候变暖影响下，其已经成为未来治理的重点。

长江上游地区受西风环流、西南季风、东南季风和青藏高原季风的共同影响，加上长江上游西北高原、东南高山峡谷等地形地貌特征影响，植被受气候变化影响的因素较为复杂。过去几十年，受气候变暖的影响，高寒地区变暖是全球平均速度的 2 倍，随着气候变暖，生态系统低海拔的植被分布无疑要向高海拔区域迁移。与此对应，适应冷生环境的物种将减少，而适应温暖环境的物种增多，生物多样性将发生较大变化，生态系统在整个流域乃至全国的屏障功能也会随之发生变化。因此，保护长江上游生态屏障功能，关注其变化及影响意义重大。

多年冻土区储存着巨大的土壤有机碳，是全球重要的碳库之一。气候变暖引起多年冻土退化，冻土融化，土壤有机碳分解释放碳；未来气温升高驱动多年冻土融化，将可能导致多年冻土地区由巨大的碳汇区转化为巨大的碳源区。

1.3.2　显著的水源涵养作用

长江上游是冰川、冻土、积雪的聚集区，湖泊、湿地广泛分布，加之降水补给，构成了重要的水源形成区；这些水源有些是当年形成的，如降雨、积雪，有些是过去长期积累形成的，如冰川、冻土、湖泊、湿地等，不同的水源相互补充，源源不断，形成"水塔效应"，为长江提供取之不尽用之不竭的水源。同时，冰川、冻土、积雪、湖泊、湿地又在不同时空尺度上调节着河川径流、影响着水汽循环，滋润着土壤植被，起到重要的水源涵养作用。

冰川、冻土、积雪等冰冻圈要素被称为"固体水库"，它是河川径流的重要水源，并且对河川径流起着"调峰补枯"作用。根据《中国第二次冰川编目》估算长江上游冰储量为 $117.5km^3$，折合水储量为 1.057×10^3 亿 m^3。长江源区多年冻土冰储量约为 1.014×10^4 亿 m^3。长江上游区多年冻土、冰雪主要分布在直门达水文站以上的长江源区。尽管冰川径流、融雪径流在直门达占的比例较小，但长江源夏季冰川径流占比可达 30%。而冰冻圈的重要作用不仅在于补给量的多少，更重要的是调节作用。在流域水量平衡出现入不敷出时，冰冻圈会通过融化过去积累的冰量补给河流，调节生态，改变区域水循环。

长江源直门达水文站暖季的冰川融水补给率与总径流呈现明显的负相关关系，即在干旱年份，冰川消融加速，冰川融水补给率高；在丰水年，冰川融水量小。总体来看，估算的冰川融水仅占总径流量的 3.7%，但在干旱的暖季冰川融水的贡献率可以达到 10% 左右，冰川对河川径流的水文干旱调节作用还是存在的。在长江源冰川补给率高的沱沱河等支流，冰川对河川径流的水文干旱调节作用更不可忽略。

积雪冷季积累，在积雪较为丰富的地区，丰沛的冬季积雪起到了保温作用，延缓了土壤的冻结，使土壤释水能力受到冻结的影响相对较小，导致冬季基流较高；冬季积雪较少时，土壤冻结较快，土壤释水能力减弱，冬季基流则相对较低。暖季消融释放大量的水进入土壤和河道，积雪的积累和消融过程引起降水径流的年内再分配。

1.3.3　天险通途的工程廊道

长江上游是青藏工程走廊带和青康工程走廊的重要区域，也是三江源国家公园的核心区域。长江上游工程廊道是高原连接内地的关键纽带，是高原天险变为通途的重要通道。受冰冻圈，尤其是多年冻土冻胀和融沉的影响，高原地区工程受限于多种因素。寒区工程及相应的环境效应是其核心问题。因此，在尽量小的范围内形成穿越多年冻土区的工程廊道，将公路、铁路、输油线路、输电线路等工程相对集中在一定范围的廊道内，是既经济又环保的途径。在长期的实践中，青藏高原已经形成了以公路、铁路为主线的工程廊道，而长江源区是这一工程廊道的核心地段。

随着气候变暖的影响，青藏高原路基工程的阴阳坡效应、管道融化圈的融沉、输电线路塔基沉降变形等冻土冻融灾害显著增加。多年冻土和季节冻土中发育有厚度不等的冰体和冰层,作为工程构筑物的地基,冻土的水热交换是影响这些工程设施的重要过程,严重影响冻土地基工程稳定性。而工程建设改变了冻土地表的物理性质,引起了地表辐射和能量平衡的变化,进而改变了冻土的水热交换过程,引起冻土地下冰冻融,改变了工程稳定性。在气候变暖和工程热影响双重作用下,作为青藏高原工程廊道核心地段的长江上游的重大工程面临着冻土退化带来的挑战。

另外,南水北调西线工程也需要穿越长江源区,积雪、冰崩和冻融及冻土工程环境等也是面临的重要问题。冰冻圈变化对国家公园生态、水文及生物多样性产生影响,国家公园建设、保护和管理中需要持续关注。

1.3.4 巨大的冰冻圈服务潜力

冰冻圈服务功能是冰冻圈系统提供给人类社会的各种产品或惠益(秦大河等,2017)。冰冻圈服务包括供给服务、调节服务、社会文化服务和生境服务、工程服役等。长江上游丰富的积雪、冰川、冻土及湖泊湿地资源,为长江上游旅游等服务提供了场所。长江上游冰冻圈服务包括淡水资源供给服务、径流调节服务、旅游服务(社会文化)、工程服役。而长江上游特殊的气候条件和地域条件,造就了流域得天独厚的滑雪条件。这一地区许多冰川处于海洋性气候区,海洋性冰川纬度低、海拔低的特点,使长江上游冰川旅游资源与其他地区相比具有较大优势。目前国内开发程度最高、资源利用最好的两条冰川就位于长江上游地区,它们就是海螺沟冰川和玉龙雪山冰川景区,其每年吸引大量游客前往。受交通条件限制,这一地区有大量适于普通游客观赏的冰川仍处于待开发状态。随着经济持续发展,人们对冰雪旅游的需求会不断增加,未来长江上游冰雪旅游资源的开发潜力巨大。

1.4 本书的基本构架

本书立足于长江上游,以冰冻圈要素为核心内容,以冰冻圈变化及其影响为主线,在总结已有研究成果的基础上,更新并融合最新研究成果,全面和系统地介绍了长江上游的冰川、冻土、积雪等冰冻圈要素的分布及变化、冰冻圈与气候相互作用、冰冻圈变化对水文、生态、地表环境与灾害及工程的影响(图 1.8),以及长江上游冰冻圈旅游资源评价与开发利用等最新进展,以期为长江上游乃至三江源生态环境现状、生态保护和冰冻圈变化、影响及服务研究提供参考。

长江上游冰冻圈变化及其影响从冰冻圈三大要素(冰川、冻土和积雪)变化和湖冰物候等入手,针对冰川,开展了长江上游冰川的面积、物质平衡、运动速度及冰川长度等要素时空变化特征分析;针对冻土,监测研究工作集中在长江源,开展了多年冻土活动层水热变化、活动层厚度变化、多年冻土温度变化、多年冻土时空变化特征及冻结深度变化等分析研究;针对积雪,开展了长江上游积雪日数、积雪深等指标的年内变化和年际变化特征分析;针对湖冰,主要分析了长江上游 14 个典型湖泊的湖冰冻结日、完全

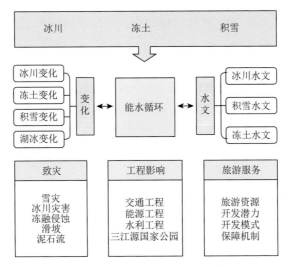

图 1.8　长江上游冰冻圈研究框架

冻结日、开始解冻日、完全解冻日等指标。为厘清冰冻圈要素变化与气候的相互作用，本书分析了长江上游冰冻圈-反照率反馈机制、水循环、能量平衡及水的相变过程。鉴于长江上游冰川和冻土发育、冻融作用显著，本书从冰冻圈对长江上游 4 个作用区的角度，分析了长江上游冰冻圈变化对水文、生态、地表过程和灾害及相应工程产生的重要影响及服务。

参 考 文 献

丛晓男，李国昌，刘治彦. 2020.长江经济带上游生态屏障建设：内涵、挑战与"十四五"时期思路[J]. 企业经济，39（8）：
　　41-47.

刘时银，姚晓军，郭万钦，等. 2015. 基于第二次冰川编目的中国冰川现状[J]. 地理学报，70（1）：3-16.

蒲健辰. 1994. 中国冰川目录Ⅷ——长江水系[M]. 兰州：甘肃文化出版社.

秦大河. 2017. 冰冻圈科学概论[M]. 北京：科学出版社.

施雅风，黄茂桓，姚檀栋. 2000. 中国冰川与环境——现在，过去和未来[M]. 北京：科学出版社.

孙宏亮，王东，吴悦颖，等. 2017. 长江上游水能资源开发对生态环境的影响分析[J]. 环境保护，45（15）：37-40.

孙鸿烈. 2008. 长江上游地区生态与环境问题[M]. 北京：中国环境科学出版社.

王彦龙，邵文章. 1984. 贡嘎山海螺沟雪崩与冰川[J]. 冰川冻土，6（2）：37-43.

文传浩，张智勇，曹心蕊. 2021. 长江上游生态大保护的内涵、策略与路径[J]. 区域经济评论，1：123-129.

辛惠娟，何元庆，牛贺文，等. 2018. 玉龙雪山白水 1 号冰川近地层气象要素变化特征[J]. 冰川冻土，40（4）：676-684.

姚檀栋，陈发虎，崔鹏，等. 2017. 从青藏高原到第三极和泛第三极[J].中国科学院院刊，32（9）：924-931.

Che T，Li X，Jin R，et al. 2008. Snow depth derived from passive microwave remote-sensing data in China [J]. Annals of Glaciology，
　　49：145-154.

Dai L Y，Che T，Ding Y J. 2015. Inter-calibrating SMMR，SSM/I and SSMI/S data to improve the consistency of snow-depth
　　products in China[J]. Remote Sensing，7（6）：7212-7230.

Ding Y，Zhang S，Zhao L. 2019. Global warming weakening the inherent stability of glaciers and permafrost[J]. Science Bulletin，
　　64（4）：245-253.

Zhao L，Wu Q，Marchenko S S，et al. 2010. Thermal state of permafrost and active layer in Central Asia during the International
　　Polar Year[J]. Permafrost and Periglacial Processes，21（2）：198-207.

第2章 长江上游冰冻圈变化

在全球气温升高背景下，长江上游气温增高，冰川、冻土、积雪和高原湖泊均发生了不同程度的变化。本章采用地面监测、遥感监测和模型模拟等手段调查冰冻圈各要素的时空变化特征，揭示冰冻圈变化的过程和程度，有助于理解冰冻圈各要素对气候变化的响应规律。

2.1 冰 川 变 化

冰川是冰冻圈要素之一，是气候和地形相互作用的产物。长江上游高山区域孕育了大量的山地冰川，根据冰川发育的气候条件，长江水系的冰川分为两种类型：分布于通天河以下、巴颜喀拉山之南的海洋性冰川区；分布于通天河以上长江源区的冷性极大陆性冰川区。冰川对气候变化的响应，表现在冰川面积、物质平衡、长度和冰川运动速度等冰川规模、形态和动力属性上的变化。本节将采用地面监测、遥感监测和模拟等手段，从冰川面积、物质平衡、长度和冰川运动速度等方面开展长江上游冰川变化的相关调查分析。

2.1.1 冰川面积变化

为了定量化冰川面积变化的程度，本节利用四期数据进行定量说明，该数据集分别包括《中国第一次冰川编目》数据（1968～1976 年）、《中国第二次冰川编目》数据（2006～2009 年）、2000～2001 年 Landsat ETM + 15m 遥感影像解译的冰川数据和2020 年 Landsat8 OLI 15m 遥感影像解译的冰川面积数据。以《中国第一次冰川编目》数据作为本次冰川变化分析的基准数据，三期数据辅助判断 2020 年冰川边界，开展冰川变化分析。

冰川变化分析结果显示（表 2.1），1968～2020 年，冰川面积从 1886.33km^2 退缩为1575.52km^2，退缩量为 16.5%；冰川条数由 1338 条增加到 1368 条，增加了 30 条，数量增加了约 2.2%，这是由于面积较大冰川的裂解、分离。此外，还有少数冰川为《中国第一次冰川编目》遗漏。根据《中国冰川目录Ⅷ：长江水系》（蒲健辰，1994），长江源冰川1969～1971 年共有冰川 769 条，面积为 1275.66km^2；到 2020 年，冰川有 832 条，面积为1078.46km^2，条数增加了 63 条，增加量为 8.2%；面积减少了 197.20km^2，减少量为 15.5%。其中，2000～2009 年冰川面积萎缩和冰川分离分解最快。玉龙雪山 1968 年分布有 19条冰川，面积为 11.79km^2；2020 年冰川减少到 14 条，面积为 5.16km^2。玉龙雪山 1968～2020 年冰川条数减少了 5 条，减少量为 26.3%；面积减少了 6.63km^2，减少量为 56.2%。贡嘎山冰川由于表碛覆盖，减缓了冰川面积的萎缩。

表 2.1　长江上游冰川变化

时期	条数	面积/km²	绝对变化量		相对变化量/%	
			条数	面积/km²	条数	面积
1968~1976 年	1338	1886.33	—	—	—	—
2000 年	1275	1807.32	−63	−79.01	−4.7	−4.2
2006~2009 年	1376	1652.19	101	−155.13	7.9	−8.6
2020 年	1368	1575.52	−8	−76.67	−0.6	−4.6
1968~2020 年合计			30	−310.81	2.2	−16.5

对比亚洲高山区典型区域的冰川变化（表 2.2），结果显示长江上游区冰川面积变化率小于岗日嘎布、南迦巴瓦峰和阿尔泰山等，而大于青藏高原内陆流域、西昆仑等区域的冰川面积变化，属于冰川面积变化中等程度的区域之一。

表 2.2　亚洲高山区典型区域冰川变化对比

研究区域	面积变化/km²	面积变化率/%	退缩速率/%	数据源	研究时段	资料来源
贡嘎山	−29.2	−11.3	−0.28	地形图、Landsat、ASTER	1966~2009 年	Pan et al., 2011
天山	—	−11.5	−0.31	—	1960~2010 年	王圣杰等，2011
珠峰保护区	−501.91	−15.63	−0.56	Landsat MSS/TM	1976~2006 年	Nie et al., 2010
阿尔泰山	−104.61	−36.91	−0.75	地形图、Landsat	1960~2009 年	姚晓军等，2012
东帕米尔	−248.7	−10.8	−0.25	地形图、Landsat	1963~2009 年	Zhang et al., 2016
西昆仑	−95.06	−3.37	−0.09	地形图、Landsat	1970~2010 年	Bao et al., 2015
祁连山	−417.15	−20.7	−0.47	地形图、Landsat	1956~2005 年	孙美平等，2015
青藏高原内陆流域	−766.65	−9.54	−0.26	地形图、Landsat	1970~2009 年	Wei et al., 2014
岗日嘎布	−679.51	−24.9	−0.71	地形图、Landsat	1980~2015 年	吴坤鹏等，2017
南迦巴瓦峰	−75.23	−25.2	−0.73	地形图、Landsat	1980~2015 年	吴坤鹏等，2020
长江源区	−310.81	−16.5	−0.31	两次冰川编目数据、Landsat	1968~2020 年	本书

冰川面积变化是气候系统和地形环境综合作用的结果，为了进一步明确长江上游的冰川变化规律，以第一次和第二次冰川编目数据为基准，结合地形数据分析冰川变化与冰川规模、坡度、坡向、海拔的关系（图 2.1）。图 2.1（a）显示了冰川面积变化与面积规模的关系，随着冰川规模的增大，面积的退缩率降低，面积为 0~0.1km² 的冰川在 1968~1976 年至 2006~2009 年退缩了大约 80%，而面积为 20~50km² 的冰川退缩了大约 10%，表明小面积冰川对气候变化更加敏感，面积退缩严重；大面积冰川对气候变化不敏感，面积退缩不显著。

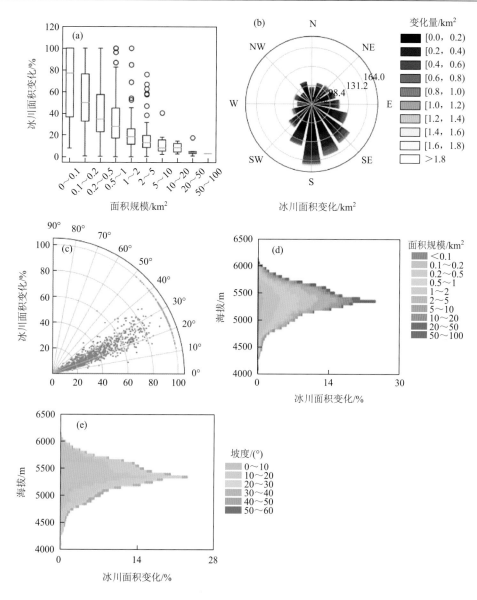

图 2.1　长江上游冰川在不同条件下的变化特征

冰川的朝向通过影响降水量和热量来影响冰川的面积变化。基于坡向统计的长江上游冰川面积变化结果显示[图 2.1（b）]，位于正南、西南和东南方向的冰川面积退缩速率较快，尤其是正南方向，冰川面积的退缩率是北向的 5 倍，而北向的面积退缩速率最慢。面积退缩的差异主要归因于冰川接收的太阳辐射量的不同，当冰川接收到较多的太阳短波辐射时，冰川内部温度上升较快，从而加速冰川退缩，如南向的冰川；反之，处于背阴坡或山体阴影区域内的冰川退缩速度缓慢，如北向的冰川退缩慢（Zhang et al.，2018）。各拉丹冬的冰川变化研究显示，雪山东侧的冰川比西侧的退缩更严重，局部地形以及冰川中心线的走向可能是导致面积变化不一致的原因（周文明等，2014）。

坡度通过改变冰川物质的迁移过程影响面积变化。在整个坡度带内长江上游冰川面积退缩差异较为明显，冰川退缩主要发生于 20°～40°的坡度范围内［图 2.1（c）］。坡度较大的冰川运动速度快（Dehecq et al.，2019），有利于将积累区的物质向低海拔输送，补充由于冰川消融损失的物质，从而减缓冰川的面积退缩。各拉丹冬的岗加曲巴冰川的退缩速度远远大于姜古迪如冰川证实了这种现象（张立芸等，2014）。但在重力作用下，积雪随着坡度的增加迁移量增加，坡度过大不利于积累。

长江源区的冰川面积变化反映在海拔梯度上表现出显著差异［图 2.1（d）和（e）］，面积退缩集中于中值海拔区域，以中值海拔 5300～5700m 海拔范围为中心，随着海拔的上升或者下降，冰川的面积退缩逐渐减少。高海拔处的冰川面积退缩幅度大于低海拔。位于高海拔的冰川主要由面积介于 2～5km² 的冰川组成，在中值海拔以上退缩的态势明显大于低海拔。面积介于 0.2～0.5km² 的冰川，中值海拔以下的区域面积大于中值海拔以上，使得退缩倾向于低海拔。面积大于 10km² 的冰川，在各海拔带的退缩幅度均较小，显示出大冰川的稳定性。

图 2.2 显示了两次冰川编目的面积变化，过去 50 年，北部长江源的大陆性冰川面积退缩为 15.6%，而南部玉龙雪山海洋性冰川的面积退缩为 56.2%（Wang et al.，2019），即由北向南，随着纬度的降低，冰川退缩的幅度逐渐增大，这种变化特征与气候背景有关，即南部的冰川受印度季风的影响，北部的冰川受西风环流的控制（Yao et al.，2012）。

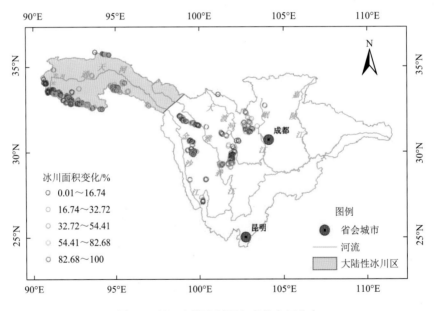

图 2.2　长江上游冰川面积变化空间分布

2.1.2　冰川物质平衡变化

冰川物质平衡指一定时间跨度内冰川物质总积累和总消融的代数和，其中积累包括降雪、风吹雪、冰/雪崩、融水/降雨再冻结等，消融包括冰雪融化、积雪再搬运、蒸发、升华、崩解等。冰川物质平衡可通过冰川法和大地测量法获得，即利用花杆和雪坑直接实地测量来获得冰川物质平衡或者对比不同时期的冰川表面高程来获取冰川物质平衡。

1）冰川物质平衡遥感监测

过去几十年里，遥感数据广泛应用于冰川研究中，使得对冰川物质平衡的研究从点扩展至区域乃至全球尺度，提升了对物质平衡的系统、宏观认识。冰面高程数据是冰川物质平衡变化研究的基础数据，目前主要来源于历史地形图、航空/航天遥感测绘等方式。20 世纪 40 年代以来的航空摄影测量和测绘地形图是早期数字高程模型（digital elevation model，DEM）的主要数据源，是目前冰面高程变化研究的前期主要基准数据之一。之后，2000 年的 SRTM、2000 年以来的雷达测高数据（ICESAT/GLAS）、2010 年前后的 TSX/TDX DEM 等共享数据及光学立体像对（如 ASTER）和干涉测量遥感数据被应用到冰面高程变化监测研究中。

利用 DEM、ASTER 和 SPOT 6-7 对长江源区的各拉丹冬冰川区域进行研究，结果显示（Xu et al.，2018），各拉丹冬地区的冰川表面高程呈下降趋势（图 2.3），1968～2000 年、2000～2005 年及 2000～2013 年冰川表面高程平均变化为(−7.7±1.4)m[(−0.24±0.04)m/a]、(−1.9±1.5)m[(−0.38±0.25)m/a]及(−5.0±1.4)m[(−0.38±0.11)m/a]。可见，1968～2013 年各拉丹冬冰川一直处于厚度减薄状态，而 2000 年以后，冰川厚度呈现加速减薄趋势。

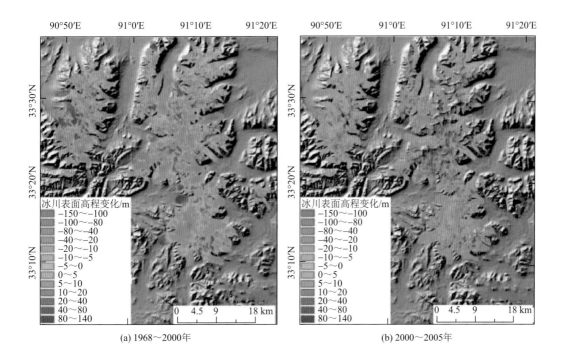

(a) 1968～2000 年　　　　　　　　　　　　(b) 2000～2005 年

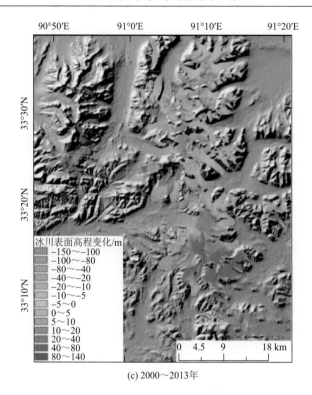

(c) 2000～2013年

图 2.3　1968～2013 年各拉丹冬冰川表面高程变化

　　面积变化较大的大冰川岗加曲巴冰川，冰舌区的冰川表面高程变化较大。该冰川在
1968～2000 年，冰川末端最大减薄 110m。2000～2013 年，减薄的幅度减小。而前进较
大的冰川 5K451F0012，1968～2000 年，冰川末端大幅度增厚，最大增厚可达 100m，可
能与 1992 年发生冰川跃动有关（Xu et al.，2021）。

　　长江上游的冰川空间分布不连续，主要集中分布于贡嘎山、玉龙雪山、各拉丹冬、
玉珠峰等区域（Brun et al.，2017）。基于 ASTER 遥感立体像对的 2000～2016 年长江源
区主要冰川中心的物质平衡空间分布如图 2.4 所示，其空间异质性特别明显，冰川物质平
衡的量级为–0.62～–0.17m w.e.，负物质平衡最大的冰川位于贡嘎山冰川区和玉龙雪山区，
负物质平衡最小的冰川分布于各拉丹冬西段。物质平衡从南到北呈现出变小的趋势，表
明冰川物质亏损逐渐减小，玉珠峰地区冰川的物质平衡为–0.17m w.e.，突出反映了海洋
性冰川对气候的敏感强于大陆性冰川。

　　2）典型冰川物质平衡变化

　　长江上游有 3 条定位监测冰川（图 1.2），包括：①小冬克玛底冰川（92.13°E，33.17°N），
位于青藏高原中部的唐古拉山口附近。冬克玛底冰川是典型的大陆性冰川，由一条朝南
向的主冰川（大冬克玛底冰川）和一条朝西南的支冰川（小冬克玛底冰川）构成复式山
谷冰川，主冰川面积 14.633km^2，长 5.4km。②海螺沟冰川（101.98°E，29.56°N），处于
青藏高原东南缘横断山，是海洋性冰川，为贡嘎山东坡较大山谷冰川，面积 25.71km^2，
长 13.1km，冰舌末端海拔 2900～3600m 为表碛所覆盖（Zhang et al.，2010）。③白水河

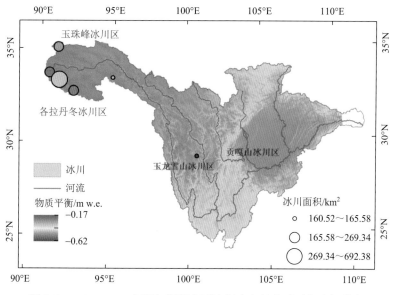

图 2.4　2000～2016 年长江源区主要冰川中心的物质平衡空间分布

1 号冰川（100.18°E，27.10°N），位于云南省丽江市北部 25km 处的玉龙雪山，是一条呈西南—东北走向的冰川。白水河 1 号冰川是海洋性冰川，面积 1.32km²，长度 2.26km，其末端海拔为 4365m（辛惠娟等，2018）。

海螺沟、小冬克玛底、玉龙雪山冰川分别于 1987 年、1989 年和 2006 年以后建成冰川监测网，有连续物质平衡监测的为小冬克玛底冰川和白水河 1 号冰川。以上两条监测冰川的监测模拟结果显示（Wang et al.，2019）（图 2.5），小冬克玛底冰川从 1996 年开始，物质平衡由初始监测的正平衡转化为负平衡，冰川物质的亏损是该冰川 1996～2010 年的主要特征，并出现逐渐加速的趋势，多年平均物质平衡为 -0.12m w.e.；白水河 1 号冰川的物质平衡为 -0.50m w.e.。小冬克玛底冰川与白水河 1 号冰川二者冰川物质平衡相差 -0.38m w.e.，白水河 1 号冰川的负平衡远远大于小冬克玛底冰川的物质平衡，反映了海洋性冰川比大陆性冰川的物质亏损更为严重。

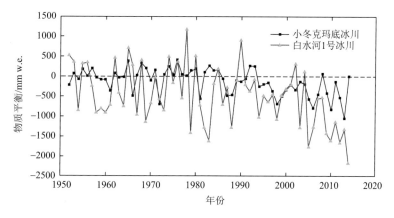

图 2.5　长江上游监测冰川年物质平衡序列（模拟结果）

2.1.3　冰川运动速度变化

冰川运动是冰川的基本特征，是认识冰川性质、冰川变化的关键因素，也是冰川动力学与演化模型必不可少的参数之一。冰川通过运动将积累区获得的物质输送到消融区，维持着冰川的动态平衡，调整着冰川的长度、面积、物质平衡。认识冰川运动速度及其变化，对包括冰川跃动、冰崩等冰川灾害的监测、预警具有重要的意义。本节通过对长江上游的冰川运动速度的系统梳理，分析了来自野外实地测量和遥感监测冰川运动速度的特征。

1）实地测量典型冰川运动速度

贡嘎山地区的冰川研究始于 20 世纪 20～30 年代德国和奥地利地理学家的科考报道，此后，对贡嘎山地区冰川及其相关领域的研究逐渐由野外半定位向定位监测转变（刘巧和张勇，2017）。1981～1983 年，中国科学院兰州冰川冻土研究所和兰州大学地质地理系考察队对贡嘎山东坡海螺沟和西坡小贡巴冰川进行了实地测量，结果显示贡嘎山东坡海螺沟冰川运动速度达 240m，西坡小贡巴冰川运动速度为 150m/a（宋明琨，1985）。1990 年 5 月在海螺沟冰川冰舌中下段布设 30 个花杆测点，观察维持到 1994 年 5 月（苏珍等，1996），结果发现海螺沟冰川中下段主流线上运动速度从上向冰舌逐渐减慢，海拔 3594m a.s.l 主流线上平均运动速度达 171.4m/a。2008 年夏季 28 根花杆观测资料显示，海螺沟冰川海拔 3550m a.s.l 的冰川运动速度最大，达 205m/a，冰川末端的运动速度为 41.0m/a。重复花杆观测的运动速度变化表明，1981～2008 年冰川运动速度总体呈减缓趋势，夏季冰川消融区运动速度平均减小了 31%（Zhang et al.，2010）。根据 3 个昼夜的海螺沟冰川运动速度日变化监测数据，晚上比白天运动速度快，而季节变化上，主流线上夏季日平均流速较冬季日平均流速高 28%左右（苏珍等，1996）。

白水河 1 号冰川的资料显示（刘力等，2012），2011 年 6～9 月玉龙雪山白水河 1 号冰川平均运动速度为 2.34～4.74m/月，与北半球典型大陆性冰川运动速度相比，速度明显偏快，是同规模大陆性冰川月运动速度的 6～10 倍。2013 年 9 月以后，在海拔 4640～4840m 布设了 15 根花杆，结果表明主流线冰面运动速度随海拔升高而减小。2012 年/2013 年冰川主流线海拔 4701m 处运动速度最大，为 46m/a；最小值出现在海拔 4854m 处（粒雪盆），为 24.9m/a。同时，7～9 月月平均运动速度明显快于全年月平均运动速度（杜建括等，2019）。

表 2.3 比较结果表明，海螺沟冰川、小贡巴冰川和白水河 1 号冰川运动速度相比典型大陆性冰川，如乌鲁木齐河源 1 号冰川、七一冰川快，表现出海洋性冰川运动过程中物质输送较活跃的特点。

表 2.3　基于实地监测的长江上游冰川运动与其他典型冰川运动速度的比较

冰川名称	流域	测点位置	流速/(m/a)		年份	资料来源
			最大	平均		
海螺沟冰川	长江	冰舌上部	—	240	1981～1983 年	宋明琨，1985
		3550m a.s.l	205	—	2008 年/2009 年	Zhang et al.，2010
		3594m a.s.l	178.3	171.4	1990～1994 年	苏珍等，1996

续表

冰川名称	流域	测点位置	流速/(m/a)		年份	资料来源
			最大	平均		
小贡巴冰川	长江	冰舌上部	—	150	1981~1983 年	宋明琨，1985
白水河 1 号冰川	长江	冰舌上部海拔 4701m a.s.l	46		2012 年/2013 年	杜建括等，2019
明永冰川	澜沧江	冰舌上部	533.3	—	1991~1998 年	郑本兴等，1999
科其喀尔冰川	阿克苏河	海拔 4000m a.s.l	86.7（水平）	—	2009~2011 年	鲁红莉等，2014
乌鲁木齐河源 1 号冰川	乌鲁木齐河		—	<12	1959 年以来	
七一冰川	北大河	海拔 4725m a.s.l 以下	12.8	7	2011~2013 年	王坤等，2014
青冰滩 72 号冰川	阿克苏河	海拔 3700~4200m a.s.l	73.4	47.1	2008~2009 年	曹敏等，2011

2）遥感监测冰川运动速度

周建民等（2009）利用时间间隔一天的 ERS-1/2 雷达卫星干涉数据，反演了冬克玛底冰川的冰流运动速度。结果显示，大、小冬克玛底冰川全年的运动速度介于 0.06~4.0m/a。由于所用数据为 1996 年 4 月，还是冰川冬季平衡期，冰面运动速度比夏季平衡期要小，所以这个数值会比真实运动速度偏低。

采用 2007 年 1 月~2018 年 11 月的合成孔径雷达（synthetic aperture radar，SAR）数据，联合卫星合成孔径雷达和地基 SAR 两种技术监测海螺沟冰川运动，结果显示，海螺沟冰川最大平均运动速度达 2m/d，冰川运动多年平均速度约 0.3m/d（合 109m）（刘国祥等，2019）。基于遥感影像获取的海螺沟多年平均运动速度比表 2.3 地面实测数据小，其原因是表 2.4 运动速度为主流线运动速度，仅反映一个点的运动速度。

表 2.4　基于遥感的长江上游冰川运动与其他典型冰川对比

冰川/地区	区域	数据类型	平均流速	时段	资料来源
冬克玛底冰川	长江上游	ERS-1/2	0.06~4.0m/a	1996 年 4 月	周建民等，2009
海螺沟冰川	长江上游	PALSAR-1	0.1~2m/d	2018 年	刘国祥等，2019
普若岗日冰川	青藏高原内陆流域	ERS-1/2	0.07~0.12m/d	1998 年 9 月 16~17 日	柳林等，2012
12 条冰川	易贡藏布	SAR	15~206m/a	2007 年夏天	Ke et al.，2013

基于 ITS_LIVE（inter-mission time series of land ice velocity and elevation，陆地冰速度和高程监测任务时间序列）数据的 1985~2018 年海螺沟冰川的年平均运动速度（图2.6），从积累区的上部向消融区方向冰川流速逐渐增大，到平衡线附近最大；从平衡线向冰舌方向，冰川运动速度逐渐降低，冰舌流速最慢，总体为中间冰川运动快、两端慢。海螺沟冰川的最大流速为 123m/a，多年平均流速为 11.02m/a，运动速度之所以大是因为海螺沟冰川是温冰川，冰川积累大、消融强烈，冰川融水加剧冰川融水通道发育，提升了冰川的温度，冰川的流变参数大，尤其是冰川的底部处于融点，冰川的融水渗透到冰床，进一步促进了冰川的底部滑动，加速了冰川的运动。

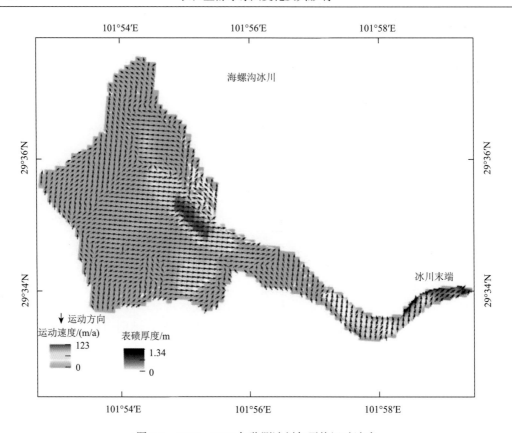

图 2.6 1985～2018 年监测冰川年平均运动速度

为了进一步揭示长江源区冰川运动速度的空间特征，利用 ITS_LIVE 数据分析了这种差异，该数据提取自 Landsat4、5、7、8 的冰川数据产品，包含 1985～2018 年的所有冰川运动和海拔变化数据，被广泛地用于亚洲高山区冰川运动的相关研究中。基于该数据，图 2.7 显示了 1985～2018 年长江源区从北向南，数据覆盖的三个主要冰川区域多年平均运动速度，多年平均冰川运动速度的范围为 0～122m/a，最快的运动速度集中分布于贡嘎山冰川和各拉丹冬冰川，最慢的运动速度位于冰川的边缘。统计结果显示，各拉丹冬地区、吉富山地区和贡嘎山地区冰川多年平均运动速度分别为 3.61m/a、1.19m/a 和 5.11m/a。各拉丹冬和吉富山冰川以较小的运动速度维持着冰川的物质平衡，而贡嘎山冰川以较大的运动速度对低海拔的物质亏损进行补给，表现出海洋性冰川快速运动的特征。

1987～2018 年长江源区冰川年平均运动速度序列如图 2.8 所示，运动速度整体表现出下降趋势。1987～2000 年冰川平均运动速度为(4.04±1.98)m/a，2000～2018 年平均运动速度为(2.68±0.95)m/a，运动速度减缓了 34%。冰川的运动速度减缓与冰川物质亏损紧密相关，2000～2017 年，长江上游的冰川大量亏损，厚度减薄，剪切力降低，冰川运动速度减缓（Dehecq et al.，2019）。

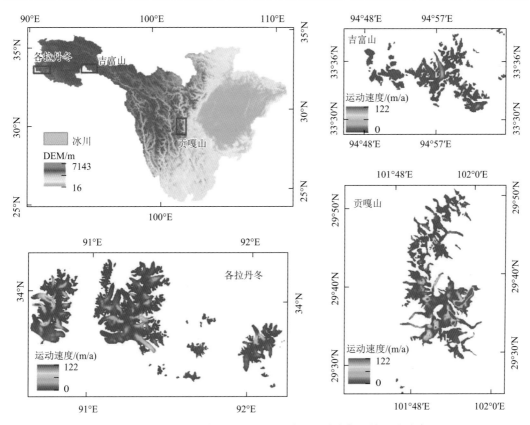

图 2.7　1985～2018 年长江源区不同冰川区域多年平均运动速度

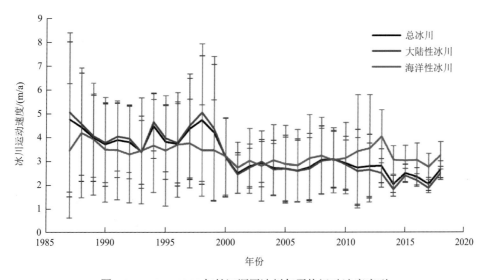

图 2.8　1987～2018 年长江源区冰川年平均运动速度序列

与大陆性冰川相比，海洋性冰川运动速度年际变化幅度较小，整体呈现下降趋势。2000～2014 年，海洋性冰川运动速度加快，表现出上升的趋势，与大陆性冰川的下降趋势相反，这或许与冰川厚度减薄、坡度变化以及冰川底部滑动有关。

利用 1987～2018 年 ITS_LIVE 数据对长江上游各冰川规模的运动速度进行统计，结果显示［图 2.9（a）］，随冰川规模增大，其运动速度显著增加，其中 0～0.1km² 的冰川运动速度是 0.49m/a，20～50km² 的冰川运动速度是 6.08m/a，二者相差 11 倍。冰川运动不仅与冰川规模有关，冰川坡度也是影响运动速度的主要因素（Dehecq et al.，2019），长江上游冰川运动速度最大的坡度是 10°～20°［图 2.9（b）］。在相同的坡度范围内冰川规模越大运动速度越快，但是 1～2km² 的冰川，在 0°～40° 的范围内，随着坡度的增大，运动速度加快，当坡度大于 40° 时，冰川的运动速度最慢。这是由于冰川坡度与冰川剪应力正相关，坡度越陡峭冰川运动速度越快，但坡度大于 40° 时，则不利于积雪积累，厚度一般较薄，因此该坡度范围内冰川运动较慢。

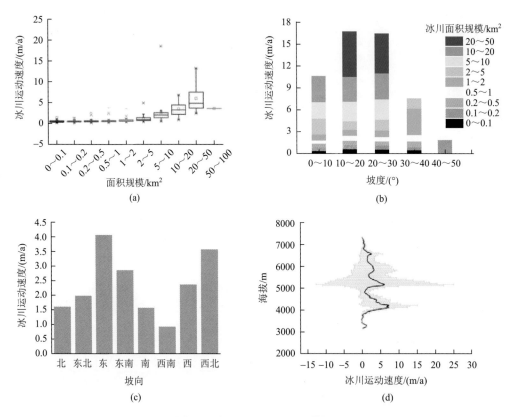

图 2.9　长江源区冰川运动特征

从坡向看［图 2.9（c）］，东向（4.07m/a）、西北（3.59m/a）坡向的冰川运动速度最大，西南坡向（0.94m/a）运动速度较小。不同坡向冰川运动速度与冰川规模相关，东向和西北坡向的冰川规模较大，冰川运动速度快，西南坡向的冰川，受太阳辐射的影响，比北向的冰川消融强烈，冰川规模相对较小，其运动速度最小。不同规模、坡度和坡向在海拔梯度的组合构成了长江源区冰川运动速度［图 2.9（d）］，在海拔 4000m 和 5000m 左右呈现出两个大的运动速度峰值，其运动速度分别为 7.64m/a 和 6.43m/a，主要反映了冰川在临近中值海拔范围的运动速度快，这是由于中值海拔对应最大的冰川厚度，低海拔和高海拔处，冰川厚度薄，冰川运动速度慢。

2.1.4　冰川末端变化

长江源区各拉丹冬的冰川，在 1969～2002 年处于由稳定转为退缩状态，即使部分冰川处于前进状态，但是该地区退缩冰川数量远大于前进冰川数量，平均退缩 108.3m（Xu et al.，2013）。在 31 年内退缩了 1288m，前进冰川以 21.9m/a 的速度在 31 年内前进了 680m（杨建平等，2003）。基于小冬克玛底冰川的定位监测结果，1969～1989 年冬克玛底主冰川和支冰川分别前进了 9.4m 和 2.1m，反映了冰川末端基本保持稳定或略小的前进。1989～1994 年冬克玛底冰川大幅度前进，主、支冰川分别前进了约 15m、5m，此后处于退缩状态。1994～2001 年支冰川累积退缩了 13.0m，2001～2020 年，大幅退缩约 180m。主冰川的退缩幅度相对要小 40m。

海洋性冰川末端变化略微不同，19 世纪末至 20 世纪初的降温期（横断山脉的夏凉干燥期），对应于冰川稳定或相对前进阶段；20 世纪 30～60 年代的升温期（横断山脉的夏暖湿润期），对应于冰川退缩阶段；20 世纪 70～80 年代中期的降温期（横断山脉的夏凉干燥期），对应于冰川相对稳定或减速后退阶段；20 世纪 80 年代中期至今的升温期（横断山脉的夏暖湿润期），对应于 20 世纪 80 年代中期以来的冰川后退阶段。

此外，在贡嘎山海洋性冰川区，冰川末端变化受到表碛的影响。例如，海螺沟冰川，冰舌末端大部分区域被表碛覆盖，海螺沟冰川在 1930～2008 年共退缩了约 1878m，其中 1930～1966 年平均退缩率为 31.94m/a，1966～1975 年以平均 32.77m/a 的速率退缩，1975～1994 年退缩率变为 13.26m/a，而在 20 世纪 90 年代之后，末端的退缩速率减缓，1994～2008 年平均退缩率为 12.92m/a（刘巧等，2011）。而贡嘎山的大贡巴冰川由于有非常厚的表碛覆盖，1966～2008 年末端基本没有退缩，但消融区的冰川明显变窄，表碛的存在显著减缓了冰川末端的退缩变化。研究发现，厚表碛的存在改变了冰川表面的能量收支，抑制或者促进了下伏冰川的消融能力，从而减缓了冰川末端退缩，保护了冰川。

2.1.5　冰川对未来气候变化的响应

联合国政府间气候变化专门委员会（Intergovernmental Panel on Climate Change，IPCC）发布的《关于气候变化中海洋和冰冻圈的特别报告》（Special Report on the Ocean and Cryosphere in a Changing Climate，SROCC）评估结果表明（康世昌等，2020；Hock et al.，2019），到 21 世纪末，在 RCP2.6 和 RCP8.5 排放情景下，预计冰川物质损失量将分别达到 22%～44% 和 37%～57%。基于 20 世纪末 1.5℃温升目标，Kraaijenbrink 等（2017）利用耦合冰流模型的物质平衡模型对亚洲高山区的冰川变化进行了预估，结果显示包括长江上游区的横断山脉和青藏高原内部区域，冰川面积分别减少了 60% 和 50%。在 RCP2.6、RCP4.5、

RCP6.0、RCP8.5 情景下，横断山脉冰川面积分别减少 61%、77%、80%、89%，长江上游区海洋性冰川较大陆性冰川面积减少幅度更大。Zhao 等（2014）利用 IPCC A1B 情景数据驱动海拔带拟合的物质平衡模型，预估了亚洲高山脉的冰川体积和面积变化，结果显示 21 世纪中叶，横断山冰川体积减小 114km³，体积亏损率为 -1.41%/a，面积退缩率为 -1.47%/a；青藏高原内部冰川体积减小 1264km³，体积亏损率为 -0.39%/a，面积退缩率为 -0.45%/a。

此后，不同学者从流域角度出发，对长江上游的冰川变化进行了模拟预估（Zhao et al.，2019；Su et al.，2016；Immerzeel et al.，2010）。Zhao 等（2019）基于 CMIP5 的三维大气环流模式（general circulation model，GCM）气候数据驱动耦合度日因子冰川消融模块的大尺度模型 VIC-CAS，预估了青藏高原 5 条大河上游的冰川径流变化，结果显示，虽然降水增加，但是增加的降水不足以弥补气温升高造成的冰川物质亏损，冰川面积在 21 世纪持续降低（图 2.10），其中在 RCP2.6 和 RCP4.5 情景下，长江上游区（UYA）冰川相对于 20 世纪 70 年代的初始冰川面积在 21 世纪末分别退缩 75% 和 80% 左右。即使不同的研究结果对于认识长江上游的冰川变化存在一定的差异，但是长江上游区冰川在未来的退缩是既定事实，适应和应对冰川退缩引起的冰川灾害、冰川径流改变和冰川对气候的影响将成为新常态。

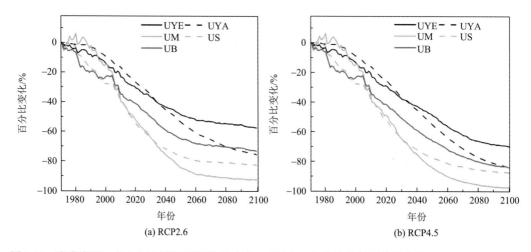

图 2.10　青藏高原 5 条大河上游冰川面积相对于 20 世纪 70 年代的模拟百分比变化（Zhao et al.，2019）

UYE 表示黄河，UYA 表示长江，UM 表示澜沧江，US 表示怒江，UB 表示雅鲁藏布江

2.2　冻　土　变　化

多年冻土是由活动层和下伏冻土通过能量和水分交换构成的一个完整的能水平衡系统，这个系统对气候变化的响应有其独特的方式。多年冻土地区水文条件（地表水、冻结层上水、冻结层下水、冻结层中水、地下冰之间的关系）比较复杂。长江上游区多年冻土主要分布在直门达水文站以上的长江源区。在直门达水文站以下的流域，多年冻土仅零星分布在部分高大山脉高海拔区，在全流域占比很小。长江源区青藏公路沿线是我

国多年冻土监测研究最集中的区域。在这一区域，藏北高原冰冻圈特殊环境与灾害国家野外科学观测研究站提供了大量的基础资料。本节主要基于这些观测资料开展长江源区冻土变化分析。

2.2.1　长江源区多年冻土的监测和分布

自 20 世纪 80 年代以来，以藏北高原冰冻圈特殊环境与灾害国家野外科学观测研究站为主体的科研单位，在昆仑山南坡的楚玛尔河源区，向南经可可西里地区、沱沱河源区到唐古拉山北坡的布曲源区布设了大量的针对多年冻土变化的监测站点（图 2.11），部分站点已经累积了 20 多年的连续监测资料。

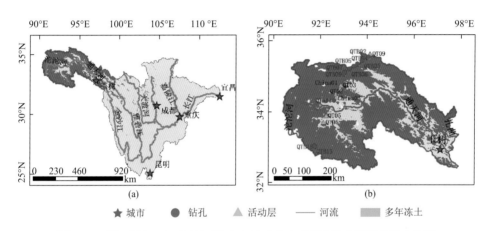

图 2.11　长江上游（a）和长江源（b）冻土分布及部分冻土温度观测点位置

监测活动层水热变化一般通过开挖探坑埋设温度和水分探头的方式进行。目前活动层地温监测探头一般用铂电阻探头，精度为±0.1℃。用于观测水分的探头一般采用时域反射计（time domain reflectometer，TDR），在高原地区 TDR 仪器测量值与烘干法测量的差值一般在 2.5%～5%。另外，近年来在部分监测站点埋设了热通量监测仪器，一般埋置深度为 10cm、20cm、30cm 三个。表 2.5 列出了藏北高原冰冻圈特殊环境与灾害国家野外科学观测研究站布设在长江源区（青藏公路沿线）的活动层观测场具体位置和监测内容。

表 2.5　多年冻土活动层观测场点位置和内容

编号	地域	经度	纬度	海拔/m	观测内容	建立时限
QT01	可可西里	93°03′ E	35°09′ N	4734	热通量、温度、水分、盐分等	2003 年
QT02	北麓河（1）	92°55′ E	34°49′ N	4656	热通量、温度、水分、盐分等	2003 年
QT03	北麓河（2）	92°55′ E	34°49′ N	4656	热通量、温度、水分、盐分等	2003 年
QT04	唐古拉	91°56′ E	33°04′ N	5100	热通量、温度、水分、盐分等	2005 年
QT05	开心岭	92°20′ E	33°57′ N	4652	热通量、温度、水分、盐分等	2003 年
QT06	通天河南岸	92°14′ E	33°46′ N	4650	热通量、温度、水分、盐分等	2003 年
QT07	唐古拉（气象场内）	91°56′ E	33°04′ N	5100	热通量、温度、水分、盐分等	2009 年

编号	地域	经度	纬度	海拔/m	观测内容	建立时限
QT08	五道梁（气象场内）	93°05′E	35°13′N	4783	热通量、温度、水分、盐分等	2005 年
QT09	西大滩（气象场内）	94°08′E	35°43′N	4538	热通量、温度、水分、盐分等	2009 年
China01（CN01）	风火山	92°54′E	34°44′N	4896	热通量、温度、水分、盐分等	1998 年
China02（CN02）	索南达杰	93°36′E	35°26′N	4488	热通量、温度、水分、盐分等	1999 年
China03（CN03）	乌丽	92°44′E	34°26′N	4625	热通量、温度、水分、盐分等	1999 年
China06（CN06）	昆仑山垭口	94°04′E	35°37′N	4746	热通量、温度、水分、盐分等	2003 年

多年冻土地温一般是利用热敏电阻监测的。目前青藏高原地区监测中所用的探头主要采用冻土工程国家重点实验室制作的铂电阻探头，这类探头精度可以达到±0.05℃，能够很好地测量多年冻土地温的变化。冻土地温的测量根据不同的目的和用途，可以分为两种方式：连续测量和不定期测量。连续测量利用自动数采仪记录数据，利用采集的数据可全面了解冻土内部不同深度地温的年内变化过程，对冻土地温年变化深度、冻土自上而下和自下而上的退化趋势进行分析；不定期测量则是利用人工方式不定期采集数据，此类数据可以用以分析多年冻土多年变化过程以及多年冻土在空间范围内的地温特征等。表 2.6 列出了藏北高原冰冻圈特殊环境与灾害国家野外科学观测研究站布设在长江源区（青藏公路沿线）的多年冻土地温观测场点位置。

表 2.6 多年冻土地温观测场点位置

编号	地域	经度	纬度	海拔/m	孔深/m	建立时限
QTB01	西大滩（泵站西南侧）	94°05′E	35°43′N	4530	30	1990 年
QTB02	昆仑山垭口南坡	94°04′E	35°38′N	4753	30	1990 年
QTB03	青藏公路 66 道班	93°47′E	35°31′N	4560	20	1990 年
QTB04	清水河 203 孔	93°36′E	35°26′N	4488	130	2005 年
QTB05	楚玛尔河	93°27′E	35°22′N	4520	30	2005 年
QTB06	可可西里特大桥	93°16′E	35°17′N	4563	30	2005 年
QTB08	五道梁（气象场内）	93°05′E	35°13′N	4650	120	2012 年
QTB07	五道梁火车站南 8km	93°04′E	35°12′N	4656	39.6	1990 年
QTB09	可可西里	93°02′E	35°08′N	4740	20	2005 年
QTB11	乌丽	92°39′E	34°23′N	4623	20	2005 年
QTB15	温泉	91°54′E	33°06′N	4960	60	2005 年
QTB16	唐古拉（气象场内）	91°34′E	33°02′N	5100	36	2006 年
XDTGT	西大滩	94°08′E	35°43′N	4538	30	2005 年

2.2.2 长江源区活动层水热状况变化

1）活动层温度变化

利用长江源多年冻土区不同下垫面观测资料对 ERA-Interim 土壤温度再分析数据资料进行校正后，分析了多年冻土区活动层 1980～2015 年不同深度（0～10cm、10～40cm、40～100cm、100～200cm）土壤温度年均值变化趋势[图 2.12（a）]。结果表明，1980～

2015 年活动层内年平均土壤温度显著上升（Hu et al.，2019）。根据青藏公路沿线 10 个活动层观测场（昆仑山垭口至两道河段）2004～2018 年观测资料分析了活动层底部温度变化特征，活动层底部温度呈现出明显的上升趋势，平均为 0.486℃/10a［图 2.12（b）］。可见，受气候变暖的影响，长江源区活动层近年表现出增厚加快的特点，多年冻土退化明显（图 2.13）。

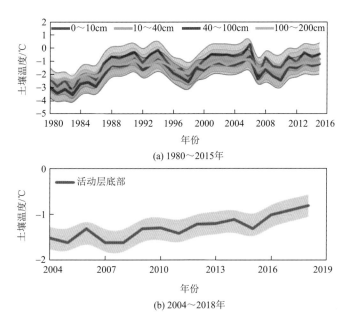

(a) 1980～2015年

(b) 2004～2018年

图 2.12　1980～2018 年活动层不同深度土壤温度年均值变化趋势

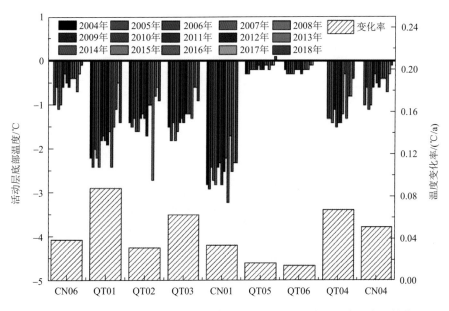

图 2.13　青藏公路沿线 2004～2018 年各个站点活动层底部温度及变化趋势

2）活动层水分变化

长江源多年冻土区活动层观测点一般在 9 月达到最大融化深度，此时剖面水分达到一年中的最大值。因此，统计了青藏公路沿线四个活动层观测场 2004～2017 年土壤水分不同深度观测资料的年平均值和标准差及 9 月的多年平均值和标准差，年平均值和 9 月平均值都呈现出地表含水量较低，活动层上限位置土壤含水量较高。由于冻结期土壤水分大部分冻结，只有少量未冻水存在，因此各站点 9 月平均土壤含水量介于 2.5%～39.7%，而年平均值介于 2.1%～25.8%，年平均值明显低于 9 月平均值（表 2.7）。QT01 和 QT09 地表 0～40cm 土壤深度内，土壤 9 月平均含水量介于 17.5%～32.5%；而 CN02、CN06 和 QT04 地表 0～40cm 土壤 9 月平均含水量介于 2.5%～14.4%，由于地表强烈的蒸散发，土壤含水量较低。5 个观测点活动层底部土壤 9 月平均含水量介于 21.7%～29.6%。

表 2.7　不同深度土壤水分在 2004～2017 年的统计特征（平均值±标准差）

编号	时间	5cm	40cm	80cm	120cm	160cm	260cm	300cm
CN02	年	0.021±0.029	0.029±0.039	0.216±0.141	0.258±0.125	0.138±0.118	0.210±0.086	/
	9 月	0.036±0.030	0.025±0.025	0.330±0.030	0.396±0.008	0.298±0.056	0.217±0.091	/
CN06	年	0.063±0.068	0.058±0.068	0.103±0.078	0.218±0.105	0.119±0.075	/	/
	9 月	0.128±0.045	0.123±0.045	0.191±0.036	0.359±0.024	0.221±0.105	/	/
QT01	年	0.093±0.100	0.154±0.139	0.137±0.090	0.101±0.100	0.088±0.094	/	/
	9 月	0.176±0.041	0.313±0.020	0.248±0.017	0.270±0.068	0.199±0.137	/	/
QT04	年	0.027±0.039	0.079±0.066	0.089±0.074	0.083±0.075	0.092±0.078	0.164±0.082	0.177±0.090
	9 月	0.081±0.050	0.144±0.032	0.158±0.036	0.156±0.020	0.162±0.050	0.272±0.027	0.296±0.021
QT09	年	0.104±0.120	0.178±0.132	0.181±0.145	0.101±0.107	/	/	/
	9 月	0.175±0.051	0.325±0.026	0.397±0.011	0.224±0.093	/	/	/

根据长江源多年冻土区不同深度土壤水分在 2004～2017 年变化特征发现，所有站点的活动层底部含水量显著增加（图 2.14），CN02、CN06、QT01、QT04、QT09 活动层底部土壤体积含水量分别增加了 17.21%、23.16%、32.65%、1.24%、11.33%，平均分别增加 2.31%/a、2.20%/a、2.72%/a、0.12%/a、3.44%/a（表 2.8）。CN02、CN06、QT04 的地表含水量没有显著的年际变化趋势，而 QT01 和 QT09 地表含水量呈现显著降低趋势，在观测期内分别从 26% 和 28% 降低到 15% 和 14%，平均降低 0.71%/a 和 1.69%/a（表 2.8），而同期降水量呈显著增加趋势，主要可能是因为 QT01 和 QT09 地表植被状况较好，由于植被对降水的截留作用，地表含水量受降水的波动较小。另外，在观测期内，QT01 和 QT09 活动层厚度显著增加，提高了活动层的储水能力，从而导致地表土壤含水量向下迁移。CN02、CN06、QT04 由于植被覆盖度较低，土壤水分受降水和蒸散发影响较大，土壤水分季节和年际波动剧烈。可以看出，随着活动层厚度的增加，地表植被覆盖较好的观测点，地表含水量出现了显著的降低趋势。

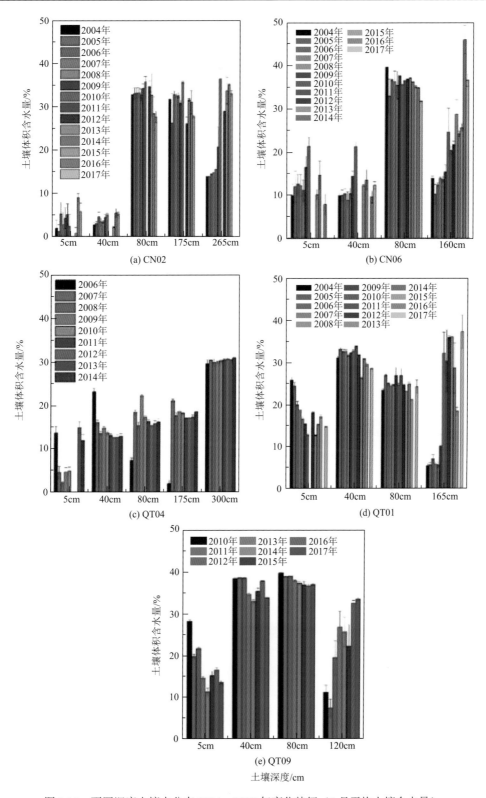

图 2.14　不同深度土壤水分在 2004～2017 年变化特征（9 月平均土壤含水量）

表 2.8　　活动层不同深度土壤含水量在观测期（2004～2017 年）内的平均年变化量（单位：%/a）

站点	5cm	40cm	80cm	120cm	160cm	265cm	300cm
CN02	0.31	0.15	−0.34		−0.15	2.31**	
CN06	−0.04	0.17	−0.2		2.20**		
QT01	−0.71**	−0.31*	−0.15		2.72**		
QT04	0.73	−0.85**	0.12		0.53		0.12**
QT09	−1.69*	−0.56	−0.44**	3.44**			

*：$P<0.05$；**：$P<0.01$。

2.2.3　长江源区活动层厚度的变化

　　根据青藏公路沿线 9 个活动层观测场（昆仑山垭口至两道河段）2004～2018 年观测资料分析了活动层厚度及底部温度变化特征，可以看出，青藏公路沿线活动层厚度在 100～400cm，均呈现显著增加趋势 [图 2.15（a）]，变化率最大的出现在 QT04，最小的在 QT02，平均变化率达到 21.7cm/10a [图 2.15（b）]。但是，活动层厚度增加速率在空间上存在较大差异。而活动层底部温度 2004～2018 年变化特征表明，活动层底部温度变化范围在−3.2～0℃，同样呈现出明显的上升趋势，变化率最大的出现在 QT01，为 0.875℃/10a，最小的在 QT06，为 0.15℃/10a，平均为 0.452℃/10a。可以看出，在气候变暖的背景下，长江源区多年冻土退化明显。

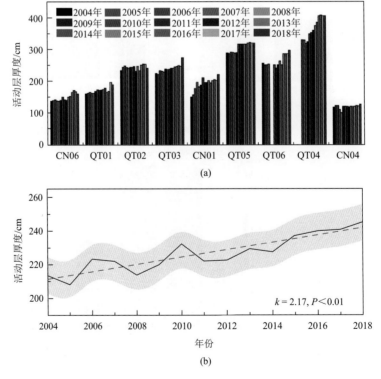

图 2.15　青藏公路沿线活动层厚度 2004～2018 年变化趋势

统计模型的估算结果表明，1981～2018 年，青藏公路沿线活动层厚度呈显著增加趋势，平均变化率达到 19.5cm/10a（李韧等，2012），这与该时段内区域平均气温的升高趋势（升温速率为 0.068℃/a）显著相关。但是，活动层厚度以及 10m 地温增加速率在空间上存在较大差异（图 2.16）。总体空间变异规律为，低温多年冻土区较高温多年冻土区变化明显，高海拔地区较低海拔地区变化明显，高寒草甸地区较高寒草原地区变化明显，细粒土较粗颗粒土变化明显。

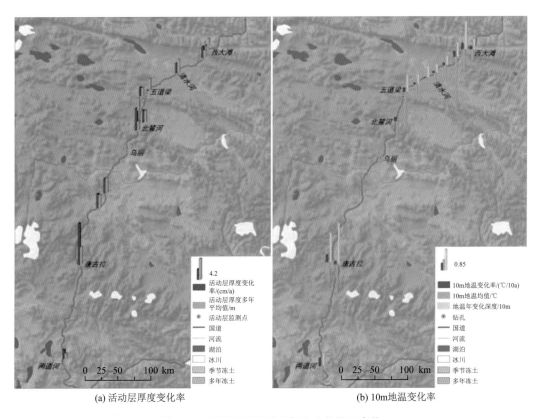

(a) 活动层厚度变化率　　　　　　　　　(b) 10m地温变化率

图 2.16　青藏公路沿线多年冻土热状况变化

4.2 表示活动层厚度变化率和活动层厚度变化均值为 4.2 时的柱状图的大小；0.85 表示 10m 地温变化率、10m 地温均值和地温年变化深度为 0.85 时柱状图的大小

2.2.4　长江源区多年冻土温度的变化

长江源区多年冻土的温度具有两个特点：①多年冻土地温整体相对偏高；②多年冻土地温受地形影响显著，呈杂乱分布，并不像高纬度地区一样具有明显的带状分布特征。长江源区自东向西横跨季节冻土—岛状多年冻土—不连续多年冻土—连续多年冻土区，多年冻土温度分布状况充分体现了青藏高原多年冻土温度状况的整体特征。

长江源区青藏公路沿线有2/3的监测点多年冻土温度高于–1.0℃，属于高温多年冻土，其中有一半的观测点多年冻土地温高于–0.5℃（Wu and Zhang，2008）。目前，监测到的多年冻土最低温度出现在风火山地区，为–3.4℃。青藏公路沿线 18 个监测点的平均地温，除位于乌丽的 QTB11 处于多年冻土融区外，其余各点均位于多年冻土区（图 2.17）。多年冻土区 17 个监测点中有 13 个监测点平均地温均高于−1.0℃，其中 8 个监测点地温高于−0.5℃。这说明青藏公路沿线相当一部分区域的多年冻土温度已经接近于融点温度。

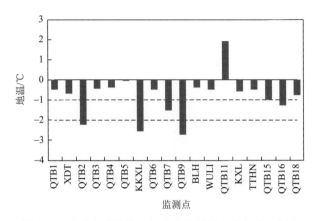

图 2.17　青藏公路沿线多年冻土监测站点多年冻土温度

　　青藏公路自北向南，多年冻土温度随海拔高低和区域环境的变化而变化。在多年冻土北界的西大滩岛状多年冻土区，年平均气温在−2.0～−3.0℃，年降水量在 300mm 左右，第四纪地层厚度大，地表干燥，植被稀疏，多年冻土厚度小于 20m，多年冻土温度一般高于−0.5℃。在昆仑山北坡海拔 4700m 以上区域，年均气温迅速降低至−5.0℃以下，多年冻土地温也随之下降，一般在−1.0℃以下。昆仑山北坡属于柴达木盆地内流区，再向南翻过昆仑山后即进入长江流域。在昆仑山南坡向南的高平原地区，虽然年平均气温在−4.0℃以下，但多年冻土温度并不高，大多高于−1.0℃。在丘陵和较高海拔的高山区，多年冻土地温可以低于−1.0℃。例如，KKXL 和 QTB9 监测点测到的多年冻土温度低于−2.0℃。KKXL 监测点位于可可西里山北坡，QTB9 位于可可西里山南坡，海拔均高于 4700m。在沱沱河盆地、通天河谷地等地区，多年冻土地温仍然较高，一般高于−1.0℃。在这些区域，部分地区由于地表水系和构造地热的影响而形成融区，如在乌丽的 QTB11 监测点测到的地温平均值达到 1.9℃，没有多年冻土存在。在唐古拉山高海拔地区，多年冻土地温虽然低于−1.0℃，但由于纬度偏低，这一地区的多年冻土温度并没有比北部的风火山、昆仑山区更低。唐古拉山南坡随着海拔的降低，多年冻土逐渐由连续多年冻土向不连续多年冻土和岛状多年冻土过渡，多年冻土的温度也在升高。安多两道河的 QTB18 监测点测得的地温值为−0.7℃。

　　此外，处于不同温度状态的多年冻土对气候变暖的响应方式存在着显著的差异，多年冻土所处的温度条件及由此导致的岩土热物理性能差异制约着多年冻土对气候变暖的响应程度。地温较高的多年冻土升温幅度小，活动层厚度增加迅速；而地温较低的多年冻土升温速率大，活动层厚度增加缓慢（Romanovsky et al.，2010；Smith et al.，2010；Zhao et al.，2010）。研究表明，1996～2006 年青藏高原地温高于−1℃的多年冻土升温速率通常小于 0.3℃/10a，活动层平均增厚速率约 11.2cm/a，而地温低于−2℃的多年冻土升温速率则大于 0.5℃/10a，活动层增厚速率为 5.0cm/a（Wu and Zhang，2008；Wu et al.，2010）。青藏高原地区 2003～2018 年最新的观测结果也表明（图 2.18），多年冻土温度的升温速率与多年冻土自身温度具有较大关联，多年冻土温度越接近相变温度，多年冻土升温速率越小（Zhao et al.，2020）。

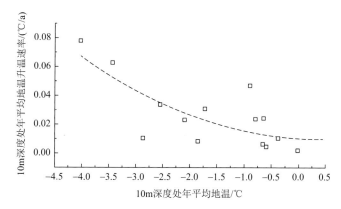

图 2.18　青藏高原地温监测点多年冻土升温速率随多年冻土温度的变化

　　在气候变暖的驱动下，长江源区多年冻土升温的趋势与整个高原基本是一致的，但是冻土温度的变化率表现出较大的空间差异性。源区内观测场中（图 2.19），10m 地温升温速率最高的监测点位于唐古拉山北麓的温泉地区（QTB15），达到了 0.047℃/a。由于该观测场所在区域有温泉分布，多年冻土的热状况有可能受到地热背景和水文因素的影响。除了该场地外，位于季节冻土和高温多年冻土区的观测场升温速率明显低于位于低温多年冻土区观测点的地温升温速率。位于季节冻土区的乌丽观测场（QTB11）升温速率为 0.016℃/a，数值介于高温多年冻土和低温多年冻土。图 2.19 展示了长江源区不同多年冻土监测点 10m 深度年平均地温在 2003～2018 年的年际变化。

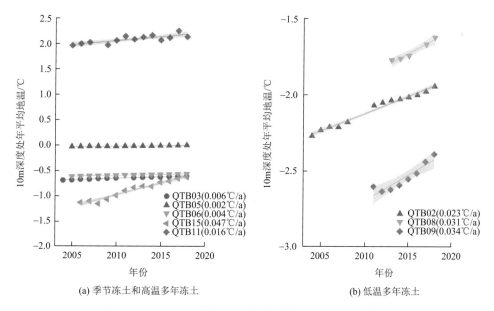

(a) 季节冻土和高温多年冻土　　　　　　(b) 低温多年冻土

图 2.19　10m 深度年平均地温的变化（2003～2018 年）

此外，多年冻土的温度在不同深度变化的趋势具有差异性。在年变化深度以上，多年冻土的地温随着气温发生波动变化，深度越小，地温变化的幅度越大，变化的滞后时间越短；在年变化深度以下，多年冻土温度的年内变化不明显，而年际变化趋势反映的是过去一段时间气候的变化。图 2.20 为 QTB06 和 QTB15 监测点多年冻土不同深度处地温变化过程线。QTB06 在清水河南边，多年冻土温度为−0.35℃，冻土上限处具有地下冰丰富的岩土层，该点年变化深度仅为 3.9m。QTB15 位于青藏公路唐古拉山北麓的温泉盆地，多年冻土地温为−1.0℃，地温年变化深度为 14.2m。QTB06 浅层 0.5m 深度地温波动变化幅度大，且随着气温的日内变化而变化，2.0m 深的地温基本上不反映日变化过程，且年变化最大值出现的时间明显滞后于 0.5m 深地温变化，在 4.0m 深度，多年冻土地温变化幅度小于 0.1℃。从图 2.20 可以看出，随着深度的增加，地温波动变化的振幅逐渐微弱，到 5.0m 已经没有完整的波形，到 15.0m 已经接近直线形式。

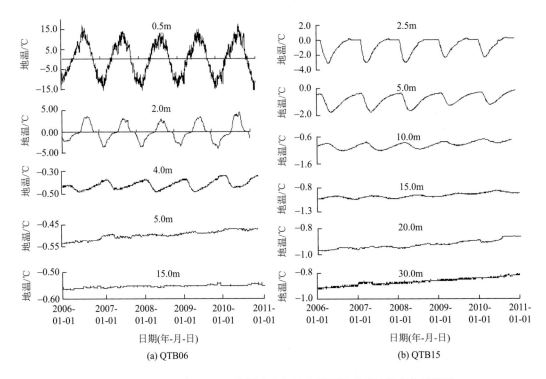

图 2.20　QTB06 和 QTB15 监测点多年冻土不同深度处地温变化过程线

然而，在深层冻土中，尽管年变化的波动趋于平稳，但多年冻土呈现的升温趋势却十分明确，并且这一升温趋势不随浅层地温变化而变化。从图 2.20 可以看出，0.5m 深的地温在 2006 年和 2010 年均较高，而在 2007 年、2008 年和 2009 年相对较低，0.5m 和 2.0m 深的地温基本上一致。然而在年变化深度附近（4.0m）多年冻土地温最高值从 2006 年开始逐年上升，并不与浅层地温变化趋势一致。更深层的地温升温趋势则完全呈现出逐年上升的态势。同时，在 QTB15 监测点，2.5m、5.0m、10.0m 乃至 15.0m 的地温均有年内规律性的波动变化，尽管 15m 的年变化振幅已经小于 0.1℃；随着深度的增大，多年冻土地温在年内变化幅度减小的同时，地温上升的趋势并没有随着浅层地温或者气温的年际变化趋势而变化，而是呈现出明显的上升趋势。

通过上述两个监测点不同深度地温变化的过程可以看出，由于温度在地层中的传播具有滞后性，在多年冻土年变化深度以下，多年冻土温度所表现出的年际变化规律并不反映同期的气候变化，而是反映了过去一定时期内气候的变化趋势。而且，随着深度的增加，相同时间区间的地温变化反映的历史气候变化的周期也就越长，同时短期气候波动对多年冻土地温的影响也就越小。

2.2.5　长江源区多年冻土时空变化特征

随着气候变暖，青藏高原多年冻土下界也发生了明显的变化，研究表明，过去的几十年来，多年冻土下界升高幅度在 40～80m（表 2.9）。随着多年冻土下界的变化，青藏高原北界西大滩附近的多年冻土自 1975 年以来面积减小 12%，南界附近安多—两道河公路两侧沿线 2km 范围内多年冻土面积缩小 35.6%。

表 2.9　20 世纪 60～90 年代高原多年冻土下界的升高幅度　　　　　（单位：m）

地区	西大滩	安多南山	橡皮山	拉脊山	河卡南山	玛多	西门错北	祁连山
60 年代的冻土下界海拔	4300	4640	3700	3700	3840	4220	4070	3420
90 年代的冻土下界海拔	4350	4680	3780	3760	3900	4270	4140	3500
升高值	50	40	80	60	60	50	70	80

资料来源：Wu 等，2005；Zhao 等，2008。

利用统计和机器学习相结合的方法，模拟了长江上游半个世纪后多年冻土以及活动层厚度的变化情况（图 2.21）。在 RCP2.6、RCP4.5、RCP8.5 三种情景下，长江上游多年冻土（地表 10m 以内）面积均显著减少，分别为 $12.8 \times 10^4 km^2$、$8.8 \times 10^4 km^2$、$3.9 \times 10^4 km^2$。主要退化的区域位于长江上游中部的零星以及岛状多年冻土区（Wang et al.，2016）。

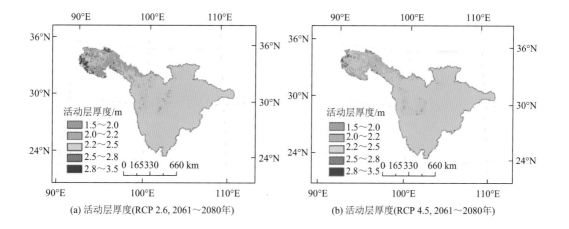

(a) 活动层厚度(RCP 2.6, 2061～2080 年)　　　　　(b) 活动层厚度(RCP 4.5, 2061～2080 年)

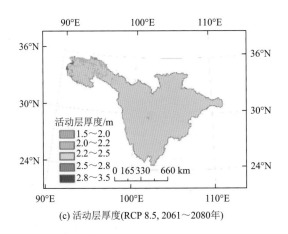

(c) 活动层厚度(RCP 8.5, 2061～2080年)

图 2.21　2061～2080 年不同 RCP 情景下长江上游多年冻土区活动层厚度变化预估（Ni et al.，2021）

2.2.6　长江源区季节冻土冻结深度变化特征

　　季节冻土是水文和气候变量的重要组成部分，其对大气边界层的水循环、能量交换以及气候-冰冻圈相互作用具有重要影响。在气候变暖背景下，青藏高原近几十年呈现出加速变暖的趋势，其势必引起区域范围内季节冻土的变化。评估长江源区季节冻土的冻融变化特征，研究其冻结深度和冻融时间的时空变化特征至关重要。研究表明，1960 年以来，青藏高原季节冻土的冻结深度呈现不断减薄的趋势，大部分站点最大冻结深度减小量在 0.14～1.71cm。其中，高海拔季节冻土区冻结深度下降更为明显（Wang et al.，2020）。通过不同时段的冻结深度对比发现，长江源区季节冻土的变化表现出以下特点：季节冻土冻结深度呈持续加速下降趋势（Luo et al.，2016）；从长江源区典型季节冻土区（曲麻莱站）季节冻结深度变化趋势（图 2.22）以及最大冻结深度年变化趋势（表 2.10）可以看出，相比较其他时段，21 世纪以来季节冻土区最大冻结深度的降低趋势更为显著。

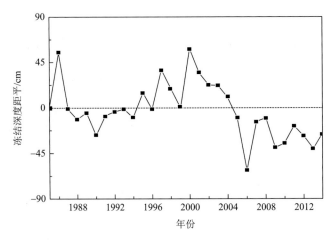

图 2.22　长江源典型季节冻土区（曲麻莱站）季节冻结深度变化趋势

表 2.10　长江源（曲麻莱）气象站最大冻结深度年变化趋势　　　（单位：cm/10a）

	1985~2014 年	2000~2014 年
变化趋势	−12.99	−57.04
显著水平	0.01	0.01

1960~2019 年，青藏高原季节冻土冻结起始时间不断推后，低海拔区冻结起始时间的推后比高海拔地区更为明显（Wang et al.，2020）；平均融化日期提前，高海拔地区融化结束时间迟于低海拔地区。冻结起始时间的推后和融化结束时间的提前已经导致土壤的冻结期自 1960 年以来减少了 40 多天，而且呈现出继续减少的趋势；在空间分布上，最大季节冻结深度呈向南减小的趋势（李韧等，2009）。北部和西部起始冻结时间更早，南部和东部的融化开始时间更早。平均融化时间随着海拔的增加逐渐推迟。另外，年平均最大冻结深度较厚的地区季节冻土的变化更为明显。也就是说，季节冻土更厚的区域，其变化更为迅速（Zhao et al.，2014）。通过长江源典型季节冻土区曲麻莱站的冻结起始时间、冻结结束时间（表 2.11）和冻结持续时间的变化曲线（图 2.23）分析发现，该区域土壤冻结起始时间不断推后，冻结结束时间不断提前，土壤冻结期显著缩短。

表 2.11　长江源（曲麻莱）气象站的冻结起始时间、冻结结束时间和冻结持续时间
年变化趋势　　　（单位：d/10a）

时间	冻结起始时间		冻结结束时间		冻结持续时间	
	1985~2014 年	2000~2014 年	1985~2014 年	2000~2014 年	1985~2014 年	2000~2014 年
变化趋势	15.39	10.04	−7.86	−1.61	−23.59	−5.74
显著水平	0.01	0.01	0.01	0.01	0.01	0.01

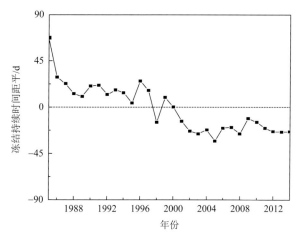

图 2.23　长江源典型季节冻土区（曲麻莱站）冻结持续时间年变化趋势图

此外，公用陆面模式（community land model，CLM）模拟结果表明，过去几十年季节冻土的最大冻结深度和冻结时间呈现减少趋势，具体表现为冻结起始时间的推迟和解冻结束时间提前两个方面。青藏高原最大冻结深度下降速率为 0.34m/10a；在 1m 深度处，

冻结起始时间线性延迟速率为 4.0d/10a，冻结结束时间线性延迟速率为 4.6d/10a。冻结日期的变化导致季节冻土的冻结时间缩短 8.6d/10a（Guo and Wang，2013）。

冻结深度和冻结期受气温（Guo and Wang，2014；Wang et al.，2015；杨淑华等，2019）、积雪（Frauenfeld et al.，2004）、植被（Fisher et al.，2016；Narita et al.，2015）等因素的影响，同时也与区域的水文条件和热状态相关联（Luo et al.，2009；罗斯琼等，2009）。相较于年平均气温而言，年平均最低气温上升越快，而且海拔越高，表现越显著；进而会对季节冻土的变化产生显著的影响。同时，日平均最低气温与最大冻结深度的相关性最好（Wang et al.，2020）。青藏高原季节冻土的减少主要与夜间和冬季气温的升高有关。此外，冻结深度、冻结起始日期、冻结结束日期和冻结持续时间也相互影响（Luo et al.，2016）；土壤的冻结时间越晚，冻结深度越薄。

土壤湿度与冻结深度和冻结期密切相关，是反映区域土壤水分条件的重要指标，降水变化与土壤湿度的变化有很好的对应关系（Zhang et al.，2001）。过去 60 多年，长江源区季节冻土的冻结深度与气温、融化指数、冻结起始时间以及降水具有明显的负相关关系（Luo et al.，2017）。然而，冻结深度与年降水和春季降水呈反比关系，并且随时间的推迟这种负相关关系呈现不断增强的态势。冷季降水（雪）增加能够抑制冷季土壤温度的下降（Frauenfeld et al.，2004），从而降低季节冻土的最大冻结深度。由气温、融化指数和土壤湿度与季节冻土冻结深度关系推断，在高原气候暖湿背景下，冻结深度和持续时间的减少预计将不断持续。此外，区域内冻结结束日期与气温、融化指数、降水呈负相关，与冻结深度呈正相关。土壤冻结越薄，土壤融化时间越早。土壤融化时，地表土壤含水量越高，地表融化越早，这主要是由于土壤湿度的增加导致了融化速率的增加（Luo et al.，2016）。同时，气温、融化指数、冻结深度和年降水量对冻结持续时间有显著影响，冻结持续时间与气温、融化指数和年降水量呈负相关，与冻结深度具有显著正相关关系。

2.3 积雪变化

积雪作为降水的一种形式，对冰冻圈固态水分具有较大的储存和调节能力。积雪首日、积雪日数、积雪范围、积雪深度等是积雪研究中最主要的参数，它们与气候变化、水文循环和水资源等直接相关。本节基于可见光积雪面积遥感数据、被动微波雪深遥感数据以及站点雪深数据对长江上游区域内的积雪时空变化进行了分析。

2.3.1 资料来源与方法

可见光积雪面积遥感数据采用的是"中国地区 5km 分辨率 AVHRR 逐日无云积雪面积数据"。首先基于美国国家海洋和大气管理局（National Oceanic and Atmospheric Administration，NOAA）系列气象卫星上搭载的 AVHRR 多光谱扫描辐射仪获取的反射率数据通过归一化积雪指数进行反演得到带有云掩膜的积雪面积二值产品。在带有云掩膜的二值产品基础上结合被动微波雪深产品利用隐马尔可夫方法进行去云处理，最后得到无云的积雪面积二值产品（Hao et al.，2021）。

被动微波雪深遥感数据采用的是"中国长时间序列 25km 逐日雪深数据集"。该数据集基于多个被动微波传感器（SMMR、SSM/I、SSMIS）数据反演获取。首先，对不同的传感器进行交叉订正（Dai et al., 2015）。然后，利用 Che 算法（Che et al., 2008）根据交叉订正后的微波亮度温度数据反演雪深。最后，采用时间差值方法填充空白条带。该雪深产品的空间覆盖范围是 60°E～140°E，15°N～55°N，时间范围是 1980～2019 年，每年更新，空间分辨率为 0.25°，时间分辨率为逐日。

站点雪深数据采用中国气象局发布的气象站观测数据，观测参数为雪深，观测频率为逐日。在长江上游区域内分布的站点有 12 个，分别为：托托河、玉树、甘孜、丽江、西昌、马尔康、松潘、九龙、会理、楚雄、理塘、曲麻莱。

分析参数主要包括：积雪覆盖日数、积雪期长度、积雪初日、积雪终日、积雪深度。积雪初日：一个水文年（9 月 1 日到次年 8 月 31 日）中第一次监测到地表被雪覆盖的日期。对于遥感数据则是一个水文年中第一次出现 1 值的日期；对于气象站点数据则是一个水文年中第一次出现雪深大于或等于 1cm 的日期。积雪终日：一个水文年中积雪完全消融，并且之后没有监测到积雪的日期。积雪期长度：一个水文年中积雪初日和积雪终日之间的天数。积雪覆盖日数：一个水文年中有积雪覆盖的天数。对于积雪面积遥感数据，像元有雪用 1 表示，像元无雪用 0 表示，在一个像元上表示为 1 的天数则为该像元的积雪覆盖日数。对于气象站观测，在某一个站点上，雪深观测大于等于 1cm 时，被认为有雪，一个水文年中雪深大于等于 1cm 的天数则为该站点的积雪覆盖日数。在不稳定积雪区，积雪在一个短时间内完全消融，再有下一个积雪过程，积累-消融过程较短，次数较多。因此，积雪期长度往往大于积雪覆盖日数。

2.3.2　积雪年内变化

根据多年平均月积雪覆盖面积和月平均雪深年内变化曲线（图 2.24），以及月平均雪深空间分布（图 2.25），长江上游从 9 月开始积雪覆盖范围向南扩张，雪深增加，1 月覆盖范围和雪深都达到最大，整个流域的月平均雪深为 3.2cm，积雪覆盖面积为 9.35×10^4km^2；1～2 月相对稳定，从 3 月开始积雪覆盖范围从南往北逐渐减少，8 月达到最低，整个流域积雪覆盖面积为 0.89×10^4km^2。

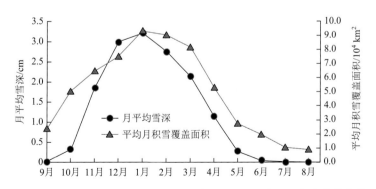

图 2.24　长江上游多年平均月积雪覆盖面积和月平均雪深年内变化曲线

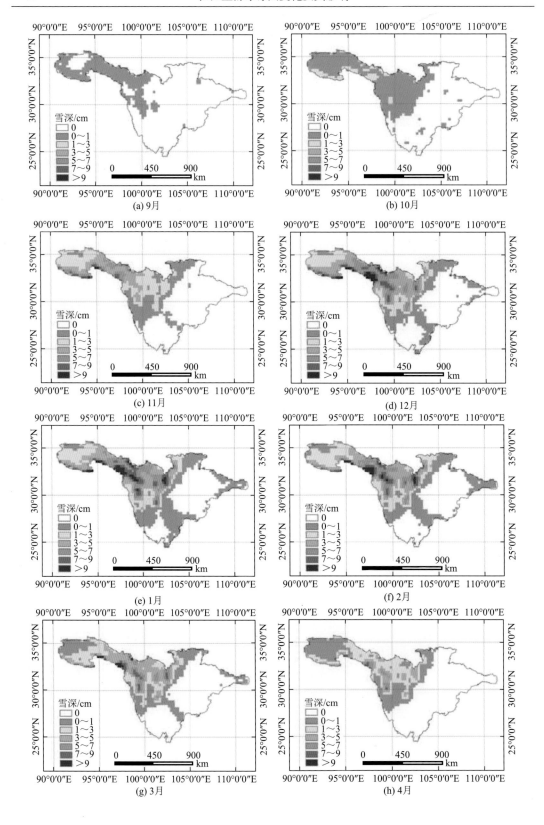

(a) 9月

(b) 10月

(c) 11月

(d) 12月

(e) 1月

(f) 2月

(g) 3月

(h) 4月

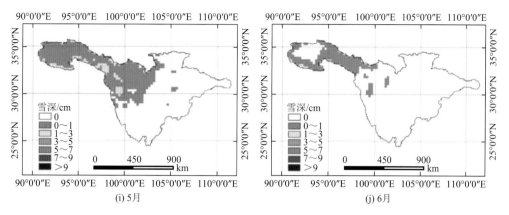

图 2.25　长江上游 9 月到次年 6 月月平均雪深空间分布

2.3.3　积雪年际变化

根据提取的逐年积雪日数、积雪初日、积雪终日、年平均积雪深度等，利用回归分析方法计算其年际变化率，并采用 F 检验进行显著性分析，得到积雪初日和积雪终日 1980～2017 年的年际变化率及其显著性空间分布（图 2.26）、积雪日数和积雪期长度

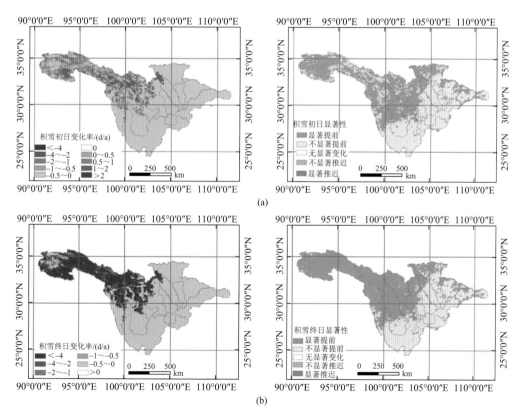

图 2.26　1980～2017 年积雪初日和积雪终日的年际变化率及其显著性空间分布

1980～2017 年的年际变化率及其显著性的空间分布（图 2.27），以及年平均雪深年际变化率及其显著性空间分布（图 2.28）。对各积雪参数进行统计，得到区域上积雪覆盖范围的年平均雪深、年最大雪深、年平均积雪面积、年最大积雪面积、积雪日数、积雪期长度、积雪初日、积雪终日、每月积雪面积的年际变化（图 2.29～图 2.31）。

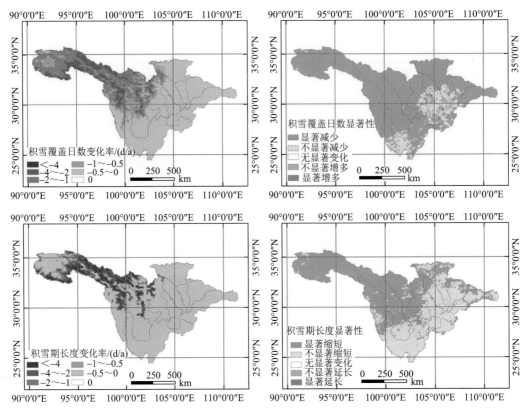

图 2.27　积雪日数和积雪期长度 1980～2017 年的年际变化率及其显著性空间分布

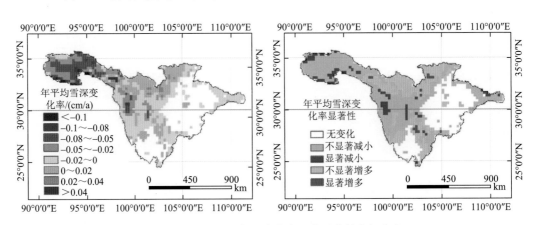

图 2.28　年平均雪深年际变化率及其显著性空间分布

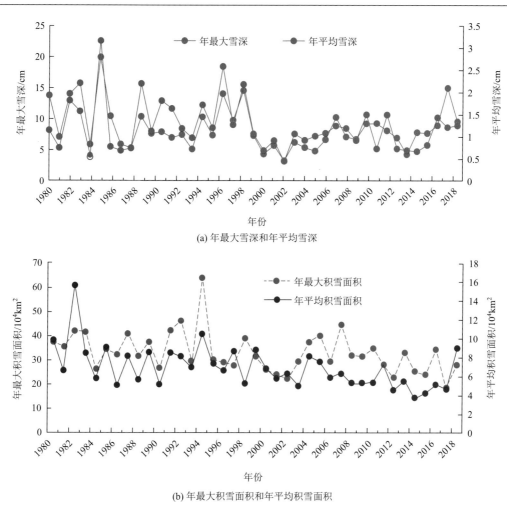

(a) 年最大雪深和年平均雪深

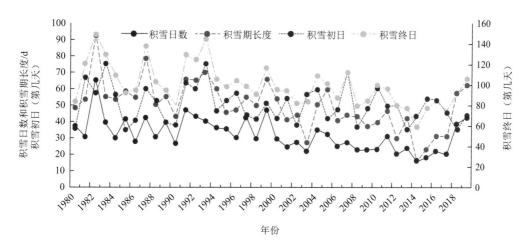

(b) 年最大积雪面积和年平均积雪面积

图 2.29　年最大雪深、年平均雪深、年最大积雪面积和年平均积雪面积年际变化

图 2.30　积雪日数、积雪期长度、积雪终日和积雪初日的年际变化

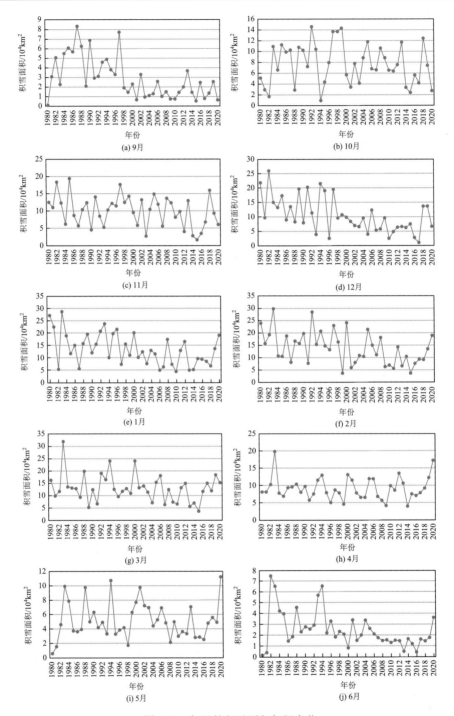

图 2.31　每月的积雪面积年际变化

　　积雪初日大部分区域显著提前，并且提前变化率超过 0.5d/a。推迟的区域主要分布在雪深较深的中部地区。整个区域（除无雪区外）的积雪终日显著提前。其中大部分区域提前的天数大于 2d/a。整个区域积雪覆盖日期和积雪期长度呈显著减少趋势（图 2.27）。

90°E～95°E，积雪覆盖日数变化率为–0.5～–2d/a，积雪期长度变化率主要分布在 0～
–0.5d/a。由此可见，在该区域，积雪越来越不稳定。95°E～100°E，积雪覆盖日数变化率
主要分布在–1～–4d/a，积雪期长度的变化率主要分布在–0.5～–4d/a。该区域积雪相对比
较稳定。100°E～105°E 的主要积雪覆盖区，积雪覆盖日数和积雪期长度分别分布在–0.5～
–2d/a 和 0～–4d/a。该区域是整个上游区域积雪最不稳定的地区。该区域的无雪区由于降
雪次数少，消融较快，很难判断积雪初日和终日，故没有变化率。

　　大部分区域年平均雪深呈减少趋势，但趋势不显著；局部地区呈增加趋势，主要分
布在研究区东部地区，只有少数像元显示显著增加（图 2.28）。90°E～95°E，大部分像元
的积雪呈不显著减少变化。北部和南部山区少数像元呈显著减少，南部变化率小于
0.1cm/a，北部变化率小于–0.02cm/a。95°E～100°E，部分像元呈不显著增加，部分像元
呈不显著减少。增加的区域变化率小于 0.02cm/a，减少的区域变化率小于 0.2cm/a。100°E～
105°E，部分像元呈不显著增加，部分像元呈不显著减少。增加和减少的区域，变化率都
在 0.02cm/a 以内。

　　整个长江上游积雪年际变化统计分析显示，年最大雪深、平均雪深、最大积雪面积
和平均积雪面积在 1980～2019 年呈现整体下降的趋势（图 2.29），明显表现出两个阶段，
2000 年之前和 2000 年之后。2000 年之前雪深和积雪面积都出现较大的年际波动，并且
没有显著的上升或下降趋势。2000 年开始雪深和积雪面积都出现陡降，2000 年之后，雪
深没有明显的变化，并且波动较小；积雪面积呈显著下降趋势，最大积雪面积仍然出现
较大的波动，但平均积雪面积年际波动很小。从积雪物候上看，长江上游积雪终日在
1995 年之前具有较大的年际波动，1995 年之后呈显著提前的趋势。积雪初日呈微弱的提
前趋势，并且年际波动幅度比积雪终日波动范围小。因此，积雪期长度主要受控于积雪终
日，呈显著下降趋势。积雪日数和平均积雪面积呈相似的年际变化规律，2000 年之前年际
波动较大，变化不明显，2000 年之后年际波动较小，稳定下降。积雪期长度和积雪日数之
间存在较大的差异，说明长江上游积雪不稳定，积累-消融过程较短，积雪消融速度快。

　　虽然长江上游整体上积雪面积呈明显的下降趋势，但不同的月份年际变化存在差异。
其中，9 月、12 月、1 月、2 月、3 月、6 月的月平均积雪面积和整个年度的平均积雪面积趋
势相同，都是呈下降趋势，并且下降率主要由 2000 年之后的变化决定。2000 年前后的年际
波动也存在明显的差异。尤其是 9 月和 6 月，积雪面积在 2000 年之后出现断崖式的减少。
10 月、11 月、4 月和 5 月的月平均积雪面积一直保持较大的年际波动，并且变化趋势不明显。

　　长江上游 12 个站点的年平均雪深和积雪覆盖日数年际变化（图 2.32）显示，平均雪
深年际变化不明显，但与遥感雪深相似，2000 年之前年际波动较大，2000 年之后年际波
动小。平均积雪覆盖日数在 2000～2001 年出现显著下降，2000 年之前积雪日数年际波动
较大，变化趋势不明显，2000 年之后，积雪日数年际波动较小，变化趋势不明显。但不
同的站点丰雪年不同，年际波动规律也不相同，说明长江上游积雪的空间异质性较强。

　　综上所述，利用 1980～2019 年逐日可见光积雪面积、被动微波积雪深度以及站点观
测雪深等数据，获得了长江上游积雪的时空变化特征，结果显示，长江上游积雪深度和
积雪面积呈现显著下降的趋势，主要表现在 2000 年的陡降。积雪消融加速，积雪终日显
著提前，导致积雪期长度和积雪覆盖日数显著下降。

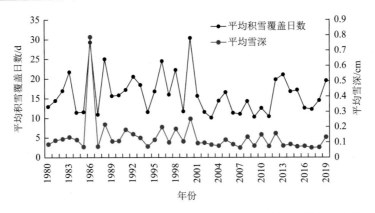

图 2.32　长江上游站点观测年平均雪深和平均积雪覆盖日数年际变化

2.4　湖冰变化

湖泊冰期物候反映不同时序的湖冰覆盖状况，对区域和全球气候变化非常敏感，湖冰物候时空变化分析有助于深刻理解区域气候变化及其影响，因此被用作气候变化研究的关键指标。但由于其自然环境恶劣，人口稀少，缺乏对湖泊冰物候的常规现场测量。

2.4.1　湖冰物候提取方法

根据全球湖泊信息数据库 HydroLAKES 提供的湖泊信息（Messager et al.，2016），长江上游区域内共有 360 个湖泊，其中面积大于 $1km^2$ 的湖泊有 102 个。面积最大的湖泊为冬格措（图 2.33）。

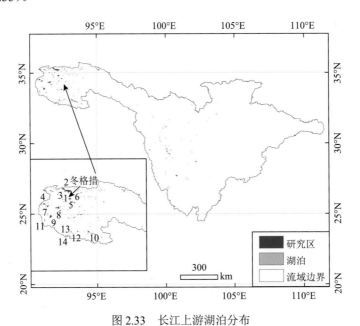

图 2.33　长江上游湖泊分布

本节利用基于中分辨率成像光谱仪（moderate-resolution imaging spectroradiometer，MODIS）的青藏高原逐日湖冰范围和覆盖比例数据集（Qiu et al.，2019），提取了具有完全冻结期的湖泊。2002～2018 年长江上游具有完全冻结期的湖泊有 14 个，见表 2.12。这 14 个湖泊主要分布在长江源区。面积最大的湖泊冬格措，其序号为 1。对这 14 个湖泊的湖冰物候信息进行提取，分析其湖冰物候变化。湖冰物候参数包括开始冻结日（freeze onset，FO）、完全冻结日（freeze-up date，FU）、开始解冻日（break-up date，BU）、完全解冻日（water clean of ice，WCI）、冻结持续时间（duration of ice cover，DI）和完全冻结持续时间（duration of complete ice cover，DCI）。

表 2.12　长江上游湖冰物候变化的湖泊基本信息

在图 2.34 中湖泊序号	HydroLAKES 序号	面积/km^2	经度	纬度
1	1375	198.59	92.292°E	35.207°N
2	14898	53.86	91.885°E	35.327°N
3	14902	12.75	91.902°E	35.293°N
4	14903	15.93	90.930°E	35.259°N
5	14940	53.82	92.215°E	34.806°N
6	14955	18.35	92.440°E	34.615°N
7	14982	25.07	91.038°E	34.379°N
8	14988	67.75	91.630°E	34.299°N
9	15013	80.93	91.202°E	33.894°N
10	15055	34.34	93.259°E	33.074°N
11	174915	6.69	90.875°E	33.736°N
12	175049	8.65	92.273°E	33.121°N
13	175101	6.26	91.985°E	32.927°N
14	175112	7.65	92.077°E	32.902°N

湖冰物候包含开始冻结日、完全冻结日、开始解冻日、完全解冻日、冻结持续时间和完全冻结持续时间（图 2.34）。监测到冰出现的日期定义为开始冻结日。结冰经常从湖泊岸边和浅湾开始。冻结期结束的最后一天，即湖泊完全被冰覆盖，被定义为完全冻结日。监测到冰面开始融化的日期，被定义为开始解冻日，冰完全消失的日期被定义为完全解冻日。完全解冻日与开始冻结日之差，被定义为冻结持续时间。完全冻结日与开始解冻日之间的时间长度被定义为完全冻结持续时间（Kropacek et al.，2013）。利用 MODIS 8 天合成雪冰分类产品，提取湖泊逐日冰覆盖范围，以湖泊所在像元的冰水面积比例判断各个湖冰物候出现的时间。8 天合成产品降低了云覆盖对于影像的影响。为了避免混合像元、湖岸线不确定性等因素的干扰，将湖泊的冰水面积比例范围 5%～95% 定义为湖冰冻融过程的阈值范围。具体地，根据时间演化顺序，湖泊冰面积比例为 5% 定义为开始冻结

日，冰面积比例为 95%定义为完全冻结日，水面积比例为 5%定义为开始解冻日，水面积比例为 95%定义为完全解冻日（图 2.34）。得到 2002～2018 年长江上游 14 个湖泊逐日冰覆盖面积比例变化图（图 2.35）。

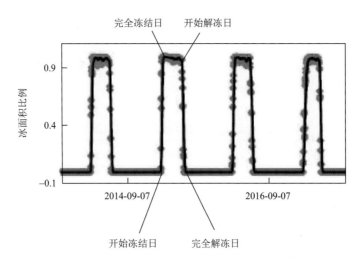

图 2.34　利用 MODIS 冰水面积比例定义湖冰物候，以色林措为例（Qiu et al.，2019）

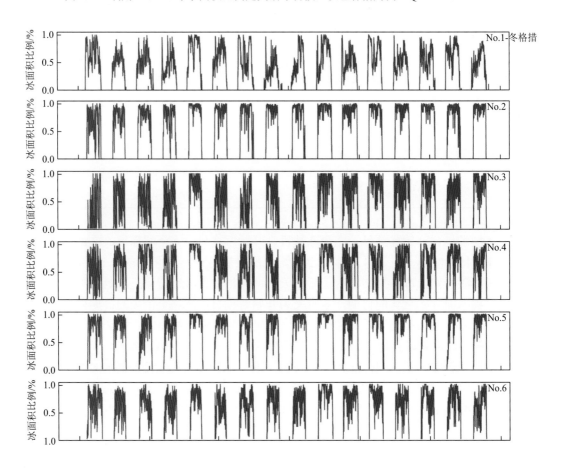

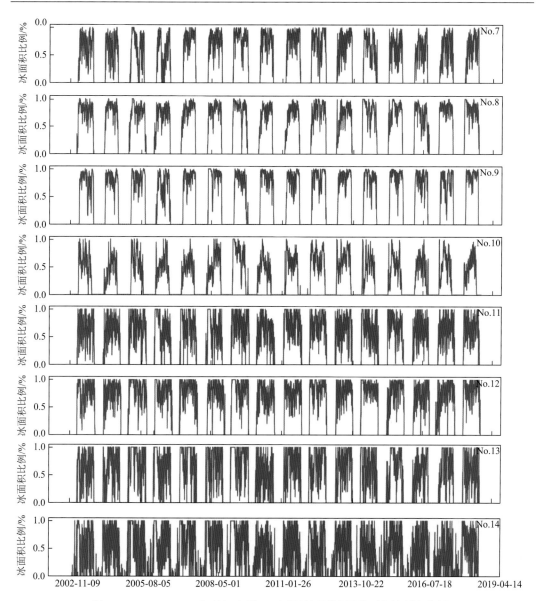

图 2.35　2002～2018 年长江上游 14 个湖泊逐日冰覆盖面积比例变化图

2.4.2　湖冰物候时空分布

2002～2018 年长江流域上游具有完全冻结期的 14 个湖泊一般在 10 月开始冻结，次年 5 月完全解冻。平均开始冻结日为 10 月 23 日，平均完全解冻日为 5 月 19 日，平均冻结持续时间为 208 天（表 2.13）。其中，面积最大的湖泊冬格措的平均开始冻结日为 10 月 19 日，完全解冻日为 5 月 13 日。平均冻结持续时间为 206 天。开始冻结日最早的湖泊为 12 号湖泊，其年平均开始冻结日为 10 月 10 日；开始冻结日最晚的湖泊为 9 号湖泊，其年平均开始冻结日为 11 月 5 日。完全解冻日最早的湖泊为 10 号湖泊，其年平均完全解冻日为 4 月 29 日。完全解冻日最晚的湖泊为 12 号湖泊,其年平均完全解冻日为 6 月 17 日。

表 2.13　2002~2018 年长江上游 14 个湖泊年均湖冰物候参数

湖泊序号	开始冻结日	完全解冻日	平均冻结持续时间
1(冬格措)	10 月 19 日	5 月 13 日	206
2	11 月 3 日	5 月 12 日	190
3	11 月 4 日	5 月 12 日	189
4	10 月 29 日	5 月 17 日	200
5	10 月 30 日	5 月 16 日	198
6	10 月 31 日	5 月 7 日	188
7	10 月 26 日	5 月 12 日	198
8	10 月 16 日	5 月 13 日	209
9	11 月 5 日	5 月 19 日	195
10	10 月 20 日	4 月 29 日	191
11	10 月 11 日	5 月 31 日	232
12	10 月 10 日	6 月 17 日	250
13	10 月 15 日	5 月 25 日	222
14	10 月 12 日	6 月 8 日	240
总体	10 月 23 日	5 月 19 日	208

各个湖冰物候参数的年变化率分析结果显示,2002~2018 年长江流域上游具有完全冻结期的 14 个湖泊总体上开始冻结日推迟,其推迟速率高;完全解冻日也推迟,其推迟速率较低;冻结持续时间轻微缩短。14 个湖泊的开始冻结日的平均年变化率为 0.57d/a,完全解冻日的平均年变化率为 0.44d/a,冻结持续时间为–0.14d/a(图 2.36)。冬格措的完全冻结持续时间年变化率为–0.45d/a。说明在 2002~2018 年,冬格措的湖冰冻结持续时间呈逐年降低趋势。其中,开始冻结日年变化率最大为 8 号湖泊,年变化率为 1.36d/a;完全解冻日年变化率最大为 3 号湖泊,年变化率为 1.98d/a;冻结持续时间年变化率最大为 3 号湖泊,年变化率为 2.08d/a。不同的湖泊其冻结与消融的年变化率存在不一致性,可能是面积较小的湖泊易受气温、风速等气象要素的影响,其湖冰的冻融过程比面积较大湖泊的变化更为剧烈。

从空间上看,面积较大湖泊多集中在长江流域上游西北部,其冻结持续时间的年变化率普遍小于面积较小湖泊,年变化率相对稳定。从不同湖冰物候参数的比较来看,大部分湖泊的完全解冻日、冻结持续时间的变化率均远大于开始冻结日的变化率。

（单位：d/a）

湖泊序号	1（冬格措）	2	3	4	5	6	7	8	9	10	11	12	13	14	总体
开始冻结日	0.33	0.59	−0.2	0.46	0.06	0.21	0.68	1.36	0.48	0.48	0.93	0.67	1.23	0.65	0.57
完全解冻日	−0.12	0.62	1.98	0.92	1.13	0.87	−0.12	0.38	0.32	0.4	0.03	0.04	0.32	−0.65	0.44
冻结持续时间	−0.45	0.03	2.08	0.46	1.07	0.66	−0.8	−0.98	−0.16	−0.07	−0.91	−0.63	−0.91	−1.3	−0.14

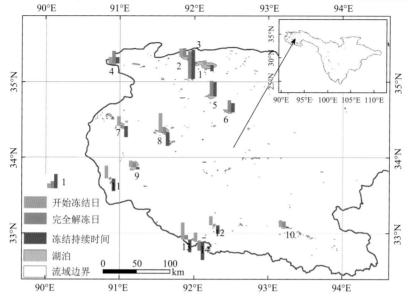

图 2.36　2002～2018 年长江上游 14 个湖泊的湖冰物候年变化率空间示意图

　　湖冰覆盖天数可有效反映湖泊冻结消融过程的持续时间。作者对 2002～2018 年长江上游 14 个湖泊的冰覆盖天数比例做了统计。结果表明，冬格措在 2002～2018 年冰覆盖超过 50% 的天数比例为 32.22%，超过 80% 的天数比例为 12.41%。长江上游 14 个湖泊的平均冰覆盖超过 50% 的天数比例为 42.74%，超过 80% 的天数比例为 25.51%，达到 100% 的天数比例为 4.18%（图 2.37）。

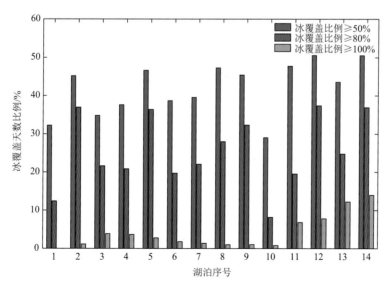

图 2.37　2002～2018 年长江上游 14 个湖泊的冰覆盖天数比例统计

　　综上所述，长江上游完全冻结湖泊物候研究结果表明，14 个湖泊开始冻结日每年推迟 0.57d，完全解冻日每年推迟 0.44d，进而冻结持续时间轻微缩短。受纬度、湖泊面积等因素影响，不同湖泊之间的湖冰物候及其年际变化存在差异。

参 考 文 献

曹敏, 李忠勤, 李慧林. 2011. 天山托木尔峰地区青冰滩 72 号冰川表面运动速度特征研究[J]. 冰川冻土, 33（1）：21-29.

杜建括, 李双, 王淑新. 2019. 玉龙雪山白水 1 号冰川表面运动速度特征分析[J]. 云南大学学报（自然科学版）, 41（2）：317-322.

管伟瑾, 曹泊, 潘保田. 2020. 冰川运动速度研究：方法、变化、问题与展望[J]. 冰川冻土, 42（4）：1101-1114.

康世昌, 郭万钦, 钟歆玥, 等. 2020. 全球山地冰冻圈变化，影响与适应[J]. 气候变化研究进展, 16（2）：143-152.

李韧, 赵林, 丁永建, 等. 2009. 青藏高原季节冻土的气候学特征[J]. 冰川冻土, 31（6）：1050-1056.

李韧, 赵林, 丁永建, 等. 2012. 青藏公路沿线多年冻土区活动层动态变化及区域差异特征[J]. 科学通报, 57（30）：2864-2871.

刘国祥, 张波, 张瑞, 等. 2019. 联合卫星 SAR 和地基 SAR 的海螺沟冰川动态变化及次生滑坡灾害监测[J]. 武汉大学学报（信息科学版）, 44（7）：980-995.

刘力, 井哲帆, 杜建括. 2012. 玉龙雪山白水 1 号冰川运动速度测量与研究[J]. 地球科学进展, 27（9）：987-992.

刘巧, 张勇. 2017. 贡嘎山海洋型冰川监测与研究：历史、现状与展望[J]. 山地学报, 35（5）：717-726.

刘巧, 刘时银, 张勇, 等. 2011. 贡嘎山海螺沟冰川消融区表面消融特征及其近期变化[J]. 冰川冻土, 33（2）：227-236.

柳林, 江利明, 汪汉胜. 2012. 利用 ERS-1/2SAR Tandem 数据探测青藏高原普若岗日冰原运动[C]. 中国地球物理学会第二十八届年会论文集. 北京：中国地球物理学会.

鲁红莉, 韩海东, 许君利, 等. 2014. 天山南坡科其喀尔冰川消融区运动特征分析[J]. 冰川冻土, 36（2）：248-258.

罗斯琼, 吕世华, 张宇, 等. 2009. 青藏高原中部土壤热传导率参数化方案的确立及在数值模式中的应用[J]. 地球物理学报, 52（4）：919-928.

蒲健辰. 1994. 中国冰川目录Ⅷ：长江水系[M]. 兰州：甘肃文化出版社.

宋明琨. 1985. 横断山冰川考察[J]. 冰川冻土,（1）：98.

苏珍, 宋国平, 曹真堂. 1996. 贡嘎山海螺沟冰川的海洋性特征[J]. 冰川冻土, 18（增刊）：51-59.

孙美平, 刘时银, 姚晓军, 等. 2015. 近 50 年来祁连山冰川变化——基于中国第一、二次冰川编目数据[J]. 地理学报, 70（9）：1402-1414.

王坤, 井哲帆, 吴玉伟, 等. 2014. 祁连山七一冰川表面运动特征最新观测研究[J]. 冰川冻土, 36（3）：537-545.

王圣杰, 张明军, 李忠勤, 等. 2011. 近 50 年来中国天山冰川面积变化对气候的响应[J]. 地理学报, 66（1）：38-46.

吴坤鹏, 刘时银, 鲍伟佳, 等. 2017. 1980～2015 年青藏高原东南部岗日嘎布山冰川变化的遥感监测[J]. 冰川冻土, 39（1）：24-34.

吴坤鹏, 刘时银, 郭万钦. 2020. 1980～2015 年南迦巴瓦峰地区冰川变化及其对气候变化的响应[J]. 冰川冻土, 42（4）：1115-1125.

辛惠娟, 何元庆, 牛贺文, 等. 2018. 玉龙雪山白水 1 号冰川近地层气象要素变化特征[J]. 冰川冻土, 40（4）：676-684.

杨建平, 丁永建, 刘时银, 等. 2003. 长江黄河源区冰川变化及其对河川径流的影响[J]. 自然资源学报, 18（5）：595-602.

杨淑华, 李韧, 吴通华, 等. 2019. 青藏高原近地表土壤不同冻融状态的变化特征及其与气温的关系[J]. 冰川冻土, 41（6）：1377-1387.

姚晓军, 刘时银, 郭万钦, 等. 2012. 近 50a 来中国阿尔泰山冰川变化——基于中国第二次冰川编目成果[J]. 自然资源学报, 27（10）：1734-1745.

张立芸, 唐亚, 杨欣. 2014. 1969～2012 年长江源各拉丹冬地区主要冰川整体和局部变化及其对气候变化的响应[J]. 干旱区地理, 37（2）：212-221.

郑本兴, 赵希涛, 李铁松, 等. 1999. 梅里雪山明永冰川的特征与变化[J]. 冰川冻土, 21（2）：145-150.

周建民, 李震, 李新武. 2009. 基于 ERS tandem 干涉数据提取青藏高原冰川地形和运动速度的方法[J]. 高技术通讯, 19（9）：964-970.

周文明，李志伟，李佳，等. 2014. 1992—2009 年格拉丹东冰川及冰前湖面积变化的遥感研究[J].中南大学学报（自然科学版），45（10）：3505-3512.

Bao W J，Liu S Y，Wei J F，et al. 2015. Glacier changes during the past 40 years in the West Kunlun Shan[J]. Journal of Mountain Science，12（2）：344-357.

Brun F，Berthier E，Wagnon P，et al. 2017. A spatially resolved estimate of High Mountain Asia glacier mass balances from 2000 to 2016[J]. Nature Geoscience，11（7）：543.

Che T，Li X，Jin R，et al. 2008. Snow depth derived from passive microwave remote-sensing data in China[J]. Annals of Glaciology，49（1）：145-154.

Dai L Y，Che T，Ding Y J. 2015. Inter-calibrating SMMR，SSM/I and SSMI/S data to improve the consistency of snow-depth products in China[J]. Remote Sensing，7（6）：7212-7230.

Debeer C M，Sharp M J. 2009. Topographic influences on recent changes of very small glaciers in the Monashee Mountains，British Columbia，Canada[J]. Journal of Glaciology，55（192）：691-700.

Dehecq A，Gourmelen N，Gardner A S，et al. 2019. Twenty-first century glacier slowdown driven by mass loss in High Mountain Asia[J]. Nature Geoscience，12（1）：22-27.

Fisher J P，Estop-Aragonés C，Thierry A. 2016. The influence of vegetation and soil characteristics on active-layer thickness of permafrost soils in boreal forest[J]. Global Change Biology，22（9）：3127-3140.

Frauenfeld O W，Zhang T J，Barry R G，et al. 2004. Interdecadal changes in seasonal freeze and thaw depths in Russia[J]. Journal of Geophysical Research：Atmospheres，109（D5），DOI：10.102912003JD004245.

Guo D L，Wang H J. 2013. Simulation of permafrost and seasonally frozen ground conditions on the Tibetan Plateau，1981—2010[J]. Journal of Geophysical Research：Atmospheres，118（11）：5216-5230.

Guo D L，Wang H J. 2014. Simulated change in the near-surface soil freeze/thaw cycle on the Tibetan Plateau from 1981 to 2010[J]. Chinese Science Bulletin，59（20）：2439-2448.

Hao X，Huang G，Che T，et al. 2021. The NIEER AVHRR snow cover extent product over China: a long-term daily snow record for regional climate research[J]. Earth System Science Data，13（10）：4711-4726.

Hock R，Rasul G，Adler C，et al. 2019. Chapter 2：High Mountain Areas[M]. Cambridge：Cambridge Press.

Hu G J，Zhao L，Li R，et al. 2019. Variations in soil temperature from 1980 to 2015 in permafrost regions on the Qinghai-Tibetan Plateau based on observed and reanalysis products[J]. Geoderma，337：893-905.

Immerzeel W W，van Beek L P H，Bierkens M F. 2010. Climate change will affect the Asian water towers[J]. Science，328（5984）：1382-1385.

Immerzeel W W，van Beek L P H，Konz M，et al. 2012. Hydrological response to climate change in a glacierized catchment in the Himalayas[J]. Climatic Change，110（3-4）：721-736.

Ke C Q，Kou C，Ludwig R，et al. 2013. Glacier velocity measurements in the eastern Yigong Zangbo basin，Tibet，China[J]. Journal of Glaciology，59（218）：1060-1068.

Kraaijenbrink P D A，Bierkens M F P，Lutz A F，et al. 2017. Impact of a global temperature rise of 1.5 degrees Celsius on Asia's glaciers[J]. Nature，549（7671）：257-260.

Kropacek J，Maussion F，Chen F，et al. 2013. Analysis of ice phenology of lakes on the Tibetan Plateau from MODIS data[J]. The Cryosphere，7（1）：287-301.

Luo S，Fang X，Lyu S H，et al. 2017. Interdecadal changes in the freeze depth and period of frozen soil on the Three Rivers Source Region in China from 1960 to 2014[J]. Advances in Meteorology：1-14，DOI：10.1155/2017/5931467.

Luo S F，Lyu S H，Zhang Y. 2009. Development and validation of the frozen soil parameterization scheme in Common Land Model[J]. Cold Regions Science and Technology，55（1）：130-140.

Luo S Q，Fang X W，Lyu S H，et al. 2016. Frozen ground temperature trends associated with climate change in the Tibetan Plateau Three River Source Region from 1980 to 2014[J]. Climate Research，67（3）：241-255.

Messager M L，Lehner B，Grill G，et al. 2016. Estimating the volume and age of water stored in global lakes using a geo-statistical approach[J]. Nature Communications，7：13603.

Narita K，Harada K，Saito K，et al. 2015. Vegetation and permafrost thaw depth 10 years after a tundra fire in 2002，Seward Peninsula，Alaska[J]. Arctic，Antarctic，and Alpine Research，47（3）：547-559.

Ni J，Wu T H，Zhu X F，et al. 2021. Simulation of the present and future projection of permafrost on the Qinghai-Tibet Plateau with statistical and machine learning models[J]. Journal of Geophysical Research：Atmospheres，126（2）：e2020JD033402.

Nie Y，Zhang Y L，Liu L S，et al. 2010. Glacial change in the vicinity of Mt. Qomolangma（Everest），central high Himalayas since 1976[J]. Journal of Geographical Sciences，20（5）：667-686.

Oberman N G，Mazhitova G G. 2001. Permafrost dynamics in the north-east of European Russia at the end of the 20th century[J]. Norsk Geografisk Tidsskrift-Norwegian Journal of Geography，55（4）：241-244.

Pan B，Zhang G L，Wang J，et al. 2011. Glacier changes from 1966—2009 in the Gongga Mountains，on the south-eastern margin of the Qinghai-Tibetan Plateau and their climatic forcing[J]. The Cryosphere Discussions，6：1087-1101.

Qiu Y，Xie P，Leppäranta M，et al. 2019. MODIS-based daily lake ice extent and coverage dataset for Tibetan Plateau[J]. Big Earth Data，3：170-185.

Romanovsky V E，Smith S L，Christiansen H H. 2010. Permafrost thermal state in the polar Northern Hemisphere during the international polar year 2007—2009：A synthesis[J]. Permafrost and Periglacial Processes，21（2）：106-116.

Smith S L，Romanovsky V E，Lewkowicz A G，et al. 2010. Thermal state of permafrost in North America：a contribution to the international polar year[J]. Permafrost and Periglacial Processes，21（2）：117-135.

Su F，Zhang L，Ou T，et al. 2016. Hydrological response to future climate changes for the major upstream river basins in the Tibetan Plateau[J]. Global and Planetary Change，136：82-95.

Wang C，Zhao W，Cui Y. 2020. Changes in the seasonally frozen ground over the eastern Qinghai-Tibet Plateau in the past 60 years[J]. Frontiers in Earth Science，8：270.

Wang K，Zhang T，Zhong X. 2015. Changes in the timing and duration of the near-surface soil freeze/thaw status from 1956 to 2006 across China[J]. The Cryosphere，9（3）：1321-1331.

Wang R J，Liu S Y，Shangguan D H，et al. 2019. Spatial heterogeneity in glacier mass-balance sensitivity across High Mountain Asia[J]. Water，11（4）：776.

Wang Z，Wang Q，Zhao L，et al. 2016. Mapping the vegetation distribution of the permafrost zone on the Qinghai-Tibet Plateau[J]. Journal of Mountain Science，13（6）：1035-1046.

Wei J F，Liu S Y，Guo W Q，et al. 2014. Surface-area changes of glaciers in the Tibetan Plateau interior area since the 1970s using recent Landsat images and historical maps[J]. Annals of Glaciology，55（66）：213-222.

Wu Q B，Zhang T J. 2008. Recent permafrost warming on the Qinghai-Tibetan Plateau[J]. Journal of Geophysical Research，113：1-22.

Wu Q B，Zhang T J，Liu Y. 2010. Permafrost temperatures and thickness on the Qinghai-Tibet Plateau[J]. Global and Planetary Change，72（1）：32-38.

Wu T H，Li S X，Cheng G D，et al. 2005. Using ground-penetrating radar to detect permafrost degradation in the northern limit of permafrost on the Tibetan Plateau[J]. Cold Regions Science and Technology，41（3）：211-219.

Xu J，Shangguan D，Wang J. 2021. Recent surging event of a glacier on Geladandong peak on the central Tibetan plateau[J]. Journal of Glaciology，67（265）：967-973.

Xu J L，Zhang S Q，Shangguan D H. 2013. Glacier change in headwaters of the Yangtze River in recent three decades[J]. Arid Zone Research，30（5）：919-926.

Xu J L，Shangguan D H，Wang J L. 2018. Three-dimensional glacier changes in Geladandong peak region in the central Tibetan Plateau[J]. Water，10（12）：1-22.

Yao T D，Thompson L，Yang W，et al. 2012. Different glacier status with atmospheric circulations in Tibetan Plateau and surroundings[J]. Nature Climate Change，2（9）：663-667.

Zhang T，Barry R G，Gilichinsky D，et al. 2001. An amplified signal of climatic change in soil temperatures during the last century at Irkutsk，Russia[J]. Climatic Change，49（1）：41-76.

Zhang Y，Fujita K，Liu S Y，et al. 2010. Multi-decadal ice-velocity and elevation changes of a monsoonal maritime glacier：Hailuogou glacier，China[J]. Journal of Glaciology，56（195）：65-74.

Zhang Y L，Li X，Cheng G D，et al. 2018. Influences of topographic shadows on the thermal and hydrological processes in a cold region mountainous watershed in northwest China[J]. Journal of Advances in Modeling Earth Systems，10（7）：1439-1457.

Zhang Z，Xu J L，Liu S Y，et al. 2016. Glacier changes since the early 1960s，eastern Pamir，China[J]. Journal of Mountain Science，13（2）：276-291.

Zhao L，Ping C L，Yang D，et al. 2004. Changes of climate and seasonally frozen ground over the past 30 years in Qinghai-Xizang（Tibetan）Plateau，China[J]. Global and Planetary Change，43（1-2）：19-31.

Zhao L，Wu T，Ding Y，et al. 2008. Monitoring permafrost changes on the Qinghai-Tibet Plateau[C]. Proceedings of 9th International Conference on Permafrost 2008 Fairbanks，Alaska，US.

Zhao L，Wu Q B，Marchenko S S，et al. 2010. Thermal state of permafrost and active layer in Central Asia during the International Polar Year[J]. Permafrost and Periglacial Processes，21（2）：198-207.

Zhao L，Ding R，Moore J C. 2014. Glacier volume and area change by 2050 in high mountain Asia[J]. Global & Planetary Change，122：197-207.

Zhao L，Zou D F，Hu G J，et al. 2020. Changing climate and the permafrost environment on the Qinghai-Tibet（Xizang）plateau[J]. Permafrost and Periglacial Processes，31（3）：396-405.

Zhao Q D，Ding Y J，Wang J，et al. 2019. Projecting climate change impacts on hydrological processes on the Tibetan Plateau with model calibration against the glacier inventory data and observed streamflow[J]. Journal of Hydrology，573：60-81.

第3章 冰冻圈与气候相互作用

随着气候变暖，长江上游的冰冻圈发生了显著的变化。冰冻圈变化对该区域地表能量收支、辐射平衡和大气环流过程产生了重要影响。冰冻圈与气候相互作用主要通过冰冻圈的反照率反馈机制、能量平衡和水的相变过程来实现。因此，厘清长江上游冰冻圈与气候相互作用，有助于加深对该区域冰冻圈对气候变化的响应及反馈的认识，深化对冰冻圈与气候相互作用过程的理解。

3.1 长江上游能水循环基本特点

地球系统通过大气、云、陆面和海洋等媒介，吸收太阳辐射能量和释放长波辐射，产生能量循环。水循环则通过降水、蒸发、地表和地下水径流等环节，协调着全球和区域的水资源。能量和水循环研究对区域气候水文模式的建立、冰冻圈变化过程与气候变化相互作用机制的认识具有重要意义。长江上游地形复杂多变，地跨中国大地形的第一、二级阶梯和第三级阶梯过渡带，从东向西西延伸至青藏高原核心地带，涵盖长江源区、昆仑—横断山区等特殊地形地貌，山地、丘陵比例大，同时受到多种气候带影响。辽阔复杂的地域形成了其独特的地气能水交换系统。下垫面能量循环是陆气相互作用的直接动力，水循环是调节陆气相互作用中热力平衡的重要因素，两者相互作用形成具有鲜明区域特征的能水循环系统（任永建等，2013）。

3.1.1 水循环及其基本过程

长江流域内各种水体通过水汽输送、蒸发（包括植物蒸腾）、降水和地表径流等一系列过程和环节，把大气圈、水圈、冰冻圈、岩石圈和生物圈有机地联系起来，构成一个庞大的"水循环系统"。长江上游地区气候分属青藏高寒区和亚热带季风区，汛期时段集中在5~10月，具有时空分布不均匀的特点。

1）水汽

长江上游由于受多重气候的影响，旱涝灾害经常发生，且对周围地区的水分收支有重要影响。春季，长江上游地区的水汽来源和冬季类似，总体来说水汽主要来源于中纬度地区的偏西风水汽输送。夏季，对应多种季风气候的影响，长江上游地区水汽输送情况比较复杂。夏季风从印度洋及南海携带大量水汽经过长江上游地区，对该地区水文循环过程产生影响，同时间接影响我国其他地区的水汽循环特征。对青藏高原东部（95°E~105°E）来说，南边界孟加拉湾地区的偏南风水汽输送是主导来源；105°E以东地区水汽除了来自孟加拉湾的，也有来自南海地区的；中纬度的偏西风水汽输送对本区北部也有贡献。总体上，夏季的水汽主要来源于孟加拉湾和南海地区。秋季是夏、冬季水汽输送形势之间的过渡季节，秋季水汽主要来源于西太平洋地区。冬季长江上游地区主要有两条水汽输送带，南支偏西风水汽输送在孟加拉湾北部转为西南风水汽输送经过西南、长江中下游地区，最后进入北太平洋；另一条偏西水汽输送带绕过高原北部，经甘肃、陕西等地，最终流入北太平洋地区，对四川北部有影响，两者在高原东部地区汇合。

长江上游水汽含量及各边界的水汽通量、水汽收支的变化分析表明长江上游为水汽汇区，年平均每日总收入为 61.9×10^5kg/s，其中南边界、西边界为水汽主要输入边界，年平均状态下，从南边界进入的水汽为 305.7×10^5kg/s，西边界进入的为 171.8×10^5kg/s，南边界输入几乎是西边界的 2 倍（周长艳和李跃清，2005）。外来水汽形成的降水量占总降水量的 91%左右，而当地蒸散发形成的降水量占比仅为 9%。进一步分析发现，长江源区、横断山区和四川盆地的当地蒸散发形成的降水分别占总降水量的 11.2%、5.2%和 5.9%，尽管蒸发形成的降水在区域总降水量中贡献较小，但蒸散发量对水循环的贡献在逐年增加（刘波等，2012）。长江上游地区水文循环概念图（图 3.1）表征了本区域水文循环的基本特征。

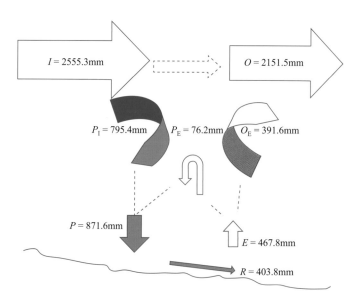

图 3.1　长江上游地区水文循环概念图

I 为水汽总输入量；O 为水汽总输出量；P 为区域降水量；E 为区域蒸发量；R 为流域出口径流量；P_I 为外来水汽形成的降水量；P_E 为当地蒸发所形成的降水量；O_E 为当地蒸发形成的水汽输出量

2）降水

1970～2019 年长江上游年均降水量为 871.6mm，以 3.1mm/10a 趋势增加（图 3.2）。总体上长江上游地区年平均降水东高西低、南高北低（图 3.3），东南部地区多年平均降水量较西北部地区高 500～1000mm，差异较大。平均月降水量在全年基本呈正态分布，年降水量主要集中在 5～9 月，7 月最大，往前或往后逐月递减；长江上游年内降水量的季节分配差别较大，四季中降水分配比例最高的为夏季，降水量为 444.2mm，占全年总降水量的 54.50%，分别为春季降水量的 2.86 倍、秋季降水量的 2.38 倍和冬季降水量的 15.26 倍（表 3.1），其中，流域夏、冬两季降水量差距最大，其主要原因在于长江上游水汽输送和水汽含量存在明显的季节性差异。

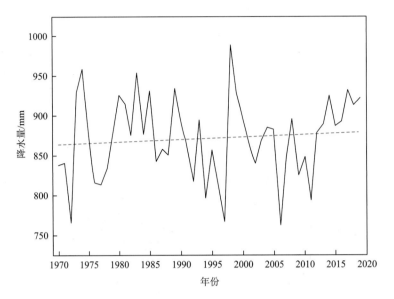

图 3.2 长江上游的年均降水量

资料来源：国家气象科学数据中心

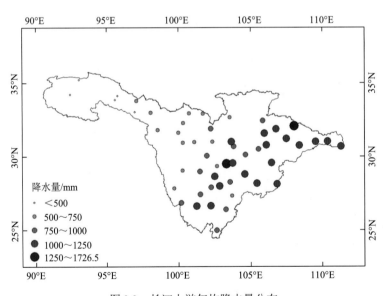

图 3.3 长江上游年均降水量分布

表 3.1 长江上游季节降水量年内分配（何奇芳，2018）

项目	春季（3~5月）	夏季（6~8月）	秋季（9~11月）	冬季（12月至次年2月）
降水量/mm	155.2	444.2	186.5	29.1
比例/%	19.04	54.50	22.88	3.57

3）蒸散发

根据长江上游蒸发皿蒸发量的变化可以将其划分为三个分区（图 3.4），长江上游东、西两侧（青藏高原和大巴山一带）为显著减少区，中间（云贵高原北部到黄土高原南缘以及四川盆地一带）为显著增大区。影响区域蒸发皿蒸发量变化的原因各有不同，青藏高原一带蒸发量减少可归结于太阳辐射强度和风动力扰动减弱。大巴山一带减少由太阳辐射强度、风动力扰动强度、湿度条件都显著下降导致，而云贵高原到四川盆地一带是环境气温强烈升高，使其上空大气水汽含量显著减少，引发蒸发过程加强（荣艳淑等，2012）。

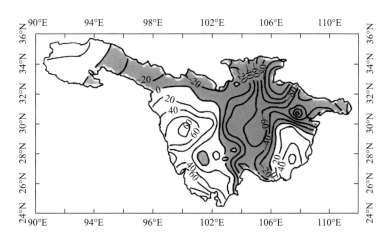

图 3.4　长江上游年蒸发皿蒸发量趋势的空间分布图（荣艳淑等，2012）（单位：mm/10a）

基于长江源区 2001～2018 年卫星遥感数据和气象数据（Han et al.，2021），通过地表能量平衡系统（surface energy balance system，SEBS）模型，得到多年平均实际蒸散发量为274.7mm，多年平均月蒸散发量在全年基本呈正态分布，7 月蒸散发量达到峰值（图 3.5）。

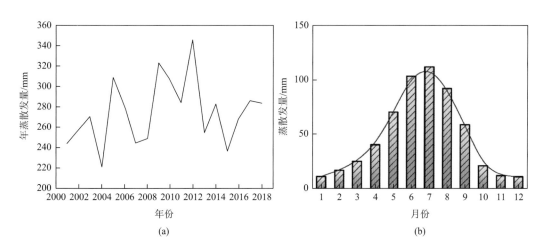

(a)　　　　　　　　　　　　　　(b)

图 3.5　2001～2018 年长江源区年均蒸散发量及年内分配

2000~2012 年年均蒸散发量呈显著上升趋势，气候倾向率为 67.4mm/10a，2012 年达到峰值（346.5mm）。2012~2018 年无显著变化趋势。

1960~2012 年长江源区年均实际蒸散发量从东南向西北逐渐降低，且空间差异较大，高值出现在玉树（329.5mm），低值出现在五道梁（223.0mm）和沱沱河（229.8mm）（强皓凡等，2018）。这种空间分布主要受降水影响，源区降水主要由孟加拉湾与河西走廊水汽形成，沿途受高山阻挡与地势影响，水汽多集中于东南的直门达地区，向西北递减至五道梁最少（陈进，2013）。除此之外，相对湿度、日照时数、气温、风速、地形等也会影响区域能量供给和水汽输送，对实际蒸散发量也有影响（温馨等，2021）。

长江源日均蒸散发量有明显的空间差异（图 3.6）。长江源西部地区地势相对平坦，主要为荒漠带，实际蒸散发量较小，但西部地区有大量湖泊存在，湖泊水体日蒸散发量较大（可达 3.3mm）。相对于西部地区，长江源中部植被较好，日蒸散发量在 1mm 左右。长江源东部地区主要植被类型为高寒草甸，同时有少量林地分布，蒸散发量较大，日均值在 2mm（甘海洪，2020）。

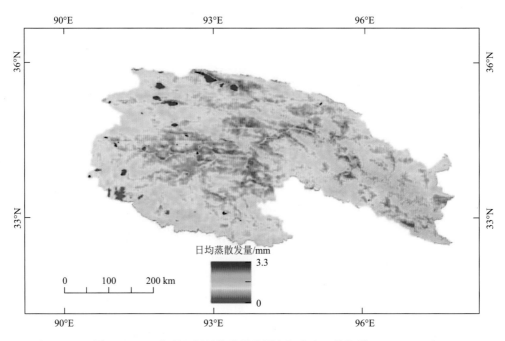

图 3.6　2017 年长江源日均蒸散发量空间分布（甘海洪，2020）

4）径流

长江上游主要支流包括雅砻江、嘉陵江、岷江、沱江和乌江（图 3.7）（张远东和魏加华，2010）。长江干流宜昌控制站的多年平均径流量为 $4471.0 \times 10^8 m^3$。宜昌位于长江上游与中游交界处，完整地控制了长江上游的广袤地区，能够直接反映长江上游地区来水情况，多年平均流量约 $14200m^3/s$。干流寸滩站的多年平均径流量为 $3485.0 \times 10^8 m^3$，约占宜昌站径流量的 78%；干流金沙江段屏山站的多年平均径流量为

$1430.0 \times 10^8 \mathrm{m}^3$，约占宜昌站径流量的 32%；雅砻江、岷江、嘉陵江和乌江 4 个主要支流的径流量分别约占宜昌站的 11%、20%、15% 和 11%（表 3.2），详细内容可见第 4 章。

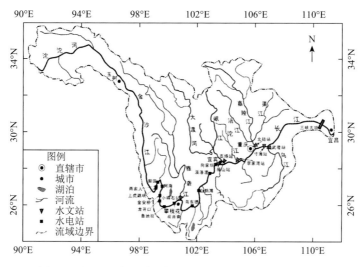

图 3.7 长江上游水系示意图（张远东和魏加华，2010）

表 3.2 长江上游干流控制站及主要支流径流组成（张远东和魏加华，2010）

水系名称	站名	集水面积/km²	多年平均流量/（m³/s）	多年平均径流量/10⁸m³	年径流组成/%
长江	寸滩	866559	11051	3485	77.9
	宜昌	1005501	14176	4471	100
金沙江	屏山	485099	4535	1430	32
雅砻江	小得石	118294	1592	502	11.2
岷江	高场	135378	2765	872	19.5
沱江	李家湾	23283	301	95	2.1
嘉陵江	北碚	156142	2118	668	14.9
乌江	武隆	83035	1592	502	11.2

长江源是长江径流变化的形成区，其水资源状况关系沿岸地区的经济发展和生态保护（齐冬梅等，2015），气候变化背景下长江源区的径流变化特征是社会关注的焦点和研究热点。长江源区径流量在年际变化上均呈增加趋势，沱沱河站年际变化比直门达站显著（表 3.3），21 世纪以来，长江源径流进入丰水期（罗玉等，2019）。

表 3.3 长江源区径流量的年际变化（罗玉等，2019）　　　（单位：%）

水文站名	1961~1970 年	1971~1980 年	1981~1990 年	1991~2000 年	2001~2010 年	2011~2016 年
沱沱河	-3.2	-28.0	-22.9	-11.1	40.0	42.1
直门达	-1.2	-11.2	6.5	-15.3	-15.3	11.0

　　长江源沱沱河站和直门达两个站点径流主要集中出现在 7 月下旬至 8 月上旬。从季节变化上看（图 3.8），长江源区月平均流量的枯水期在 1~3 月，丰水期在 7~9 月。1~5 月流量偏少，从 6 月开始增大，一直持续到 10 月，之后 11 月、12 月流量减小。其中，月平均最小流量出现在 2 月，月平均最大流量出现在 7~8 月，长江源区月平均流量的变化呈单峰型。全年流量的变化以夏季流量的贡献最大，秋季次之，冬季最少（苏中海和陈伟忠，2016）。

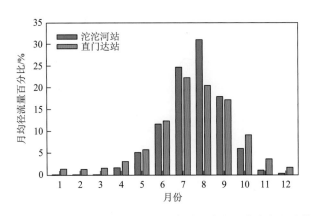

图 3.8　长江上游沱沱河站和直门达站月均径流量百分比（苏中海和陈伟忠，2016）

　　此外，沱沱河站和直门达站月均径流量百分比明显不同（图 3.8），主要表现为枯季径流量百分比在直门达站增大，而 6~9 月径流量百分比在直门达站减小，这种差异是由补给来源不同造成的。受降水、气温、水面蒸发量以及下垫面等作用不同，沱沱河水文站以上流域径流补给类型为降水和冰雪融水补给型：地下水补给贫乏，春汛 4~5 月径流受冰雪融水补给，增加明显，但小于夏汛，枯季 12 月至次年 3 月单月径流比例小于 0.4%，连续最大 4 个月径流量占全年径流量的比例在 85% 左右。直门达站以上流域径流补给类型为降水、冰雪融水和地下水混合补给型：枯季有一定水量，春汛冰雪融水补给增加，夏汛流量最大，枯季 12 月至次年 3 月单月径流比例低于 2%，春汛流量一般达枯季流量的 2~3 倍，连续最大 4 个月径流量占全年的比例在 72% 左右，导致了沱沱河站径流年内分配的不均匀性及集中度，相对变化幅度均高于直门达站（苏中海和陈伟忠，2016；罗玉等，2019；朱海涛，2019）。

3.1.2　能量循环基本过程

　　地球系统的能量源自太阳辐射。太阳辐射经过云和地表反射、大气吸收、海洋吸收、地表吸收等过程，一部分通过蒸发来维持水循环，并借助水汽的凝结间接加热大气；一部分通过感热通量来直接加热大气；剩余的能量用来加热下垫面，随后以红外辐射的形式返回大气中，完成能量循环（图 3.9）。近年来，在长江上游多年冻土区近地表的能量循环中，由于全球变化的影响，地表吸收热通量略大于向上热通量，多年冻土有逐渐退化的趋势。高海拔、积雪、冻融过程、降水、植被、土壤质地等是影响地表能量分配的主要因素（Yao et al.，2020）。

图 3.9　长江上游地表能量平衡概念图

1970～2019 年长江上游气温表现出逐年递增趋势，增温速率为 0.26℃/10a（图 3.10）。对于长江上游区域而言，平均气温为 10.9℃（-5～19.8℃），年平均气温呈现较大区域差异，有些地区年平均气温在 0℃ 以下（图 3.11）。长江上游地区东部年平均气温空间变化范围在 17.0～21.0℃，南部地区气温变化在 17.0～22.0℃，四川盆地多年平均气温变化在 16.0～18.0℃，较同纬度其他地区高。总体上，长江上游地区年平均气温东高西低、南高北低。东部及西南部地区多年平均气温较西北部地区高 8.0～15.0℃，差异较大；南部较北部地区温差相对较小。

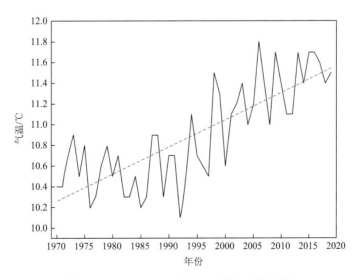

图 3.10　1970～2019 年长江上游年平均气温

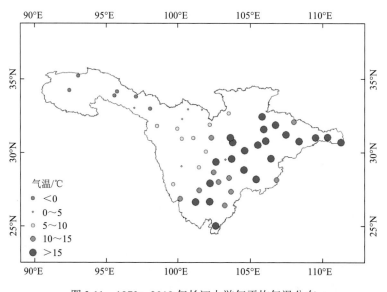

图 3.11　1970~2019 年长江上游年平均气温分布

　　能量平衡各分量呈现出明显的季节变化（图 3.12），净辐射、感热通量、潜热通量等冬季较小、夏季较大。净辐射季节变化主要受太阳高度角、云层状况、反射率等因素综合影响，在 12 月最小，6 月达到最大。地表净短波辐射可以表征透过大气被地表所吸收的太阳短波辐射变化特征。当太阳随着季节变换逐渐直射北半球时，长江上游地区地表净短波辐射在 1 月显著开始增加，吸收的能量开始增多，1 月下垫面温度曲线变化出现转变，空气温度和地表温度均开始升高。增暖的下垫面势必会使得陆地与大气之间的热交换增强，地表向大气输送的感热通量增多，感热通量在 1 月开始显著增加。同时高原地表总蒸散逐渐加强，在 1 月开始显著增强，地表输送水分给大气。水分的变化伴随着能量的吸收和释放，地表潜热通量缓慢增加，在 1 月发生显著变化。随着下垫面温度增暖，

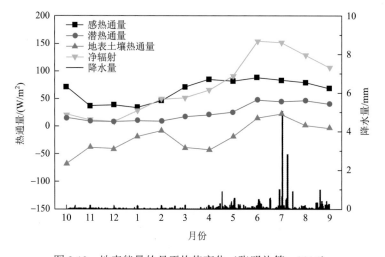

图 3.12　地表能量的月平均值变化（张明礼等，2016）

地表土壤热通量在 6 月由负值转为正值，土壤表层开始吸收大气传递的热量。陆气相互作用逐渐增强，下垫面向大气输送的感热通量和土壤热通量逐渐增多。地表净辐射在 5～6 月达全年最高值，7 月缓慢减少；感热通量全年最大值一般出现在 5～6 月，最小值出现在 12 月；地表潜热通量在 5 月开始大幅度增加，在 7～8 月达全年最高值，然后逐渐减小。

地表净长波辐射可以体现出地气温差的变化。地表净长波辐射全年波动较大，4～5 月出现为峰值，此时地气温差较大，与地表净短波辐射和感热通量全年最高值相对应。在夏季降水开始后，地气相互作用加强，地表总蒸散加大，净长波辐射值呈现一个谷值，地气温差较低。随着夏季降水的结束，地表净长波辐射逐渐回归到冬季的气候态。总的来说，地表能量收支呈现出明显的季节变化和区域差异，由季风引起的降水与活动层冻融过程对地表能量收支影响很大（张明礼等，2016）。

从能量平衡特征来看，以北麓河地区为例（图 3.13），夏季波文比稳定，在 1.7～1.8，其他季节月平均波文比均大于 3，可见北麓河地区地表热通量以感热为主，即使在夏季降水作用下，潜热通量月平均值依然小于感热通量。这主要是冬季和春季土壤处于冻结状态，地表土壤液态含水量极低，潜热蒸发少，进入夏季后活动层融化开始，随着降水增加土壤含水量升高，使得蒸发潜热加大，但北麓河地区降水量少且降雨作用时间有限，从月平均值统计的角度看，净辐射主要转化为感热通量，地气间的热量交换以感热输送为主。

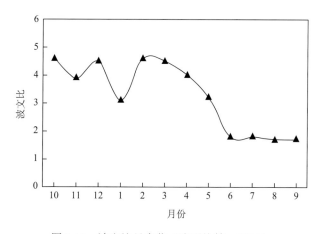

图 3.13　波文比月变化（张明礼等，2016）

另外，与其他辐射分量相比，地表土壤热通量占总辐射份额不大，但它是影响能量平衡的一个重要因子。以长江上游唐古拉观测站 2015 年地表土壤热通量日变化为例（图 3.14），地表土壤热通量的四季日变化均呈现出明显的倒 U 形曲线，地表土壤热通量随日出后太阳高度角的增大而逐渐增大，一般在 12～15 时达到最大值，之后随着太阳高度角的减小，土壤热通量逐渐减小，在夜间，土壤热通量趋于平缓。另外，土壤热通量在一天内两次通过零点，一般日落后逐渐转为负值，负值的时长存在明显季节差异，冬季＞秋季＞春季＞夏季。土壤热通量日变化的振幅也存在明显的季节变化，一般来说冬季振幅最小、夏季振幅最大，而地表土壤热通量的季节变化趋势与总辐射呈极显著正相关关系（郝雅婕等，2019）。2015 年唐古拉地区的地表土壤热通量平均为 1.0W/m²，在春、夏、秋、冬四季分别为 5.1W/m²、9.7W/m²、–3.4W/m²、–7.8W/m²，其中正值表示土壤热通量的传播方向向下，即春季和夏季土壤从地表吸收热量并向下传播，土壤为热汇，而秋季和冬季能量由土壤向地上部分传递，土壤为热源。地表土壤热通量的变化主要受地气温差的影响，同时下垫面状况也起到重要作用。值得注意的是，当地表有积雪覆盖时，与土壤进行能量交换的界面由近地层大气变为积雪的下表面，因此地表土壤热通量显著降低（肖瑶等，2011）。

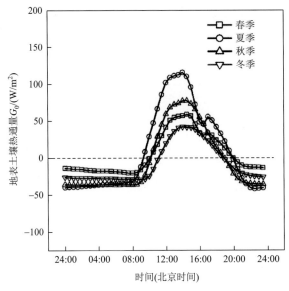

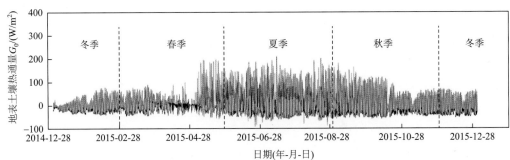

图 3.14　唐古拉站点地表土壤热通量的日变化和季节变化（杨成等，2020）

唐古拉站能量平衡各分量季节变化特征与北麓河站点变化特征基本一致（图 3.15），净辐射、感热通量、潜热通量等，冬季较小、夏季较大，呈现出明显的季节变化。与上述北麓河站有所不同的是，唐古拉站地表潜热通量在 5 月开始大幅度增加，7～8 月达全年最高值并超过了感热通量，因此夏季地表能量收支以潜热交换为主。随着夏季降水的结束，气温也逐渐降低，10 月中下旬土壤进入冻结阶段，辐射各分量逐渐降低（Gu et al., 2015）。

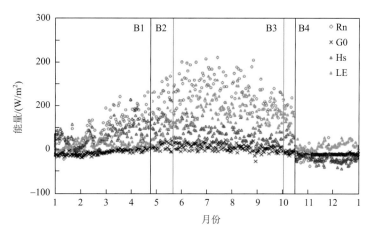

图 3.15　唐古拉站地区地表能量的月平均值变化（Gu et al.，2015）

Rn、G0、Hs 和 LE 分别为地表净辐射、地表热通量、感热通量和潜热通量；B1 和 B4 分别为地表开始融化和开始冻结的时间，B2 和 B3 分别为雨季开始和结束的时间

3.2　冰冻圈与能水循环的关系

　　作为全球气候系统五大圈层之一，在气候变暖的背景下，冰冻圈已经发生了不同程度的变化。前面章节已经详细介绍了当前冰冻圈各要素的变化情况，本节从机理方面介绍冰冻圈各要素与能水循环的相互作用过程和机制。

3.2.1　冰川与能水循环的关系

1）冰川与能量循环

　　冰川与能量循环关系的外在表现形式是冰川的积累消融，而冰川的积累消融是由气候变化决定的。大气和冰川表面的能量交换在一定程度上决定着冰川的消融变化，冰川表面的能量平衡研究，对揭示冰川发育的水热条件以及冰川对气候变化的响应具有重要意义。不同季节冰川对气候的响应不尽相同。以长江源区唐古拉山脉的小冬克玛底冰川为例，其从气候上分为冷、暖两季，冷季长达 8 个月（10 月至次年 5 月），受西风环流控制，气候寒冷干燥；暖季为 6～9 月，受西南暖湿气流影响，气候温暖湿润。冷季气候寒冷干燥，降水量少，导致冰川上消融和积累都少。到了暖季初期，南亚季风开始北移，加上高原内部热力对流作用增强，使得高原降水增多，冰川上的积累量增加，但此时新雪的反射率较高，导致冰川吸收太阳辐射较少，消融不强烈。暖季中后期，气温上升，冰面温度升高，粒雪开始消融，使得消融加剧。暖季后期，气温下降，除冰舌部仍有消融外，随着海拔升高，其余区域消融逐渐减弱至停止（李小飞，2017）。

　　冰川的消融归根结底是一个能量的转移过程，依其物理概念之间的关系，该过程的能量平衡特征可以表示为

$$Q_N + Q_H + Q_L + Q_G + Q_R + Q_M = 0 \tag{3-1}$$

式中，Q_N 为净辐射；Q_H 和 Q_L 分别为冰雪面-大气间的感热和潜热通量；Q_G 为冰面以下传导热；Q_R 为降水释放的热量；Q_M 为消融所耗热量。以冰雪面得到能量为正，失去能量为负。位于唐古拉山的冬克玛底冰川消融过程以冰雪融化为主，夏季（6~8 月）冰雪融化占总消融量的 73.9%，7 月该比例为 89.4%；春、秋季冰雪消融化量很小，蒸发在消融中的比例随之增加，4 月及 10~11 月冰雪停止融化，蒸发成为消融的唯一因子；冬季冰川表面潜热交换为凝结放热过程，消融完全停止。就一整年的计算结果来看，冰雪融化占总消融量的 72.2%，蒸发量占 27.8%，凝结占其总积累量的 5.8%（张寅生等，1996）。而在祁连山的七一冰川和老虎沟 12 号冰川上，净辐射是冰雪消融过程中起主导作用的能量来源，占冰雪面能量输入的 82.4%~84%；能量消耗同样是以消融耗热为主，占全部能量消耗的 62%~87.2%；潜热释放以蒸发和升华为主，为 12.8%~38%（陈亮等，2007；陈记祖等，2014）。

　　研究表明，吸光性气溶胶被认为是加速冰川消融的潜在原因之一（Hadley and Kirchstetter，2012）。冰川中的有机碳、黑炭和矿物粉尘是主要的三种吸光性杂质，当吸光性气溶胶通过干、湿沉降到冰川及雪表面时，成为吸光性杂质，使得冰川表面变暗，促进雪老化和粒径的增大，从而显著降低其表面反照率加速冰川消融。另外，一旦消融开始，吸光性杂质富集于冰川表面，进一步导致冰川反照率的降低（图 3.16）。雪冰中吸光性杂质的存在降低了表面反照率，反照率的降低会产生较大的辐射强迫（Bond et al.，2013）。辐射强迫是雪冰中吸光性杂质获得的额外能量，属于正辐射强迫，其在冰川积累区通过增加雪温，在消融区导致表层雪融化来影响冰川的消融（王宁练等，2015）。不同的吸光性杂质对冰川的贡献是不同的，研究显示，在唐古拉山的小冬克玛底冰川上，矿

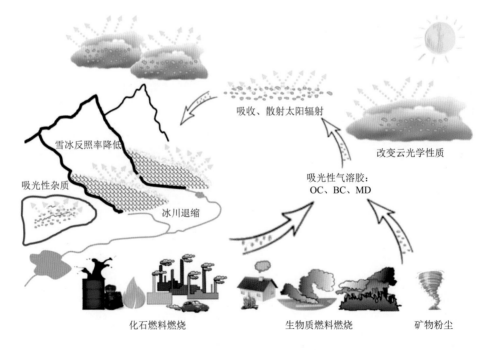

图 3.16　吸光性气溶胶的来源及其对冰川的影响（李小飞，2017）

OC、BC、MD 分别表示有机碳、黑炭、矿物粉尘

物粉尘对冰川的反照率降低的贡献率为 $(25\pm14)\%$，其产生的辐射强迫为 (21.2 ± 22.1)W/m^2；而黑炭对反照率的贡献率为 $(52\pm19)\%$，其对应的辐射强迫为 (422.7 ± 41.0)W/m^2（李小飞，2017）。由此可见，黑炭对反照率、辐射强迫和消融量的贡献都较矿物粉尘大，黑炭是加速冰川消融的主要因素。

2）冰川与水循环

位于长江上游的沱沱河流域，其径流量增加的 2/3 是整个流域冰川消融导致的。以长江源上游的各拉丹冬冰川为例，由于该地区海拔高，气候严寒。每年 5 月初开始，随着气温逐渐转暖，冰川上覆积雪首先开始融化，至 5 月底 6 月初，随着气温的进一步变暖，冰川冰开始融化，此时已进入冰川强烈消融期。与此同时，随着西太平洋副热带高压的西移以及印度西南季风的爆发，源区进入雨季，降水量显著增加。9 月下旬后，气温下降，冰川消融减弱直至停止。该区域降水径流量占年径流量的 90%以上，降水径流量对年径流量的变化具有决定作用。

以冰川融水补给为主的河流，在汇流过程中不仅能将冰川融水直接转化为地表径流汇入下游，还会通过壤中流的长时间补给形式，对河流、湖泊等湿地产生显著调节作用。研究显示，短期内冰川快速消融会使河流流量增加。但随着冰川资源逐渐耗尽，河川径流量将减少。然而，受气候变暖的影响，冰川在不断退缩，冰雪储量减少，冰川产流面积萎缩，融水补给量随之减弱，最终影响局地河流的补给。尽管降水的增加可以促进冰川发育，但是近几十年来唐古拉山冰川升温比较明显，降水呈现微弱增加趋势，而降水量的微弱增加不足以弥补气温上升对冰川消融的影响，唐古拉山冰川加速退缩主要是由升温引起的。降水量的轻微增加对冰川面积退缩有一定的减缓作用，但是它不能抵消由温度升高引起的冰川退缩（邱宝刚，2019）。

此外，气候变暖导致冰川消融退缩，湖泊水位上升，引起冰湖溃决和泥石流、滑坡等地质灾害。近几十年来，由于冰川的大量消融，冰川融水径流逐渐增大，冰川变化引发的水资源时空分布和水循环过程的变化，无疑将给区域内的社会经济发展带来深刻影响（姚檀栋等，2013）。冰川快速融化在短期内会增加河流流量，但接踵而至的是冰储备的缩减与径流减少，这将对中下游地区工农业生产和人民生活构成极大的威胁（Yao et al.，2012）。

3.2.2　冻土与能水循环的关系

1）冻土与能量循环

冻土作为特殊的下垫面，其变化与能量有密切的关系。太阳能是地球能量的主要来源，地面太阳能的收支及分配必然会影响冻土的热力学过程。季节冻土和多年冻土的形成与地表面的辐射热量交换有关，辐射热量平衡的结构对冻土的形成和动态有决定作用，地表面能量收支及地气温度变化是由净辐射决定的，而净辐射的大小不仅取决于总辐射，还与下垫面状况及长波辐射有关。其中，多年冻土区的季节融化深度是由到达地面并传入土壤中的土壤热通量引起的，季节融化深度随着总辐射量的增大而增大。活动层是陆气交换最直接的界面，活动层的冻融循环过程直接决定多年冻土与大气的水热、能量交换过程。暖季，气温相对较高，使得土壤开始自上而下发生融化；随着温度的持续升高，土壤逐渐融化到最大深度，也就是常说的活动层底部，至此完成了融化过程；随着气温降低，土壤开始自下而上和自上而下同时冻结，也就是常说的"双向冻结"，直到整个活动层都被冻结。活动层中土壤水分在冻结和融化时会吸收和释放大量的潜热能量，直接改变土壤的热力学性质。利用长江上游唐古拉站实测数据分析地表能量变化对活动层融化过程的影响发现，在冻融循环期间，活动层温度垂直变化过程与地表能量的变化过程相似，活动层的融化厚度与地表能量过程密切相关，随着地表能量的积累，活动层融化厚度逐渐增大（Ma et al.，2022）。

　　土壤导热率作为表征土壤传热能力大小的重要物理参数，影响着冻融循环过程中的土壤水热传输过程，对地表能量平衡、地气间水热传输等都有十分重要的影响。由于水的导热率为0.57W/(m·K)，热容量为4.2MJ/(m³·K)；冻结后转变为冰时导热率增大为2.2W/(m·K)，热容量变小为1.9MJ/(m³·K)。长江上游的唐古拉观测站活动层表层土壤导热率表现出明显的季节变化。总体而言，导热率值在夏季最大，其次是秋季和春季，冬季最小（Li et al.，2019）。同时，未冻结状态下的导热率值大于冻结状态下。非饱和土壤以及未冻结状态和初始冻结状态下土壤含水量的巨大差异导致冻结状态下导热率值较低。这与临界土壤含水量有关，当临界土壤含水量低于0.195m³/m³时，会出现这种现象，相似的结果也在五道梁被发现（Du et al.，2020）（图3.17）。当土壤含水量大于临界含水量后，导热率变化特征表现为冻结大非冻结小。

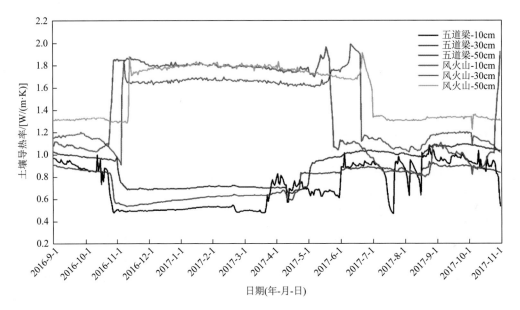

图3.17　长江上游五道梁和风火山地区10～50cm深度土壤导热率的变化（Du et al.，2020）

2）冻土与水循环

　　冻土独特的水文特性对水循环有着极其重要的作用。在气候变暖背景下，活动层变化引起的地表水分条件的改变是影响多年冻土区产汇流过程和生态过程的重要因素，活动层底部增加的冻结层上水有可能通过侧向流在低洼处形成径流，进而增加江河湖泊的径流量。而被固存并埋藏在多年冻土地下冰的融化，则会释放更多的水分参与水文循环过程，同时还会引起地面沉降，对多年冻土区的水循环过程和气候产生影响（Ni et al.，2021）。多年冻土区地表的水热过程和变化在区域水文过程中也发挥着重要作用，与积雪、冰川和湖沼相比，冻融过程中的水分迁移和地下冰融化的产汇流过程更为复杂。多年冻土层的透水性能较差，作为一种大范围的区域性隔水层或弱透水层，在一定时空尺度上阻隔或显著减弱了大气降水、地表水同地下水之间的水力联系。因此，多年冻土强烈影响着地表径流形成以及地下水的运移过程和分布格局。多年冻土的隔水作用可以提高流域融雪和降雨径流的产流量，而多年冻土退化会直接影响寒区地下水补给源和补给量、径流路径和排泄过程，以及地下水与地表水的交换等。多年冻土的融化可导致多年冻土区的隔水作用不断减弱，冻结层上水水位逐渐下降，补给路径延长、加深，甚至可以直接补给冻结层下水或冻结层间水（McKenzie and Voss，2013）。除此之外，多年冻土对湖泊也有一定的影响，地下冰的融化对湖泊有一定的补给作用（赵林等，2019）。

多年冻土区的径流系数一般比非冻土区大，随着气候变暖、活动层增厚而明显减小。此外，多年冻土退化必将导致大量赋存的地下冰转化为液态水。研究表明，多年冻土退化、活动层增厚会导致表层土壤含水量减少（Wu et al.，2017）。在长江上游地区，随着活动层厚度的增加，活动层内部的水分状况整体呈现底部增大、表层基本不变或略有降低的趋势，这与同期降水量增加有关。降水量的增加在一定程度上缓减了地表土壤含水量的减少趋势。活动层加深、融化期延长所导致的多年冻土层上水的冬季补给也不可小觑；活动层增厚也可以通过增加储水空间而减少夏季径流（赵林等，2019）。此外，冻土退化会导致流域内更多的地表水入渗变成地下水，流域地下水储水量加大，冬季径流增加（Gao et al.，2018）。在不连续冻土区，地下冰融化显著增加了冬季的河川基流，冻土退化使得径流的季节分布更加平缓。多年冻土退化对径流分配的影响与多年冻土覆盖率密切相关，只有在多年冻土覆盖率高的流域，多年冻土退化才会引起产流过程的较大变化，而对于多年冻土低覆盖率流域，多年冻土退化的影响则较小（Ye et al.，2009）。

多年冻土对气候变暖的响应是一个缓慢的过程，因此冻土退化对水文过程的影响也是一个渐变过程。基于长江源区冬克玛底流域实测的地下水样品分析多年冻土区地下水氢氧稳定同位素特征及其与降水的关系发现，研究区多年冻土区不同时期影响地下水同位素的组成和变化因素有所不同，在冻土的融化前期（气温上升阶段），由于冻土活动层较薄，地下水受气温影响显著。虽然后期气温降低，但活动层厚度依然在增加，此时地下水在土壤中滞留时间的增加是地下水同位素富集的一个重要因素。结合流域的地形特点、地下水同位素特征及其影响因素，推断降水是地下水的主要补给来源（Zhu et al.，2019）。

由冻土退化引起的水循环的变化还可能导致一些地质地貌的变化，最近研究显示，活动层增厚、地下冰融化已经引发了多年冻土区大量的热融滑塌现象。在多年冻土退化初期，地下冰融化导致地表下陷形成积水洼地；积水洼地一旦出现，原有地表的水热平衡即被打破，多年冻土的融化也就不断加剧，热融洼地也随之不断扩张而形成热融湖塘（牛富俊等，2018）。多年冻土退化还会造成多年冻土地面发生长期的沉降形变，这主要是多年冻土上限处地下冰融化所导致的。年间地表形变的高值区主要分布在地下冰含量较高的地区。在五道梁地区年间沉降量可达 10.28mm，北麓河高山地区多年冻土存在较为稳定，年平均形变量为−1.78mm；而稀疏植被区域多年冻土地表形变有着明显的不同，其年形变量在−16～0mm，沉降更为明显（周华云等，2019；赵林等，2019）。

3.2.3　积雪与能水循环的关系

1）积雪与能量循环

积雪对能量循环的主要影响表现在两方面：一是反照率效应；二是积雪隔热效应。由于雪的反照率（可高达约 0.8）远高于全球平均反照率（约 0.3）。在气候变暖的背景下，积雪对气候的反馈过程可以描述为：温度升高导致积雪面积、雪水当量及积雪持续日数减少，引起地表反照率下降，地面接收的太阳辐射增加，促进温度上升，积雪进一步融化，直到气候系统达到新的平衡，最终建立起积雪反照率对温度的正反馈作用。同时，积雪消融会削弱其对地表的热阻隔能力，即积雪对长波辐射的抑制作用减弱，地表向外辐射的能量增加，抑制温度上升，从而减少积雪的进一步消融，直到气候系统达到新的平衡，建立起积雪在长波波段对温度较弱的负反馈作用（肖林，2015）。雪在不同时间其反照率也不尽相同，对气候的反馈也不尽相同。新雪的反照率可以超过 0.9，对地表反照率的提升达 0.3～0.5；在消融过程中，由于粒径、太阳入射角、杂质沉积、直射散射辐射比等的变化，积雪反照率可能会迅速下降到 0.5；在融雪后期，积雪融水会大大增加下垫面的含水量，其反照率甚至可能低于无雪地表。研究表明，长江源区积雪季（10月至次年3月）积雪反照率变化特征总体呈不明显的正向变化趋势。然而，在长江源区积雪季温度也是呈轻微上升趋势，积雪和温度的正反馈作用并不明显，主要原因是该区域积雪厚度薄，空间分布不连续，积雪对大气的致冷作用不显著。非积雪季（4～9月）的情况恰好相反，积雪反照率近 10 年来的变化趋势与温度基本呈反相关，温度明显呈升高趋势，而积雪反照率的变化则主要呈现降低趋势，近年来长江源区夏季的强烈变暖趋势直接加大了夏季积雪的消融程度（吴雪娇，2012）。

除了积雪自身的反照率对辐射产生影响以外，气溶胶对积雪也会产生不同程度的影响。当大气中的黑炭气溶胶以干/湿沉降的形式与积雪混合后，能显著降低积雪的反照率，从而加速积雪消融，减少积雪的存留时间和面积。积雪因其在可见光波段的高反射性明显区别于其他地物，而黑炭作为积雪中主要的吸光性污染物，其在可见光波段的强吸收性与积雪形成强烈反差，故微量的黑炭就能显著降低积雪在可见光波段的反射率，这种辐射效应由黑炭的光学性质及其浓度确定，当光学性质一定时，积雪反射率下降程度与黑炭浓度成正比（李红星，2014）。

积雪的改变对季节时间尺度、年际时间尺度，甚至数十年时间尺度上的其他气候成分，如土壤湿度和大气环流变异性，都有直接或间接的影响。积雪面积的减少将会使更多面积的下垫面暴露在大气中，导致地面吸收更多的太阳辐射，浅层活动层土壤的水热状况将受到一定程度的影响。积雪厚度的适量减少可能会引起土壤温度降低，增强土壤的冻结过程。积雪厚度小于 20cm 的积雪可以通过增强土壤向大气的水热传输过程而促进冻土的发育，相反，厚度 20cm 以上的积雪由于较强的隔热作用，不会对冻土发育产生积极的影响（张伟等，2013）。在地面积雪的影响下，土壤温度的变幅将会减小，土壤含水量的变幅则会增大。发生在活动层融化期末、冻结期前的降雪事件在地面形成积雪会引起地面温度升高，从而在一定程度上延缓活动层的冻结过程，而在活动层的融化期，降雪事件会引起浅层土壤温度降低，有可能延缓活动层的融化过程（Zhang et al.，2021）。此外，积雪的消融过程会消耗大量潜热，影响地气间的能水过程。一般来说，融雪吸收的潜热会延迟土壤表面变暖，从而使土壤变冷。相反，积雪融水在表层土壤中的再冻结会释放巨大潜热，抑制表层温度降低。另外，春季积雪融化过程中会出现融水下渗和径流，这些都会对下伏岩土的温湿状况产生很大的影响。

2）积雪与水循环

积雪的水文效应表现在冬季积雪积累，夏季积雪融化。随着降雪过程频率和雪水当量的变化，年内积雪积累期、消融期会产生时序波动和雪线位置的变化，以及由此导致的融雪径流水资源年际与年内分配变化。冬季积雪在春、夏季的融化是河川径流的重要水源。积雪消融对流域水资源会造成显著影响。

积雪是长江上游地区水文系统的重要组成部分，可以调节河流流量和地表环境的变化过程。因气候变暖引起的降水形态和积雪消融的改变势必会对流域径流过程及其组分变化产生重要的影响。长江源的冬克玛底河流域积雪覆盖率与气温、降水量间的关系分析表明，暖季积雪覆盖率与气温呈较显著的负相关关系，暖季温度是影响流域积雪覆盖率变化的最主要因素。暖季较高的温度以及由降雨发展为雨夹雪再到降雪的降水过程，是暖季降水量与积雪覆盖率关系不明显的主要原因。冷季积雪覆盖率与气温、降水量的关系都不明显。在年尺度上，积雪覆盖率与气温呈较好的负相关，与降水量的关系较差，表明在年尺度上温度仍是影响积雪覆盖率变化的主要因素，积雪覆盖率随气温的升高而降低（刘俊峰，2007）。融雪过程也可以间接调节土壤水分的变化，研究表明，长江流域积雪的融化会影响随后几个月的土壤水分变化，并且 4 月的积雪与 6 月的降水指数有很好的负相关，4 月积雪越少，土壤水分越低，对应的 6 月降水也越高（He et al.，2021）。

从水文过程来看，积雪对高寒地区多年冻土温度和水分状况的影响还会改变多年冻土中的冰与液态水的比例，进而改变活动层的渗透、排水和径流的速率，间接地影响土壤水文过程（Callaghan et al.，2011）。同样，气溶胶对积雪水文也会产生影响，积雪存留时间和面积的改变与黑炭的存在都将改变区域能量收支，从而对区域和全球气候系统形成反馈，同时改变区域水资源的时空分布，对积雪水文也产生重要影响。黑炭使积雪的消融率显著增大，导致积雪消融和径流峰值的时间提前。研究显示，积雪黑炭的辐射效应造成冬末和初春的径流增加，而晚春和初夏的径流减少，且由黑炭引起的积雪消融加速是 CO_2 的 1~4 倍（Qian et al.，2011）。

3.3　冰冻圈变化对气候的反馈

作为地球气候系统的五大圈层之一，冰冻圈各组分的快速变化对地表能量平衡、大气环流、海洋环流、水循环、碳源、碳汇等都有着深远的影响。由于冰冻圈变化对气候变化的高度敏感性和重要反馈作用，在全球变暖背景下，冰冻圈研究成为气候系统研究中最活跃的领域之一。

3.3.1　冰川变化对气候的反馈

全球变暖背景下，长江上游冰川呈加速消融之势，冰川的加速消融深刻影响着冰冻圈地区水量平衡、水文过程乃至大气环流，严重影响冰雪储量，对局地环境产生了巨大影响。2019 年 IPCC 发布的《气候变化中的海洋和冰冻圈特别报告》指出，2006～2015 年全球山地冰川物质平衡达到$(-490\pm100)kg/(m^2\cdot a)$，且该负平衡较 1986～2005 年增加了约 30%。

近几十年来，长江上游气温上升，降水增加，气温上升加速冰川消融在一定程度上抵消了降水增加对冰川的补给，促使了冰川的消融。而伴随着冰川的加速消融，原冰层中的杂质物质（黑炭、粉尘等，即吸光性物质）会留存在冰川表面并形成积累，致使冰面反照率降低，从而吸收更多的太阳辐射，这将进一步增强冰川的消融过程。随着全球变暖，冰川退缩，固体水库的作用日益降低。

冰川作为气溶胶颗粒的一个储藏器，是认识气溶胶化学组成变化的良好介质。在冰川区开展气溶胶研究既可以了解该区的大气环境状况，为模拟气溶胶的空间分布及其辐射强迫提供基础数据，又可与雪冰样品相结合研究化学物质在气-雪-冰之间的迁移转化机制。沉降到冰川表面的吸光性气溶胶（如黑炭、有机碳、粉尘等）对太阳辐射具有强烈的吸收作用，能够显著降低雪冰反照率，进而加速雪冰消融。黑炭对全球变暖的贡献仅次于 CO_2 的影响，通过设计人类活动，减少碳排放，可以缓解对气候变化、空气质量、冰川消融等造成的不利影响。与冰川变化关系最为密切的气象要素是气温和降水，若要弥补由升温造成的物质亏损，在气温每升高 1℃的情景下，降水量需要增加 25%～35%（王炎强等，2019）。

山地冰川所在的高大山系，能够直接拦截由于地形抬升而沿山坡上升的水汽，以及沿主风向运动的水汽。由于冰冻圈是一个巨大的冷源，可以有效凝结这些水汽形成降水。特别是在干旱内陆河流域，冰冻圈在拦蓄外源水汽的同时，还通过流域的内循环将内部水汽输聚到高冷的冰冻圈地区。正因为如此，干旱内陆河流域平原区与冰冻圈区降水量可相差 5～10 倍（丁永建等，2020）。

3.3.2　冻土变化对气候的反馈

长江上游多年冻土发生了显著的变化，主要体现在以下两个方面：①1980～2014 年冻土温度普遍上升。例如，分布在青藏高原中低山区的冻土温度普遍由过去的–3℃上升至–3～–1℃，河谷及盆地间的冻土温度已达–1～–0.5℃，连续多年冻土上部升温速率可达 0.1℃/a。②冻土的直接退化。不同升温情景下长江上游地区风火山多年冻土的变化情况表明，随着气温的升高，活动层开始冻结的时间推迟，开始融化时间提前；冻结期持续时间缩短、地温变化率趋缓，而未冻结期持续时间延长、地温变化率变大（刘光生等，2015）。

土壤冻融过程作为冻土地表最显著的物理过程，因冰水相变过程会直接影响地气间的能水循环，进而对区域和东亚的气候状况产生影响。在探讨冻土对气候的影响方面，通常将不同陆面模型与气候模式耦合来检验其对气候的影响，并模拟冻土的有无是否会造成气候模拟结果的显著差异。已有研究揭示了冻土变化在气候系统中的重要作用：①冻融过程对北半球气候有着显著的影响，土壤的冻结过程将减缓西伯利亚、北美及青藏高原地区冬季土壤的降温，夏季土壤的消融过程也减缓了这些地区土壤温度的升高；②冻融过程导致土壤温度冬季增加、夏季降低，土壤含水量夏季增加、冬季降低；③冻融过程明显地改变了地表与大气之间的能水交换，土壤消融时需要吸收更多的能量，土壤热通量明显增加，同时也导致地面温度降低，感热减小明显，潜热增加，反之亦然（Yang et al.，2019）。同时，东亚气候对冻土的参数化方案也十分敏感，对陆面过程参数化方案进行改进之后，冬、夏地表气温都有着显著的变化。此外，多年冻土活动层中水热状态的变化会导致地气间水热交换特征，如地表反射率、土壤湿度和云量等的变化，引起大气环流的变化，形成对气候系统的反馈作用。

气候变化引发了多年冻土的普遍升温和退化，其生态环境也发生了一系列改变：冻土稳定性降低，活动层厚度增加，大量有机质分解等。而多年冻土退化又通过生态系统的生物化学和生物物理反馈机制影响气候变化。多年冻土退化使原来冻结在多年冻土中的碳暴露在地气间，进入生态系统碳循环过程，经微生物降解而释放大量的 CO_2 和 CH_4 等温室气体，从而增强了气候变暖趋势，形成了对气候变化的正反馈效应，即多年冻土的碳反馈效应（图 3.18）。随着气候的进一步变暖，冻土退化的加重，其源汇效应将会发生变化，并进而导致大气温室气体含量变化与气候变化。在长江上游不同植被类型的典型区域，随着气候变化，多年冻土退化对生态系统碳循环的影响主要取决于植被类型和土壤碳释放强度（马雯思，2021）。

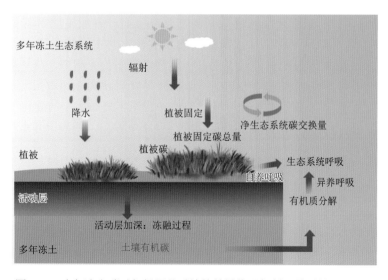

图 3.18 多年冻土碳对气候调节反馈的关键物理机制（马雯思，2021）

3.3.3　积雪变化对气候的反馈

干净冰雪的反照率（0.5～0.9）比土（0.1～0.3）和水（0.1）大得多，又由于冰的融化热和水的汽化热分别是同体积液态水升温 1℃所需热量的 80 倍和 539 倍，因而冰冻圈中的积雪在地表热量平衡中有举足轻重的作用（施雅风和程国栋，1983）。每年到达地面的太阳能大约有 30%消耗于冰冻圈中，地表反照率的微小变化就会影响地气系统的能量平衡，引起天气、气候的变化。因此，冰雪下垫面的变化在以能量平衡为基础的气候模式中有重大作用。冬季积雪的反照率效应影响同期大气的主要物理途径是：积雪增加→反照率增大→地表净短波辐射减小→地面温度下降→地面向上的长波辐射减小→大气温度下降→向下长波辐射减小→地面温度下降，由此形成了一个积雪-温度的正反馈过程。积雪的反照率效应只在冬春季节有效，而夏季积雪消融，反照率效应减弱。积雪-水文效应则是指，春季积雪融化，增加了地表感热和潜热输送，到夏季雪融使得土壤变湿，土壤蒸发增强，有利于降水增加。

在研究长江上游积雪变化对气候的影响方面，多将其与青藏高原积雪变化作为一个整体，分析区域尺度下积雪变化对大气环流及降水的影响。青藏高原地区冬季积雪变化对区域及全球气候有着显著的影响，早期曾提出青藏高原冬季积雪与印度夏季风降水存在着反位相关系（Blanford，1884；Walker，1910），这在后来的研究中逐渐被学者所证实（Wang et al.，2017）。积雪对亚洲气候的影响是通过季风实现的，冬、春季青藏高原积雪与东亚夏季风呈负相关关系（Wang et al.，2017）。高原多雪年，亚洲季风爆发较晚、强度较弱，其影响机制是多雪年有助于降低高原地表感热和长波辐射通量，从而使得高原上空对流层加热减弱，最终导致南北温度梯度的减弱，进而使得初夏亚洲季风减弱。当青藏高原地区冬、春季积雪异常偏多时，东亚夏季风会减弱或推迟；而当青藏高原冬、春季积雪偏少时，东亚夏季风环流则会增强或提前。青藏高原积雪另一显著的气候效应是通过季风来影响夏季降水。青藏高原积雪异常对中国夏季降水的影响主要包括：①冬、春季高原积雪与夏季（6～8 月）长江流域降水为正相关，与华南及华北降水为负相关；②冬、春季高原积雪与初夏（5～6 月）华南降水为正相关，与长江流域降水为负相关；③高原冬、春季积雪的年代际变化造成中国东部夏季雨型的变化。20 世纪 70～90 年代，青藏高原冬、春季积雪偏多，从而使得夏季风偏弱，使我国降水出现"南涝北旱"的分布型（秦大河等，2005）。

积雪在调节气候系统的其他方面也发挥着重要作用。积雪厚度会影响土壤温度、土壤冻融循环和多年冻土发育。更厚的积雪将减少霜冻渗透，导致更高的土壤温度以及更稳定的地表状况。融雪会影响大气与地面之间的碳交换以及水文/生物化学循环（Yang et al.，2019）。在青藏高原积雪为正异常的年份夏季土壤水分增加，融雪过程会导致地表温度先稳定然后降低。大量能量被用于融雪过程会改变地表的能水分配。融雪是长江上游地区许多山地、盆地河流径流的主要来源，影响着人口稠密的下游地区的生态系统、灌溉、农业和水资源（Li et al.，2018）。春季融雪径流可以最大限度地减少春季/夏季干旱，有利于夏季植被生长（Qin et al.，2006）。1～4 月高原（2000～2011 年）积雪比例的减少导致植被 NDVI 上升，与春季物候提前和融雪提前有关（Wang et al.，2013）。高原积雪减少（过多）会促使高原和中国东部上空出现上层异常反气旋（气旋），并导致南亚高压向西延伸（向东撤退）和增强（减弱）。这反过来又会导致季内振荡中对流的变化（Lyu et al.，2018）。甚至青藏高原的冬季积雪与之后夏天的西太平洋台风之间也存在联系。青藏高原冬季积雪增加使春季和初夏地表感热通量减少，会导致之后夏季/秋季登陆中国的台风数量减少（Xie et al.，2005）。

　　冰冻圈诸要素的变化与地球系统产生反馈，进而产生全球性的非线性影响（图 3.19）。目前已知的反馈机制包括反照率反馈、递减率反馈、普朗克反馈、水汽反馈、二氧化碳反馈、云反馈、大气输送反馈和海洋输送反馈等。在长江上游地区，反照率的反馈效应可能是解释其升温的海拔放大效应的重要因素。除了雪冰面积减少，雪冰中的吸光性杂质（黑炭等）也是影响反照率的重要因素之一。在融雪季节，吸光性杂质富集于雪表，通过减弱雪表反射率、吸收热量加剧积雪的融化。气候变暖、湿度增加，大气中水汽和云增加，大气下行长波辐射增强，也会加速雪冰融化（王康等，2020）。

图 3.19　冰冻圈与气候系统的关键过程（王康等，2020）

3.3.4　冰冻圈未来变化趋势对气候的反馈

　　冰冻圈未来的变化趋势对区域和全球气候格局都有着较强的反馈作用。由冰冻圈变化所引发的冰雪冻土灾害及冻土中温室气体循环也是冰冻圈影响研究的重要课题，如 2008 年初中国南方发生的低温雨雪冰冻灾害、2009 年初川藏公路雪崩灾害及北方大面积春旱（与积雪有关）等，这些均与冰冻圈变化有关，都是未来研究中需要关注的内容。冰冻圈各组分的变化，将对海平面上升、大气环流、海洋环流、土地及淡水资源的利用乃至社会经济文化产生较大的影响。

　　冰冻圈的未来变化势必对我国西部环境和生态安全以及水资源的持续利用产生广泛而深远的影响。我国将面临众多的气候与环境问题，其中突出的是水资源短缺、干旱与洪涝频发、土地沙漠化加剧、水土流失面积扩大、山地灾害加剧、大气成分改变及海平面上升等。随着冰冻圈的加速退缩，冰雪冻土灾害加剧、影响加重。另外，冰冻圈变化也对全球环境带来严重的影响，有研究表明，不论额外升温多少摄氏度，到

21 世纪中叶，许多地区过去百年一遇的事件都将每年发生一次，许多低洼沿海城市和小岛屿将面临风险。

CMIP5 多模式输出结果显示，在 RCP2.6 情景下，青藏高原地区在未来 30 年内将会有较弱的增温趋势，随后直至 21 世纪末，会呈现较弱的降温趋势。在 RCP8.5 的情景下，青藏高原的气温将持续快速升高，主要升温发生在冬季和春季。降水和积雪变化将影响生态系统和人类活动，在 RCP2.6 和 RCP8.5 情景下，到 21 世纪中期，青藏高原大部分地区的降水可能增加但增量相对较小（<5%）。在 RCP8.5 情景下，到 21 世纪末，青藏高原地区的积雪天数预计将以 3.7d/10a 的速率减少，雪水当量以 0.5mm/10a 的速率减少。在 RCP8.5 情景模式下，整个 21 世纪积雪都将加速消融（Ji and Kang，2013）。

在不同气候变化情景下，几乎所有的陆面过程模型的结果都显示，近地表多年冻土（地表以下 3.5～4.0m 以内）将在 21 世纪末大量减少，活动层厚度随着年平均气温的升高而增加。但是，不同模型的结果差异性却很大。多年冻土年变化率范围差异达到了将近 300 倍（$0.2×10^3～58.8×10^3 km^2/a$），模拟的地表以下 0.2m 深度上土壤温度（1961～1990 年平均值）的差异超过 8℃（–6.7～1.9℃）（McGuire et al.，2016）。活动层厚度随年平均气温变化的速率也表现出了极大的差异。在青藏高原地区，改进的陆面过程模式输出的结果也表明，在气温以 0.2℃/10a 速率增温 50 年后，多年冻土面积缩小大约 9%，100 年后减小 13%。活动层厚度预计到 21 世纪中期将增至 1.5～2.0m，21 世纪末将增加至 2.0～3.5m（Guo et al.，2012）。随着多年冻土的退化，有机碳已不断释放至大气且不可恢复，将成为气候的"定时炸弹"。全球 1.5℃增暖特别报告中表明将全球温升控制在 1.5℃而不是 2℃，可减少多年冻土中 100Gt CO_2 的释放（苏勃等，2019）。值得注意的是，尽管多年冻土对气候是非常敏感的，但多年冻土对气候的响应是一个缓慢的过程，当前多数模型研究指出在 21 世纪末青藏高原上的多年冻土将全部退化，这只是针对浅层多年冻土，深层的多年冻土的彻底退化需要更长时间（Sun et al.，2020）。

长江源区属于全球高海拔地区，而 IPCC 第六次报告中指出高纬度、高海拔地区（冷季）是增暖最强烈的地区，在全球温升 1.5℃时增温可达到 4.5℃；随着全球平均温度升高，高纬度和高山地区（如青藏高原）也成为强降雨事件增加最多的区域，这与冰冻圈对气候系统的水热调节密不可分。在气候变化背景下，长江源区冰冻圈的变化与反馈将更为强烈。

目前针对冰冻圈及气候变化未来趋势的预估其信度相对较低，还存在很大的不确定性，这不仅是温度、降水等预估结果存在一定的不确定性，而且冰冻圈自身的物理过程及其对气候变化的响应机理也比较复杂。此外，观测资料匮乏，对有关冰冻圈变化过程和机理的认识不足以及排放情景的不确定性也会给冰冻圈各要素未来预估带来误差。因此，气候系统或地球系统模式的模拟性能还需要进一步提高，冰冻圈分量模式的模拟能力也需进一步改进。

冰冻圈并不是一个孤立的圈层，研究冰冻圈的变化及其对全球气候变化的影响，势必要研究其与其他圈层相互作用及其反馈效应。在长江上游冰冻圈的各个要素中，积雪和冻土变化对我国气候的影响是显著的，在开展其与气候相互作用研究时，有必要将积雪和冻土作为一个整体。另外，能量和水分交换是冰冻圈对气候变化响应与反馈的最主要途径，冰冻圈陆面过程模型是气候模拟系统的重要组成部分。因此，发展包含冰冻圈陆面过程模型的区域气候模型和水文模型，是深入理解冰冻圈水热过程以及环境效应的关键。为实现冰冻圈过程与全球和区域气候模式耦合，必须把大量观测结果的分析研究和参数化相结合，并将冰冻圈各要素的能水循环变化同步考虑。

参 考 文 献

常娟，王根绪，高永恒，等.2012.青藏高原多年冻土区积雪对沼泽、草甸浅层土壤水热过程的影响[J].生态学报，32（23）：7289-7301.

陈记祖，秦翔，吴锦奎，等.2014.祁连山老虎沟12号冰川表面能量和物质平衡模拟[J].冰川冻土，36（1）：38-47.

陈进.2013.长江源区水循环机理探讨[J].长江科学院院报，30（4）：1-5.

陈亮，段克勤，王宁练，等.2007.祁连山七一冰川消融期间的能量平衡特征[J].冰川冻土，29（6）：882-888.

邸宝刚.2019.念青唐古拉山脉36年来冰川变化及其对气候变化的响应[D].北京：中国地质大学.

丁永建，效存德.2013.冰冻圈变化及其影响研究的主要科学问题概论[J].地球科学进展，28（10）：1067-1076.

丁永建，赵求东，吴锦奎，等.2020.中国冰冻圈水文未来变化及其对干旱区水安全的影响[J].冰川冻土，42（1）：23-32.

甘海洪.2020.三江源区区域蒸散发的分布特征[D].北京：中国地质大学.

郝雅婕，邓巧玲，王艳霞，等.2019，元江干热河谷稀树灌丛土壤热通量特征[J].西北林学院学报，34（5）：23-28.

何奇芳.2018.长江上游地区气象水文过程时空演变及未来情景预估[D].武汉：华中科技大学.

李红星.2014.黑碳对积雪反射率特性的影响及其遥感反演研究[D].北京：中国科学院大学.

李小飞.2017.青藏高原冰川表面雪冰中吸光性杂质时空特征及其对冰川消融的影响——以小冬克玛底冰川和扎当冰川为例[D].北京：中国科学院大学.

刘波，翟建青，高超，等.2012.1960—2005年长江上游水文循环变化特征[J].河海大学学报（自然科学版），40（1）：95-99.

刘光生，王根绪，孙向阳，等.2015.长江源区沼泽草甸多年冻土活动层土壤水分对模拟增温的响应[J].冰川冻土，37（3）：668-675.

刘俊峰.2007.长江源区冬克玛底河流域积雪变化及融雪径流模拟[D].兰州：中国科学院寒区旱区环境与工程研究所.

罗玉，秦宁生，周斌，等.2019.1961—2016年长江源区径流量变化规律[J].水土保持研究，26（5）：123-128.

马雯思.2021.青藏高原冻土区碳循环模拟研究[D].兰州：中国科学院西北生态环境资源研究院.

牛富俊，王玮，林战举，等.2018.青藏高原多年冻土区热喀斯特湖环境及水文学效应研究[J].地球科学进展，33（4）：335-342.

齐冬梅，李跃清，陈永仁.2015.气候变化背景下长江源区径流变化特征及其成因分析[J].冰川冻土，37（4）：1075-1086.

强皓凡，靳晓言，刘超，等.2018.基于水热耦合平衡的长江源实际蒸散变化研究[J].干旱区资源与环境，32（3）：106-111.

秦大河，陈宜瑜，李学勇.2005.中国气候与环境演变[M].北京：科学出版社.

任永建，洪国平，肖莺，等.2013.长江流域上游气候变化的模拟评估及其未来50年情景预估[J].长江流域资源与环境，22（7）：894-899.

荣艳淑，张行南，姜海燕，等.2012.长江上游区域蒸发皿蒸发量变化及其对水分循环的影响[J].地球物理学报，55（9）：2889-2897.

施雅风，程国栋.1983.兰州冰川冻土所研究工作的若干进展[J].冰川冻土，5（4）：63-66.

苏勃，高学杰，效存德.2019.IPCC《全球1.5℃增暖特别报告》冰冻圈变化及其影响解读[J].气候变化研究进展，15（4）：395-404.

苏中海，陈伟忠.2016.近60年来长江源区径流变化特征及趋势分析[J].中国农学通报，32（34）：166-171.

孙甲岚，雷晓辉，蒋云钟，等.2012.长江流域上游气温、降水及径流变化趋势分析[J].水电能源科学，30（5）：1-4.

王康，张廷军，牟翠翠，等.2020.从第三极到北极：气候与冰冻圈变化及影响[J].冰川冻土，42（1）：104-123.

王宁练，刘时银，吴青柏，等.2015.北半球冰冻圈变化及其对气候环境的影响[J]中国基础科学·研究进展，17（2）：9-14.

王炎强，赵军，李忠勤，等.2019.1977～2017年萨吾尔山冰川变化及其对气候变化的响应[J].自然资源学报，34（4）：802-814.

温馨，周纪，刘绍民，等.2021.基于多源产品的西南河流源区地表蒸散发时空特征[J].水资源保护，37（3）：32-42.

吴雪娇. 2012. 长江源区积雪反照率时空变化特征研究[D]. 北京：中国科学院研究生院.

伍星，沈珍瑶. 2007. 长江上游地区土地利用/覆被和景观格局变化分析[J]. 农业工程学报，23（10）：86-92.

肖林. 2015. 积雪的辐射强迫及其对气候反馈研究[D]. 北京：中国科学院大学.

肖瑶，赵韧，李韧，等. 2011. 青藏高原腹地高原多年冻土区能量收支各分量的季节变化特征[J]. 冰川冻土，33（5）：1033-1039.

许君利，张世强，上官冬辉. 2013. 30a 来长江源区冰川变化遥感监测[J]. 30（5）：919-926

杨成，吴通华，姚济敏，等. 2020. 青藏高原表层土壤热通量的时空分布特征[J]. 高原气象，39（4）：706-718.

姚檀栋，秦大河，沈永平，等. 2013. 青藏高原冰冻圈变化及其对区域水循环和生态条件的影响[J]. 自然杂志，35（3）：179-186.

叶柏生，丁永建，刘潮海. 2001. 不同规模山谷冰川及其径流对气候变化的响应过程[J]. 冰川冻土，23（2）：103-110.

张明礼，温智，薛珂，等. 2016. 北麓河地区多年冻土地表能量收支分析[J]. 干旱区资源与环境，30（9）：134-138.

张伟，周剑，王根绪，等. 2013. 积雪和有机质土对青藏高原冻土活动层的影响[J]. 冰川冻土，35（3）：528-540.

张寅生，姚檀栋，蒲健辰. 1996. 我国大陆型冰川消融特征分析[J]. 冰川冻土，18（2）：147-154.

张远东，魏加华. 2010. 长江上游径流变化及其对三峡工程的影响研究[J]. 地学前缘，17（6）：263-270.

赵林，丁永建，刘广岳，等. 2010. 青藏高原多年冻土层中地下冰储量估算及评价[J]. 冰川冻土，32（1）：1-9.

赵林，胡国杰，邹德富，等. 2019. 青藏高原多年冻土变化对水文过程的影响[J]. 中国科学院院刊，34（11）：1233-1246.

周波涛. 2021. 全球气候变暖：浅谈从 AR5 到 AR6 的认知进展[J]. 大气科学学报，（5）：667-671.

周长艳，李跃清. 2005. 长江上游地区水汽输送的气候特征[J]. 长江科学院报，22（5）：18-22.

周华云，赵林，田黎明，等. 2019. 基于 Sentinel-1 数据对青藏高原五道梁多年冻土区地面形变的监测与分析[J]. 冰川冻土，41（3）：525-536.

周君圆，刘君龙，许继军，等. 2020. 近 48a 长江源区降水时空变化特征[J]. 科学技术与工程，20（2）：474-480.

朱海涛. 2019. 长江源区长序列径流变化规律及其与气象要素的关系分析[J]. 中国农学通报，35（22）：123-129.

Blanford H F. 1884. On the connection of Himalayan snowfall and seasons of drought in India[J]. Proceedings of the Royal Society of London，37：3-22.

Bond T C，Doherty S J，Fahey D W，et al. 2013. Bounding the role of black carbon in theclimate system：a scientific assessment[J]. Journal of Geophysical Research：Atmospheres，118（11）：5380-5552.

Callaghan T V，Johansson M，Brown R D，et al. 2011. Multiple effects of changes in arctic snow cover[J]. Ambio，40（1）：32-45.

Cuo L，Zhang Y，Bohn T J，et al. 2015. Frozen soil degradation and its effects on surface hydrology in the northern Tibetan Plateau[J]. Journal of Geophysical Research：Atmospheres，120（16）：8276-8298.

Deng M S，Meng X H，Li Z G，et al. 2019. Responses of soil moisture to regional climate change over the three rivers source region on the tibetan plateau[J]. International Journal of Climatology，40（4）：2403-2417.

Ding Y，Mu C，Wu T，et al. 2020. Increasing cryospheric hazards in a warming climate[J]. Earth-Science Reviews，213：103500.

Du Y，Li，R，Zhao L，et al. 2020. Evaluation of 11 soil thermal conductivity schemes for the permafrost region of the central Qinghai-Tibet Plateau[J]. Catena，193：104608.

Gao B，Yang D，Qin Y，et al. 2018. Change in frozen soils and its effect on regional hydrology，upper Heihe basin，northeastern Qinghai-Tibetan Plateau[J]. The Cryosphere，12（2）：657-673.

Gu L，Yao J，Hu Z，et al. 2015. Comparison of the surface energy budget between regions of seasonally frozen ground and permafrost on the Tibetan Plateau-sciencedirect[J]. Atmospheric Research，153（1）：553-564.

Guo D，Wang H，Li D. 2012. A projection of permafrost degradation on the Tibetan Plateau during the 21st century[J]. Journal of Geophysical Research：Atmospheres，117：D5106.

Hadley O L，Kirchstetter T W. 2012. Black-carbon reduction of snow albedo[J]. Nature Climate Change，2（6）：437-440.

Han C，Ma Y，Wang B，et al. 2021. Long-term variations in actual evapotranspiration over the Tibetan Plateau[J]. Earth System Science Data，13（7）：3513-3524.

He K J，Liu G，Wu R G，et al. 2021. Effect of preceding soil moisture-snow cover anomalies around Turan Plain on June precipitation over the southern Yangtze River valley[J]. Atmospheric Research，264：105853.

Hock R. 2005. Glacier melt：a review of processes and their modelling[J]. Progress in Physical Geography，29（3）：362-391.

Ji Z M，Kang S C. 2013. Projection of snow cover changes over China under RCP scenarios[J]. Climate Dynamics，41（3-4）：589-600.

Li R，Zhao L，Wu T H，et al. 2019. Soil thermal conductivity and its influencing factors at the Tanggula permafrost region on the Qinghai-Tibet Plateau[J]. Agric For Meteorol，264：235-246.

Li W，Guo W，Qiu B，et al. 2018. Influence of Tibetan Plateau snow cover on East Asian atmospheric circulation at medium-range time scales[J]. Nature Communications，9（1）：4243.

Lyu M，Wen M，Wu Z. 2018. Possible contribution of the inter-annual Tibetan Plateau snow cover variation to the Madden-Julian oscillation convection variability[J]. International Journal of Climatology，38（10）：3787-3800.

Ma J J，Li R，Liu H C，et al. 2022. The surface energy budget and its impact on the freeze-thaw processes of active layer in permafrost regions of the Qinghai-Tibetan Plateau[J]. Advances in Atmospheric Sciences，39（1）：189-200.

McGuire A D，Koven C，Lawrence D M，et al. 2016. Variability in the sensitivity among model simulations of permafrost and carbon dynamics in the permafrost region between 1960 and 2009[J]. Global Biogeochemical Cycles，30（7），DOI：10.1002/2016GB005405.

McKenzie J M，Voss C I. 2013. Permafrost thaw in a nested groundwater-flow system[J]. Hydrogeology Journal，21（1）：299-316.

Mu C，Abbott B W，Norris A，et al. 2020. The status and stability of permafrost carbon on the Tibetan Plateau[J]. Earth-Science Reviews，211：103433.

Ni J，Wu T，Zhu X，et al. 2021. Risk assessment of potential thaw settlement hazard in the permafrost regions of Qinghai-Tibet Plateau[J]. Science of the Total Environment，776：145855.

Qian Y，Flanner M G，Leung L R，et al. 2011. Sensitivity studies on the impacts of Tibetan Plateau snowpack pollution on the Asian hydrological cycle and monsoon climate[J]. Atmospheric Chemistry and Physics，11（5）：1929-1948.

Qin D H，Liu S Y，Li P J. 2006. Snow cover distribution，variability，and response to climate change in western China[J]. Journal of Climate，19（9）：1820-1833.

Ren L，Zhao L，Ding Y J，et al. 2012. Temporal and spatial variations of the active layer along the Qinghai-Tibet Highway in a permafrost region[J]. Chinese Science Bulletin，57（35）：4609-4616.

Sun Z，Zhao L，Hu G，et al. 2020. Modeling permafrost changes on the Qinghai-Tibetan plateau from 1966 to 2100：a case study from two boreholes along the Qinghai-Tibet engineering corridor[J]. Permafrost and Periglacial Processes，31（1）：156-171.

Walker G T. 1910. Correlation in seasonal variations of weather Ⅱ[J]. Memoirs of the Indian Meteorological Department，21：22-45.

Wang C，Yang K，Li Y，et al. 2017. Impacts of spatiotemporal anomalies of Tibetan Plateau snow cover on summer precipitation in eastern China[J]. Journal of Climate，30（3）：885-903.

Wang T，Peng S，Lin X，et al. 2013. Declining snow cover may affect spring phenological trend on the Tibetan Plateau[J]. Proceedings of the National Academy of Sciences，110（31）：E2854.

Wu X，Fang H，Zhao Y，et al. 2017. A conceptual model of the controlling factors of soil organic carbon and nitrogen densities in a permafrost-affected region on the eastern Qinghai-Tibetan Plateau[J]. Journal of Geophysical Research：Biogeosciences，122（7）：1705-1717.

Xie C W，Gough W A，Zhao L，et al. 2015. Temperature-dependent adjustments of the permafrost thermal profiles on the Qinghai-Tibet Plateau，China[J]. Arctic，Antarctic，and Alpine Research，47（4）：719-728.

Xie L，Yan T，Pietrafesa L J，et al. 2005. Relationship between western North Pacific typhoon activity and Tibetan Plateau winter and spring snow cover[J]. Geophysical Research Letters，32（16）：L16703.

Yang K，Wang C H. 2019. Water storage effect of soil freeze-thaw process and its impacts on soil hydro-thermal regime variations[J]. Agricultural and Forest Meteorology，265：280-294.

Yang M，Wang X，Pang G，et al. 2019. The Tibetan Plateau cryosphere：observations and model simulations for current status and recent changes[J]. Earth-Science Reviews，190：353-369.

Yao J，Gu L，Yang C，et al. 2020. Estimation of surface energy fluxes in the permafrost region of the Tibetan Plateau based on in situ measurements and the surface energy balance system model[J]. International Journal of Climatology，40（13）：5783-5800.

Yao T，Thompson L，Yang W，et al. 2012. Different glacier status with atmospheric circulations in the Tibetan Plateau and surroundings [J]. Nature Climate Change，2：663-667.

Ye B，Yang D，Zhang Z，et al. 2009. Variation of hydrological regime with permafrost coverage over Lena Basin in Siberia[J]. Journal of Geophysical Research，114（D7）：D07102.

Zhang W，Shen Y，Wang X，et al. 2021. Snow cover controls seasonally frozen ground regime on the southern edge of Altai Mountains[J]. Agricultural and Forest Meteorology，297：108271.

Zhu X，Wu T，Zhao L，et al. 2019. Exploring the contribution of precipitation to water within the active layer during the thawing period in the permafrost regions of central Qinghai-Tibet Plateau by stable isotopic tracing[J]. Science of the Total Environment，661（APR.15）：630-644.

第4章 冰冻圈变化对水文的影响

冰冻圈对气候变化高度敏感，冰冻圈流域的水文过程也比其他区域对气候变化的响应更为强烈。本章以长江上游冰冻圈变化对流域水文与水资源的影响为核心，系统介绍了气候变化背景下长江上游水沙变化基本特征和冰川、积雪及冻土变化对长江上游水文过程的影响机制。

4.1 长江上游水沙变化基本特征

在气候变化和人类活动的共同影响下，长江上游水沙过程已经发生了显著变化，其中源区河川径流量呈现增加趋势，年内分配过程也发生了明显改变。降水变化和冰雪加速消融是径流变化的主要原因。

4.1.1 长江上游径流变化特征

1）长江源区径流的变化特征

长江源区是长江上游径流的重要形成区之一，其径流变化直接影响长江上游径流变化特征及环境。长江源区沱沱河多年平均流量为 $9.45×10^8 m^3$（关颖慧等，2021），流域冰川退缩直接影响了河川径流量和季节分配特征，河流洪峰形成时间提前（Gao et al.，2019）。沱沱河流域年平均冰川融水量为 $0.38×10^8 m^3$，2010 年冰川融水径流达到最大值，比 1960～2000 年的平均值增加了约 120.89%（姚檀栋等，2019）。沱沱河流域年平均流量呈逐年代递增的趋势（表 4.1），其中，20 世纪 80 年代各季节及汛期、非汛期、年平均流量为负距平；20 世纪 90 年代各时期平均流量显著增大，进入 21 世纪，各时期平均流量持续增大。相关研究结果显示（罗玉等，2020），20 世纪 80 年代是一个相对枯水期，平均流量为各年代最少；20 世纪 90 年代是相对偏枯的时期，到 21 世纪前 10 年以及 2011～2015 年，平均流量进入相对丰水期（图 4.1）。

表 4.1 沱沱河平均径流量逐年代变化 （单位：m^3/s）

年份	春	夏	秋	冬	汛期	非汛期	年
1981～1990 年	−18.34	−26.50	−36.13	−28.96	−27.75	−35.38	−28.14
1991～2000 年	−9.72	−16.65	−21.33	1.68	−16.96	−19.78	−17.11
2001～2010 年	4.74	28.09	41.43	16.84	28.27	44.84	30.51
2011～2015 年	46.84	30.12	32.10	17.44	32.82	20.23	29.54

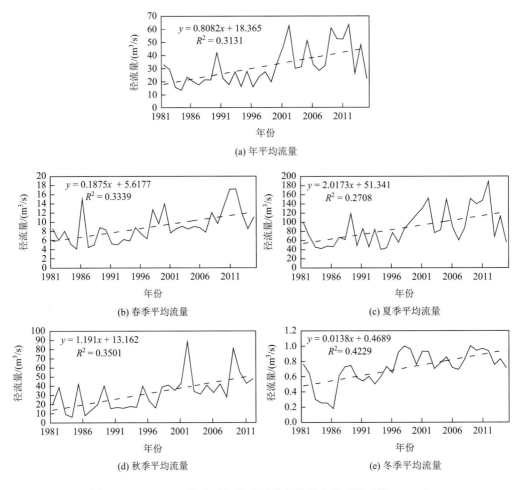

图 4.1　1981~2015 年沱沱河年及季节径流量变化（罗玉等，2020）

长江源区直门达水文站年均径流量为 $130×10^8 m^3$（关颖慧等，2021），占流域径流总量的 1.3%，冰川融水的贡献约为 7.8%。径流年内分配不均匀（李其江，2018），最大月均径流量多出现在 7~8 月，约为 $28.62×10^8 m^3$；年内干冷季节（10 月至次年 4 月）的径流波动较小，最小月均径流量多出现在 2 月，约为 $1.633×10^8 m^3$。6~9 月径流量占全年径流量的比例为 72.3% 以上，年内最大径流出现时间有提前趋势。

最新研究显示（张建云等，2019），1957~2018 年直门达水文站实测年径流过去 62 年来呈现上升趋势，上升速率约为 4.94%/10a（约 $6.5×10^8 m^3$），曼-肯德尔（Mann-Kendall，MK）检验值为 2.2，上升趋势显著。年径流序列的突变点发生在 2005~2007 年[图 4.2（b）]。1957~2018 年长江源直门达水文站实测月径流 MK 检验结果可以看出该时间段所有月份的径流量都呈现出上升趋势，全年有 7 个月的径流上升趋势显著，尤其是 3 月、4 月和 11 月的径流上升趋势更为明显[图 4.2（c）]。

2）长江上游代表性水文站径流的变化特征

1957~2017 年，长江上游向家坝站和朱沱站水文站年径流量基本维持在多年平均

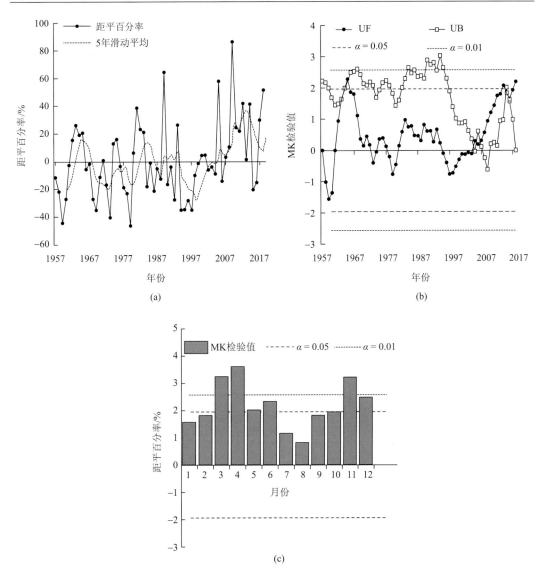

图 4.2　长江源直门达水文站年径流变化特征（张建云等，2019）

值附近上下波动，向家坝站径流量多年平均值为 $1423 \times 10^8 m^3$，朱沱站径流量多年平均值为 $2633 \times 10^8 m^3$（图 4.3）；寸滩水文站是长江上游重要的控制站，也是三峡水库的干流入库控制站，寸滩站的多年平均径流量为 $3485 \times 10^8 m^3$，约占宜昌站径流量的 78%（张冠华等，2021）；MK 检验发现寸滩站年径流的下降趋势，并且通过累积距平法发现寸滩站年径流在 1968 年之前增加，而在 1993 年之后减小（夏军和王渺林，2008）。

长江上游宜昌水文站多年平均径流量为 $4471 \times 10^8 m^3$。采用 MK 方法诊断宜昌水文站年和季节径流量变化趋势的显著性，结果显示年径流量呈减少趋势（图 4.4）；季节径流量方面，春、秋、夏三季均呈减少趋势，冬季径流量呈现显著增大趋势。

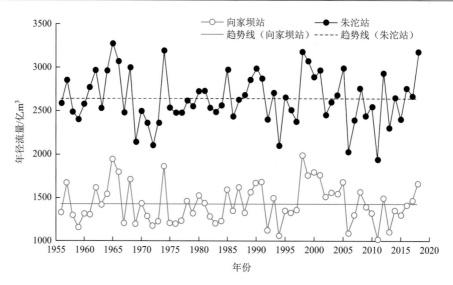

图 4.3　向家坝站和朱沱站径流量年际变化（吴华莉等，2021）

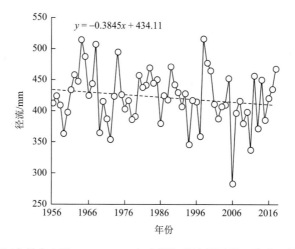

图 4.4　长江宜昌水文站 1956～2018 年实测年径流量过程（张建云等，2020）

3）长江上游径流变化原因分析

1956～2017 年长江源区径流量显著增加，沱沱河站和直门达站增幅分别为 $0.93×10^8 m^3/10a$ 和 $4.48×10^8 m^3/10a$，尤其是进入 21 世纪以来径流量最丰，且沱沱河站径流量的增加更为明显，径流峰值出现在 8 月，7～9 月的径流变化没有明显趋势（汤秋鸿等，2019）。直门达水文站实测年径流特征显示，径流峰值基本与降水和气温峰值同期出现，均在 6～9 月。直门达站年径流与年降水量的线性相关系数可达 0.81（Li et al.，2013），说明降水量的变化决定直门达年径流的变化。虽然源区径流增加明显，但长江上游宜昌站年径流变化体现出显著的减少趋势，而且洪水等极端水文事件发生更加频繁。

长江上游的年径流量呈现减少的趋势，造成这种现象的是气温、降水、蒸发、人类活动等其他因素对下垫面的改造共同作用的结果。而主要影响因子是降水（冯亚文等，2013）。

近 59 年（1961～2019 年）来长江源区的长江源、沱沱河和五道梁年降水量呈明显的上升趋势，倾向率分别为 17.1mm/10a、10.7mm/10a、23.5mm/10a（图 4.5）。其中，夏季降水增加趋势明显，年降水量在 2007 年发生了突变（吴双桂等，2020）。

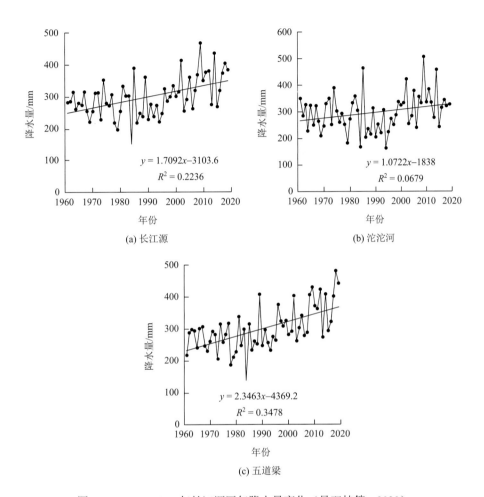

图 4.5　1961～2019 年长江源区年降水量变化（吴双桂等，2020）

相对于源区，长江上游年均降水量为 814.4mm，降水主要集中在 5～9 月，7 月最大。整个长江上游地区年降水量近 50 年呈现下降趋势，秋季降水的显著减少是年降水减少的主要原因，特别是 9 月降水下降趋势极显著，对整个上游地区降水量的下降起关键作用。同时，年降水量上升和下降的气象站点空间分布相对集中，分别分布在屏山站以上流域和屏山站以下流域，屏山站以下流域降水量的减少对整个长江上游地区年降水量下降的贡献最大。

长江上游流域多年平均降水空间分布为从西北至东南逐渐增加，其中，位于流域西北端的五道梁气象站降水量最小，为 285.7mm，位于中部的峨眉站最大，为 1748.1mm。流域降水变化趋势差异明显，西部的增加趋势大于东部地区，具体体现在：以金沙江流域的五道梁站及雅砻江流域的理塘站为中心，年均降水量变化向外逐渐减少，其中五道梁站及理塘站这一区域降水量变化趋势为 2.05～3.13mm/a；以岷江流域的乐山站为中心，整个流域年均降水量变化趋势向外逐渐增加，其中乐山站这一区域年均降水变化趋势为 −5.65～−3.69mm/a（孙惠惠等，2019）。

4.1.2 长江上游洪水及径流的未来变化

长江上游洪水基本由暴雨产生，主要暴雨区域在川西暴雨区和大巴山暴雨区的长江支流岷江和嘉陵江流域，两大流域洪水相遇，易形成寸滩站及宜昌站峰高量大的洪水。1981 年和 2020 年特大洪水都是由这两大支流洪水相遇形成的。宜昌站作为上游的出口站，实测最大洪峰流量为 1981 年的 70800m³/s，历史调查最大洪峰流量为 1870 年的 105000m³/s。长江洪水不仅峰高，而且量大，宜昌站多年平均持续 30d 和 60d 的洪峰量分别为 918×10⁸m³ 和 1610×10⁸m³（夏军等，2021），峰高量大且持续时间长，是长江上游特大洪水的基本特征。

未来不同情景下长江上游各子流域年径流量预估结果表明，各子流域未来年径流量均呈增加趋势，且大部分子流域在 21 世纪 30 年代之后相对于基准期有所增加，嘉陵江流域约在 21 世纪 50 年代后相对于基准期有所增加，这与预估降水量的变化趋势基本一致。长江上游年径流量在 21 世纪中期增加 4%～8%，21 世纪末增加 10%～15%，其中，金沙江流域、岷沱江流域增加幅度接近全流域平均值，上游干流区间增加幅度较全流域平均值高 2%～5%，嘉陵江流域和乌江流域在 21 世纪中期增加幅度较全流域平均值低，其中在 RCP4.5 下 21 世纪中期有阶段性的下降趋势（秦鹏程等，2019）。

从年内分配看，春季和秋季增加幅度较夏季明显，春秋季径流占年内径流的百分比有所提高，夏季径流百分比有所下降，年内径流分布的均匀性有所增加。但径流量的年际变化明显增大，极端旱涝事件的频率和强度明显增加。

4.1.3 长江上游河流泥沙变化

1）悬移质浓度变化

1956～2015 年长江上游年均悬移质浓度随输沙量锐减而减小（表 4.2 和图 4.6）。1989～2002 年金沙江径流量变化相对较小，已建成水库的总库容仅 2.8km³（Xu，2007），而金沙江流域水土保持工程治理推进缓慢（张信宝和文安邦，2002），所以这一时期向家坝年均悬移质浓度最大（1.87g/L，图 4.6）。2003～2015 年金沙江建成水库库容约 23.2km³（段炎冲等，2015），水库拦沙使向家坝年均悬移质浓度降至 0.8g/L。2003～2015 年朱沱站输沙量锐减，年均悬移质浓度（0.56g/L）较 1989～2002 年减小 49.8%。北碚和武隆悬移质浓度也不同程度下降，分别降为 0.46g/L 和 0.11g/L。由于入库泥沙减少和水库拦沙双重作用，宜昌站含沙量也锐减至 0.1g/L（图 4.6），较 1989～2002 年减少了 89.2%，减少程度明显高于径流入库值。

表 4.2　不同时期长江上游主要水文站的径流量和输沙量变化（刘洁等，2019）

水文站	河流	径流量/(km³/a)			输沙量/(Mt/a)		
		1956～1988 年	1989～2002 年	2003～2015 年	1956～1988 年	1989～2002 年	2003～2015 年
向家坝	金沙江	141	152	136	229	270	109
高场	岷江	86	84	79	49	40	25
朱沱	长江干流	266	268	254	318	284	141
北碚	嘉陵江	70	56	68	148	43	31
武隆	乌江	49	50	44	30	18	5
宜昌	长江干流	430	425	410	525	396	43

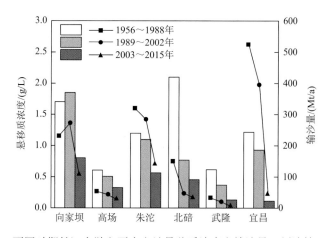

图 4.6　不同时期长江上游主要水文站悬移质浓度和输沙量（刘洁等，2019）

2）输沙量变化

虽然降水量呈显著增加趋势，但长江源区可能受流域内较大面积占比的湖泊、沼泽、湿地的存储效应的影响其输沙量变化不显著（张凡等，2019）。

已有研究显示（国务院三峡工程建设委员会办公室泥沙专家组，2014），长江上游屏山、朱沱、寸滩、宜昌 4 个主要水文控制站年输沙量均呈显著减少趋势。河流输沙量的变化与气温、降水量、径流量的变化密切相关。屏山站多年平均输沙量约为 2.26×10⁸t，其中金沙江下游区域是金沙江的主要产沙区。随着二滩、向家坝、溪洛渡等水电站修建和水土保持措施实施，屏山站的输沙量从 1998 年后开始显著减小，特别是 2013 年后，来沙强度大幅度减少。寸滩站近 70 年（1953～2018 年）平均输沙量为 3.61×10⁸t（张冠华等，2021），各月输沙量均呈显著减少趋势；且主要分布在 6～10 月，约占年径流泥沙总量的 95% 以上。

长江上游朱沱站和三峡水库入库的水沙变化趋势基本上是一致的。年输沙量均呈显著减少趋势，其中，朱沱站输沙量 2000 年后减少趋势明显，三峡水库入库输沙量自 20 世纪 80 年代持续减少。宜昌站径流量虽有一定的减少趋势，特别是 2000 年以后，但变化趋势仍不够明显（表 4.3）。长江上游支流岷江、嘉陵江、乌江等支流的输沙量在 20 世纪 80 年代初期也出现增加的现象。这两个阶段的河道输沙量增加与人类活动的增加不无关系（王延贵等，2016）。

表 4.3　长江上游干流主要测站各年代径流量与输沙量及其变化趋势（王延贵等，2016）

水文站水沙量	金沙江屏山（向家坝）站		长江朱沱站		三峡水库入库		长江宜昌站	
	径流量/$10^8 m^3$	输沙量/$10^4 t$	径流量/$10^8 m^3$	输沙量/$10^4 t$	径流量/$10^8 m^3$	输沙量/$10^4 t$	径流量/$10^8 m^3$	输沙量/$10^4 t$
1950~1959 年	1358	26000	2581	30350	3664	48188	4435	51980
1960~1969 年	1501	24370	2828	34022	4079	55032	4535	54880
1970~1979 年	1332	22100	2548	28795	3660	43490	4145	47470
1980~1989 年	1406	25650	2655	32920	3900	49423	4448	54870
1990~1999 年	1471	29760	2679	31050	3751	37773	4312	42380
2000~2009 年	1509	17773	2610	20100	3654	23403	4049	13175
2010~2014 年	1255	6904	2466	10350	3615	14632	4086	2422
多年平均	1422	22628	2659	27363	3783	39951	4303	40918

注：左侧纵向跨行为"变化过程"。

水库建设、水土保持措施实施、河道采砂、过度开发等人类活动是影响水沙变化的主要因素，其影响程度也有很大的差异。水库拦沙作用明显，特别是三峡水库拦沙作用显著，河道输沙量与流域库容呈指数衰减关系，流域内 20 世纪 70 年代、90 年代、21 世纪前 10 年的水库建设是持续调水拦沙的重要突变时点；1989 年起实施的水土保持工程具有长期的保水拦沙效益，河道采砂是局部减少输沙量的经济活动，过度开发会增加河道输沙量。

4.2　冰川融水变化对径流的影响

冰川被称为"固体水库"，它是河川径流的重要水源之一，并且对河川径流起着"削峰补枯"的调节作用，可以减少径流年际变化。随着气候变暖，冰川呈现加速消融和退缩趋势，冰川这一变化势必会对流域水文过程产生重大影响。本节主要探讨长江上游冰川融水的贡献、冰川变化对水文过程的影响及未来变化趋势。

4.2.1　冰川融水对河川径流的供给和调节作用

根据《中国第二次冰川编目》，长江上游（宜昌水文站以上）冰川面积为 1652.2km²，占整个长江上游的面积比例仅为 0.19%，冰川融水对整个上游河川径流的贡献较小，为 0.7%（丁永建，2017）。由于长江上游的冰川集中发育于长江源的唐古拉山（832 条冰川，面积为 1078.46km²）、昆仑山南坡及色的日峰（图 4.7），长江源冰川覆盖率明显增大，可达到 0.89%，且源区上游各支流冰川覆盖率更高，如沱沱河流域冰川覆盖率为 2.4%、当曲流域冰川覆盖率为 4.6%。随着流域冰川覆盖率的增大，冰川融水对河川径流的贡献也随之增加（Zhang et al.，2008；Liu et al.，2009）。

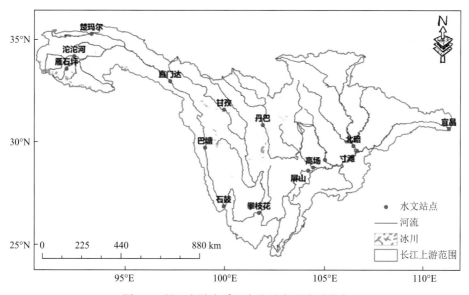

图 4.7　长江上游水系、水文站点及冰川分布

目前估算冰川融水对长江上游河川径流贡献的研究多集中在长江源区，而对其他河段的研究相对较少，主要的方法有数值模拟、遥感及同位素方法等，由于采用的驱动数据、方法、参数及研究时段的差异性，对冰川融水在河川径流的贡献的认识有所不同。

表 4.4 总结了已有主要研究中关于冰川融水在长江上游各河段的河川径流中所占的比例，总体上冰川融水对长江上游径流的贡献较低，而越到源区，冰川融水的贡献会明显增高。长江源区（直门达水文站以上）的冰川融水对径流的贡献为 1.8%～11.0%，长江源五大支流（沱沱河、当曲、布曲、楚玛尔河和尕日曲河）中冰川融水对河川径流的贡献均超过 15%，源区五大支流中沱沱河冰川融水对径流的贡献率最高，可达到 1/3 以上。鉴于冰川消融主要集中夏季，夏季长江源径流中冰川融水贡献会更高，冰川融水对长江源各支流径流的贡献十分突出。

表 4.4　长江上游各流域冰川分布及冰川融水的贡献

流域名称	水文站	冰川面积/km^2	冰川覆盖率/%	冰川融水贡献率/%	参考文献
沱沱河	沱沱河	385.30	2.43	22.00～38.60	Shen, 2009；Zhang et al., 2008；Wu et al., 2013；杨针娘, 1991
当曲	当曲	628.94	4.6	20.00	Shen, 2009
布曲	雁石坪	195.70	2.94	15.20～15.80	Shen, 2009；Wu et al., 2013；杨针娘, 1991
楚玛尔河	楚玛尔	54.99	0.61	18.80	杨针娘, 1991
尕日曲	得列楚卡	235.59	5.26	15.00	Liu and Zhao, 2016
通天河	直门达	1168.00	0.89	1.80～11.00	Zhao et al., 2019；Zhang et al., 2013；Shen, 2009；Liu et al., 2009；杨针娘, 1991
金沙江	巴塘	1183.40	0.66	2.00	杨针娘, 1991
长江上游	宜昌	1652.20	0.19	0.70	丁永建, 2017

资料来源：《中国第二次冰川编目》。

冰川作为"固体水库",另一个重要功能是对河川径流的调节作用,在高温少雨的干旱年,冰川消融加强,储存于冰川上的大量冰融化补给河流,使河流的水量有所增加,从而减小或缓解用水矛盾。相反,在多雨低温的丰水年,又有大量的降水被储存于冰川,使河流的水量减少,结果使水的不可利用部分减少。当流域冰川覆盖率超过5%时,冰川水资源的调节功能就突出,径流的年际过程更加稳定(叶柏生等,2012)。沱沱河流域冰川覆盖率高,冰川融水贡献与总径流量呈显著的负相关关系,在干旱年份沱沱河流域冰川融水对河川径流的贡献可高达70%,冰川对河川径流的水文干旱调节作用非常显著[图4.8(a)];对于冰川融水补给率较低(4.0%)的长江源通天河流域(直门达水文站以上区域),冰川对年径流的调节作用相对较弱,但冰川融水对暖季(5~8月)径流仍具有明显的调节功能,暖季的冰川融水补给率与总径流也呈显著的负相关关系,在干旱的暖季冰川融水的贡献率也可达到14%左右[Zhao et al.,2019,图4.8(b)]。总体上看冰川对径流的调节能力,取决于冰川融水在河流径流中占有的比例,对于整个长江上游来说,由于冰川融水的贡献极低,冰川对径流的调节作用有限,但对于源区,冰川对河流径流调节作用是不可忽略的。

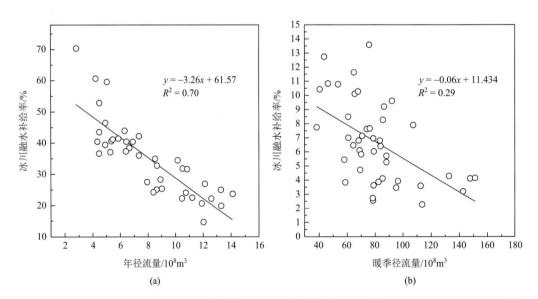

图4.8 沱沱河1961~2000年冰川融水补给率与年径流量的关系(a)及通天河1971~2013年冰川融水补给率与暖季径流量的关系(b)

(a) 引自Zhang等,2008;(b) 引自Zhao等,2019

4.2.2 冰川融水变化及其对河川径流的影响

在冰雪融水补给为主的流域,气候变暖背景下河川径流的长期演变趋势有其自身的特点。随着气温升高,冰川加速消融使得冰川融水增加,短期内可能导致河川径流增加。但从长期来看,随着冰川的持续亏损,冰川储量逐步减少,冰川融水径流终将枯竭。尽管过去50年长江源冰川面积减少了16.5%,但由于冰川加速消融,大多数研究均表明过去几十年长江源冰川融水呈现增加趋势（Liu et al.，2009；Zhang et al.，2013；Su et al.，2016；Zhao et al.，2019），1961～2000 年长江源直门达控制流域的冰川径流增加了 15.9%（Liu et al.，2009），沱沱河冰川径流增加趋势更为明显，相比 1961～1990 年，20 世纪 90 年代后冰川径流增加超过了 20%（Zhang et al.，2008；吴珊珊，2012）。由于冰川融水在长江源不同水文断面径流中的贡献率不同，冰川融水变化对河川径流的影响也存在明显的差异。长江源直门达站年径流在 1961～2011 年呈现微弱增加趋势，同期直门达站年径流与年降水量的线性相关系数可达 0.81，降水量的变化总体上决定了年径流量的变化（汤秋鸿等，2019），1971～2014 年直门达水文站年径流呈现显著增加趋势（$9.6\times10^8\text{m}^3/10\text{a}$），冰川径流呈不显著增加趋势（$0.4\times10^8\text{m}^3/10\text{a}$），仅 4.1% 的河川径流的增加趋势来源于冰川融水的增加（Zhao et al.，2019；图 4.9）。长江源区沱沱河站年径流在 1961～2009 年呈增加趋势，而同期的降水量未表现出明显增加趋势，1991～2010 年径流量相比 1961～1990 年增加了 35.0%，超过 2/3 的年径流量增加趋势来源于冰川融水的增加（图 4.10）。总体上看，由于长江上游的冰川融水贡献率低，径流过去几十年的变化主要取决于降水量的变化，冰川融水的变化仅能影响源区的径流过程。

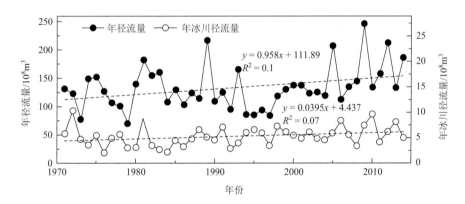

图 4.9　1961～2010 年长江源直门达水文站年径流量和年冰川径流量变化（Zhao et al.，2019）

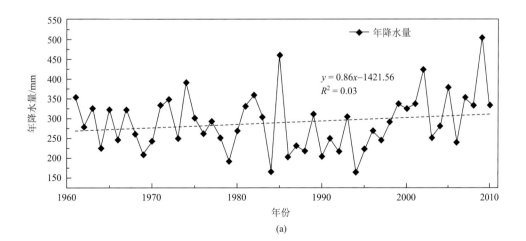

(a)

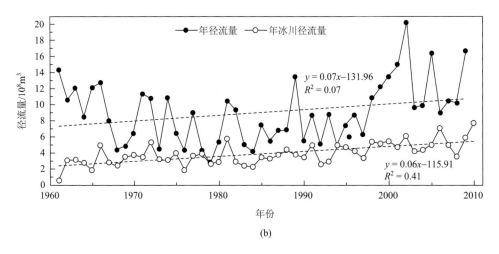

图 4.10　1961～2010 年长江源沱沱河水文站年径流量和年冰川径流量变化（吴珊珊，2012）

4.2.3　冰川融水未来变化及其对河川径流的影响

　　青藏高原气温上升幅度明显大于全球平均升温幅度，这一趋势可能在未来还会持续，势必影响未来径流、蒸发等水文要素的变化。预估流域水文过程变化对流域水资源管理、规划具有重要的科学指导意义，目前主要是利用气候模式模拟的气候情景数据作为水文模型的输入，通过数值模拟对未来流域水文进行预估。目前，由于预估研究（Immerzeel et al.，2010；Su et al.，2016；汤秋鸿等，2019）采用的气候情景、模型及参数取值等差异，对长江源冰川径流未来变化趋势的认识仍存在差异。Immerzeel 等（2010）采用 IPCC AR4 的 5 个全球气候模型（global climate model，GCM）数据驱动耦合冰川方案的融雪径流模型（snowmelt runoff model，SRM），预估了青藏高原大河源区冰雪融水及河川径流变化，结果表明 A1B 气候情景下，相比 2000～2007 年，21 世纪 40 年代（2046～2050 年）长江源降雨径流增加 5%，但由于冰雪融水减少，河川径流将减少 5.2%；Su 等（2016）利用 CMIP5 的 20 个 GCM 气候数据，驱动了耦合度日因子冰川消融模块的大尺度陆面水文模型 VIC-glacier 对长江源径流未来变化进行预估，结果表明 RCP 情景下，相对于基准期（1971～2000 年），长江源区径流量未来近期（2011～2040 年）和远期（2041～2070 年）将分别增加 2%～5% 和 10.7%～21.4%，降水量增加是径流量增加主要的原因，冰川融水的增加大约贡献 10% 的河川径流增加趋势；Zhao 等（2019）采用 VIC-CAS 模型方法对青藏高原几条大河冰川径流未来变化进行了预估，研究表明长江源冰川径流将于 2030 年前后达到"拐点"，RCP 气候情景下，相比基准期（1971～2000 年），未来近期（2011～2040 年）冰川径流将增加 22.6%～22.9%，远期（2041～2070 年）冰川径流将减少 9.3%～16.0%，但由于降水增加，总径流呈现增加趋势（图 4.11）。

　　尽管研究人员对冰川融水未来变化趋势存在较大争论，但由于冰川径流对长江上游的总径流贡献有限，不会对河川径流年变化趋势产生明显影响，河川径流未来变化主要取决于降水量的变化。

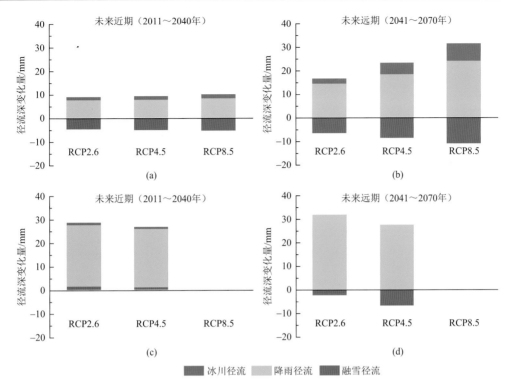

图 4.11　长江源区未来近期（2011～2040 年）和远期（2041～2070 年）相比基准期（1971～2000 年）
的径流变化量

（a）和（b）引自 Su 等，2016；（c）和（d）引自 Zhao 等，2019

4.3　冰川融水对湖泊的影响

4.3.1　长江上游湖泊分布与变化

　　长江上游区的湖泊主要分布在青藏高原范围内直门达水文站以上的长江源区。长江源区 1km² 以上的湖泊有 86 个，主要分布在楚玛尔河口以西区域，尤以长江正源沱沱河、北源楚玛尔河附近分布最广（图 4.12）。湖泊多属内流湖，以地壳运动产生凹陷而形成的构造湖及冰碛物堆积而形成的冰川湖居多（段水强等，2015）。与长江源区各支流有水量联系且面积大于 15km² 的湖泊仅有 5 个，分别是沱沱河—尕日曲流域的葫芦湖、玛章错钦、茶目错和雅西错，楚玛尔河流域的多尔改错。另外，一般将沱沱河—尕日曲邻近流域的豌豆湖和葫芦湖、北麓河邻近流域的苟仁湖和特拉什湖、当曲邻近流域的错江钦、楚玛尔河邻近流域的错达日玛也纳入长江源区湖泊进行研究。

　　多尔改错（又名叶鲁苏湖、错仁德加）是长江源区流域内面积最大的湖泊，位于中国青海省玉树州治多县境内，东西长 30km，南北宽约 5km，面积约 142km²。楚玛尔河自多尔改错南岸偏西注入，再从东端流出，因此该湖曾被认为是楚玛尔河的源头。多尔改错湖区属于青南高寒半干旱气候区，湖面蒸发强烈。多尔改错原为淡水湖，但近 30 年来湖面逐渐退缩，湖水矿化程度逐渐增高，因此已有研究将该湖归类为咸水湖。在湖的南岸与远处

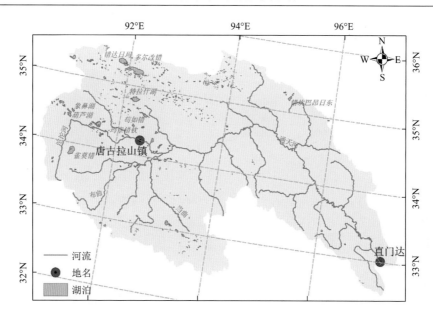

图 4.12　长江源区湖泊分布（未包括卓乃湖溃决后连通的四湖，段水强等，2015）

缓丘岗地之间有宽约 5km 的沙砾地，散布在这块砂砾地上的许多小湖泊，是多尔改错退缩的残迹。2010 年以来，与青藏高原其他湖泊一样，多尔改错湖泊面积呈现出持续扩张的趋势，湖水矿化度逐年降低，有逐渐恢复为淡水湖的趋势。葫芦湖、茶目错和玛章错钦均在沱沱河北岸，湖水在丰水期时泄入沱沱河，均为硫酸钠亚型季节性外流微咸水湖。现有资料对玛章错钦研究较多，另外两个湖泊可见文献资料很少。玛章错钦源于乌兰乌拉山，流域面积 1430.0km^2，湖水主要依赖地表径流补给，入湖河流两条，其中斜日贡尼曲最大，长 100km 左右，中下游有多条以泉集河形成的支流（王苏民和窦鸿身，1998）。

　　研究表明，长江源区的湖泊在过去几十年来湖泊面积发生不同程度的变化，近年来整体上呈现出扩张为主的趋势。1976～1992 年，长江源区大部分湖泊呈萎缩状态，除多尔改错扩张外，中小湖泊面积萎缩了 3%；1992～2001 年，湖泊面积由 801.6km^2 增加到 844.5km^2；2007 年和 2010 年，湖泊持续扩张，面积分别达到 866.8km^2 和 927.5km^2，2010 年的湖泊面积较 1976 年增加了 15.7%；2007～2010 年湖泊扩张强度最大（段水强等，2015）。

　　2011 年 9 月，可可西里卓乃湖溃决后，卓乃湖、库赛湖、海丁诺尔和盐湖 4 个湖泊自上而下建立了水力联系，2019 年盐湖水通过人工渠道排入了楚玛尔河，汇入了长江水系（刘文惠等，2019）。由此，原本属于青藏高原内流水系的卓乃湖、库赛湖、海丁诺尔和盐湖正式成为长江水系的湖泊，成为青藏高原地区湖泊变化研究的热点。

　　卓乃湖位于可可西里腹地，以每年大量藏羚羊聚集于此产羔而闻名于世。该湖属于半咸水湖，湖盆受区域构造控制，西宽东窄，呈东西向的梨形。盆地底部为近代风积、湖积粉细砂、粉黏土等细颗粒沉积物覆盖。湖的北岸是绵延起伏的低缓丘陵，主要由砂岩、板岩等基岩构成，没有开阔的滨湖沙地。南部、西部和东部湖岸为一系列由湖盆周边丘陵区发源的冲洪积扇，冲洪积扇向湖面倾斜。湖底地势总体上的特点是南高北低，湖西部、南部、东部近岸地带是浅水区（胡东生，1994）。2000～2011 年，卓乃湖面积持续扩大，2011 年

9月达到了峰值后，湖水在东部溢出湖岸引起湖泊溃决，湖泊面积减少了119km²，湖泊水位下降了11.3m，湖泊储水量损失达25亿m³左右。目前卓乃湖面积约156km²，湖水在暖季通过东南面的出水口持续溢出，已经完全由封闭内流湖转变为过水湖（刘文惠等，2019）。

库赛湖位于青藏高原北部可可西里地区，行政区划隶属青海玉树州治多县，是可可西里自然保护区第六大湖，与附近的海丁诺尔、盐湖等共同组成可可西里自然保护区东北部重要的盐渍化湿地区域。库赛湖地处青藏高原古近纪陆相断陷盆地与晚印支褶皱带接合部（库赛湖—玛曲断裂带）上，滨湖南、北部出露上三叠统深灰、灰黑色砂质板岩，断层面清晰可见，陡峭山崖紧逼湖边；东部为第四系晚更新统冲积、洪积和冰水堆积砂砾层，并分布一些湖泊退缩后残留的小湖。湖区属青南高寒草原半干旱气候，年均气温0～2℃，年降水量100～150mm。集水区面积3700km²，主要依赖源于昆仑山大雪峰和雪月山的库赛河补给。湖泊东南部水域较浅，约为10m；西北部水域较深，最大深度达50m（姚晓军等，2012）。卓乃湖溃决后洪水经库赛河冲入库赛湖，库赛湖水位随即上涨并从东部低洼处溢出，使库赛湖由原来的封闭湖泊变成了过水湖。湖泊面积由274km²扩张到340km²，目前稳定在320km²左右。

海丁诺尔位于库赛湖东部昆仑山中段古近纪陆相断陷盆地内，南距青藏公路71道班45.0km。滨湖为新近系中新统紫红、灰紫色砾岩质残丘，残丘外围为大片第四系更新统和全新统冲积、洪积砂砾层。海丁诺尔水域面积随着地形高低呈现不规则形态，目前面积约86km²。可可西里盐湖发育在昆仑山南部新生代山间构造断陷盆地中的次一级封闭洼地，湖盆西部与海丁诺尔相邻，东部与长江北源楚玛尔河的支流清水河以低缓的分水岭相隔。2011年以来，随着上游来水的不断增加，盐湖面积由48km²增大到205km²，2016年5月20日至2018年11月11日水位共上升了8.24m，年平均上升2.75m（刘文惠等，2019；图4.13）。2019年8月人工排水河道完成后流出湖泊的水量与进入湖泊的水量逐渐平衡，湖泊水位没有进一步上涨。

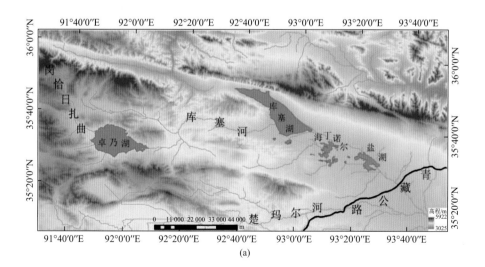

(a)

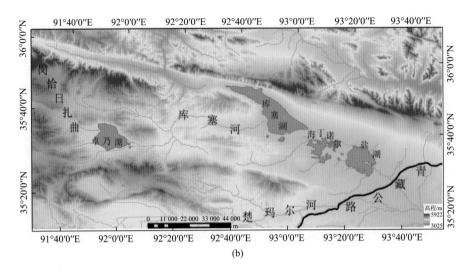

(b)

图 4.13　2011 年卓乃湖溃决前（a）和 2015 年（b）卓乃湖、库赛湖、海丁诺尔和盐湖湖泊面积
变化对比

4.3.2　冰川变化对湖泊的影响

　　长江源区的几条主要支流大多与内流区共享高山区冰雪融水。例如，沱沱河源区的唐古拉山主峰各拉丹冬冰川区北坡冰雪融水汇入沱沱河和尕尔曲等长江水系，而南坡冰雪融水则汇进流入西藏最大内流湖色林错的河流。楚玛尔河大部分支流与可可西里地区的大型内流湖共享高山冰雪融水，流域内地表环境与内流区十分接近。然而，长江源区主要支流流域内原有的湖泊大多没有冰川融水补给或者补给比例很小，冰川变化对湖泊水量平衡的影响有限。冰川融水补给较大的湖泊主要是可可西里卓乃湖—盐湖流域的四个湖泊。

　　卓乃湖—盐湖流域四个湖泊深居可可西里地区腹地，卓乃湖流域、库赛湖流域和盐湖流域均有广泛的冰川分布（表 4.5）。参考我国主要冰川区度日因子（张勇等，2006），估计冰川区度日指数为 300～400/(d·℃)。利用冰川面积估算，卓乃湖—盐湖流域的冰川的年内冰川融水量为 $0.21\times10^8\sim0.28\times10^8\mathrm{m}^3$，占卓乃湖—盐湖流域每年新增加水量的 3.5%～4.5%。如果加上冰川逐年损失量（负平衡），估计这一地区冰川融水能占到总来水量的 5%～6%。对于湖泊每年入湖水量的贡献显然要小于降水等其他来源。

表 4.5　卓乃湖、库赛湖、盐湖流域冰川面积和数目统计

流域	1980 年		2010 年		2015 年冰川面积/km²	1980～2010 年		2010～2015 年		1980～2015 年	
	冰川面积/km²	冰川数目/条	冰川面积/km²	冰川数目/条		面积减少量/km²	减少百分比/%	面积减少量/km²	减少百分比/%	面积减少量/km²	减少百分比/%
卓乃湖	22.91	10	21.97	17	19.51	0.94	4.1	2.46	11.2	3.40	14.8
库赛湖	39.67	29	37.73	36	36.70	1.94	4.9	1.03	2.7	2.97	7.5
盐湖	7.26	13	7.09	15	6.97	0.17	2.3	0.12	1.7	0.29	4.0

图 4.14 给出了卓乃湖、库赛湖和盐湖典型年度内湖泊面积的月变化。可以看出，卓乃湖和库赛湖月面积均呈现出明显的月变化，而盐湖月面积并没有表现出明显的月波动。卓乃湖和库赛湖湖泊面积自 3 月逐渐减少，5 月或 6 月达到全年最小值，随后面积逐渐增加。卓乃湖在 7 月达到全年最大值后开始逐渐减少。库赛湖面积在 7 月达到全年最大值后开始减少，9 月出现谷值，随着卓乃湖湖水进入库赛湖后使得库赛湖面积在 11 月又出现一峰值，之后面积急剧减小。与卓乃湖和库赛湖完全不同，盐湖面积在 5 月达到全年最小值后呈现出持续增加趋势，且从 7 月开始面积迅速增加，直至 12 月还出现增加趋势，这主要因为卓乃湖和库赛湖湖水流入盐湖存在时间上的滞后性。

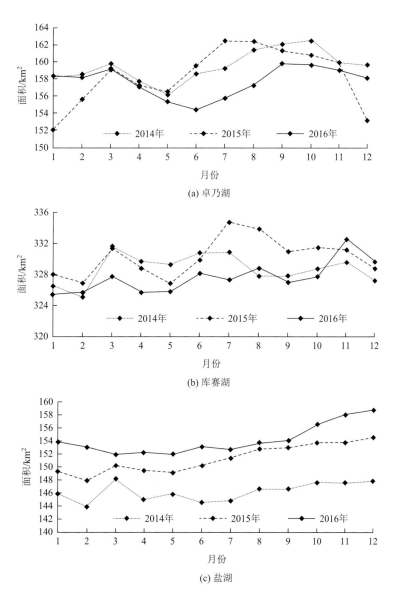

图 4.14 2014～2016 年卓乃湖、库赛湖和盐湖面积月变化

五道梁气象站是可可西里地区距离卓乃湖—盐湖流域最近的一个气象站，图 4.15 给出了该站月平均气温和降水量变化。可以看出，五道梁站降水量冬季较少，主要集中在 5～9 月，该段占全年总量的 90%。3 月开始降水量逐月增加，在 7 月达到最大降水量，之后降水量逐月减少。气温在 5 月由负值转为正值后开始持续上升，在 7 月达到最大值，之后气温开始降低，在 9 月中旬左右由正温转为负温后持续降低。由此可以看出降水量最多的季节也是气温最高、冰川融水量最多的时间。冰川融水对湖泊水量平衡的影响幅度无法明确判断。

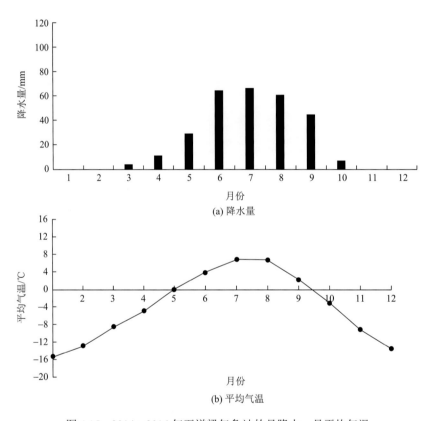

图 4.15　2014～2016 年五道梁气象站的月降水、月平均气温

为了进一步分析冰川融水对卓乃湖等湖泊面积变化的影响，选取了邻近卓乃湖流域完全没有冰川融水补给的错达日玛作为对比，分析两个湖泊面积变化的差异。错达日玛湖面海拔为 4770m，流域汇水面积为 588km²，湖水面积为 84.2km²。错达日玛为陨坑湖，是一种天外陨星碰撞地面的产物，该湖泊仅靠大气降水补给，其流域内没有现代冰川（胡东生，1994）。对比 1988～2010 年卓乃湖和错达日玛的面积变化[图 4.16（a）]，发现两个湖泊的面积变化趋势一致。但是，卓乃湖的面积距平百分比远远小于错达日玛的面积距平百分比[图 4.16（b）]，卓乃湖的面积距平百分比最大为 5.40%，最小为−1.67%，而错达日玛的面积距平百分比最大达 19.6%，最小为−13.0%。这种振幅差异主要是由卓乃湖流域内冰川的削峰填补作用引起的。降水影响冰川区的气温，降水越多，气温越低，

冰雪消融量越少（Wang et al.，2015；谢昌卫等，2003）。因此，相同的降水条件下，没有冰川补给的湖泊面积变化幅度要大于有冰川补给的湖泊。

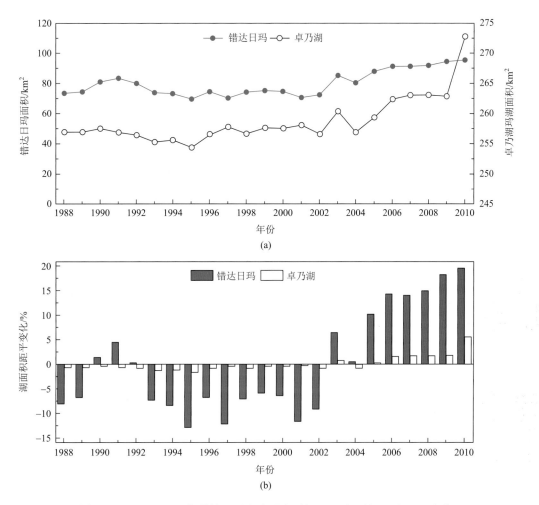

图 4.16　1988～2010 年错达日玛和卓乃湖面积（a）和面积距平（b）变化

目前对于青藏高原湖泊变化的主要原因分析仍然存在争议，其中争议最大的是湖泊变化的主导因素是降水还是冰川融水。多数学者发现青藏高原湖泊面积、水位和水量等与降水的时空变化匹配较好，认为降水是湖泊变化的主要因素（Yang et al.，2018；Yao et al.，2019；Zhang et al.，2017）。但也有一些学者认为随着气温升高，青藏高原大多数冰川处于快速退缩状态，冰川融水的增多是湖泊扩张的主要原因（Yao et al.，2007；朱立平等，2010）。从卓乃湖—盐湖流域湖泊水量平衡变化和冰川变化的相关性分析可以看出，湖泊水位上涨和面积扩张的主要原因应该是区域内降水量的增多，气候变暖背景下冰川融水量的增大应该是促进了这一扩张趋势。对于长江源区的湖泊而言，冰川融水更多地对湖泊年际变化起到了调节作用。

4.4　积雪变化对径流的影响

积雪作为冰冻圈的重要组成部分，积雪水资源对气候变暖的响应对全球和区域径流产生很大的影响。近几十年来，全球气候变暖，雨雪比例发生改变，降雪较少，积雪期变短，消融期提前，导致春季融水洪峰提前，洪峰总体减小，由此改变了年内径流分配（丁永建和秦大河，2009）。本节主要探讨长江上游过去和未来融雪径流变化及其对流域水文过程的影响。

4.4.1　积雪对径流的影响

遥感的 MODIS 积雪面积与观测径流之间的统计关系表明长江上游雅砻江流域冬季积雪面积与融雪期（3～6 月）的径流呈现正相关关系，尤其与 4 月和 6 月径流的相关性良好，相关系数高达 0.9 左右[图 4.17（a）]；长江源春季累积积雪面积与春季 4 月、5 月径流相关性较高，与 4 月径流相关系数最高，达到了 0.79[图 4.17（b）]；长江源 1978～2010 年的微波积雪厚度数据与春季径流之间的统计关系也表现出类似特征，秋、冬、春三个季节累积积雪厚度与春季径流相关性均较高，其中春季累积积雪厚度与 5 月径流相关性最高，可达 0.73（图 4.18）。这表明长江源区冷季累积的积雪对春季的径流影响很大，对5 月的径流影响尤为显著。

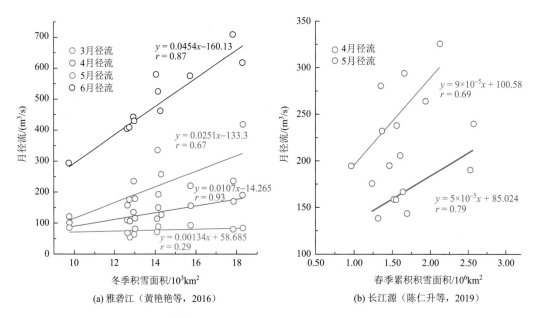

图 4.17　雅砻江与长江源 MODIS 积雪面积与径流散点图

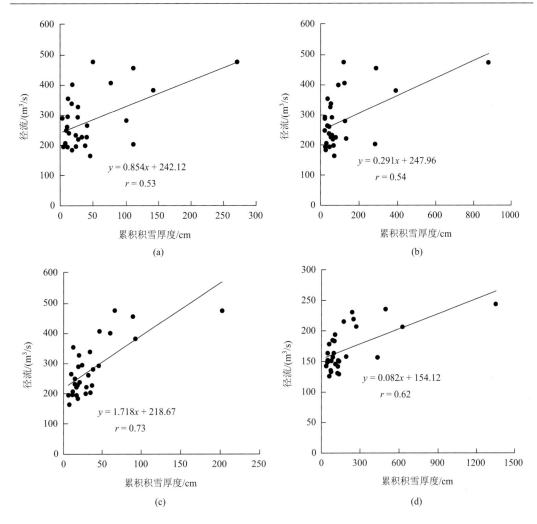

图 4.18　长江源径流与累积积雪厚度关系［（a）、（b）、（c）为 5 月径流与秋、冬、春季累积积雪厚度，
　　　　（d）为 3～5 月径流与秋冬春三季节累积积雪厚度］（陈仁升等，2019）

4.4.2　积雪融水对河川径流的供给及调节作用

积雪融水对长江上游河川径流的贡献总体上表现出较大的空间差异，表现为越靠上游，积雪融水对河川径流的贡献越大，主要因为越靠上游，海拔越高，气温越低，降水中降雪的比例增大。图 4.19 给出了长江上游几个主要断面融雪水对河川径流的贡献，石鼓、桐梓林、高场及宜昌水文站处多年平均融雪水贡献率分别为 6.0%、3.9%、4.0%及 2.0%（Fang et al.，2017）。目前对长江源融雪水对径流的贡献研究较多，主要采用模型的方法，鉴于采用的模型、参数及研究时段的不同，对长江源直门达水文站处融雪径流的贡献认识有所差异，研究表明，长江源直门达水文站控制流域融雪水所占河川径流的比例为 6.6%～22.2%（Han et al.，2019；陈仁升等，2019；Zhao et al.，2019；Zhang et al.，2013）；沱沱河流域融雪水对河川径流的贡献为 6.8%（Wang et al.，2015）。

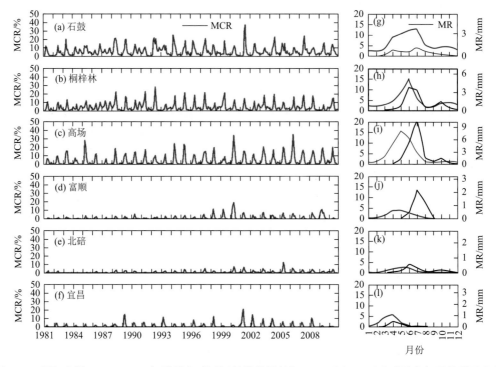

图 4.19　长江上游 1981～2010 年融雪水对河川径流的贡献[MCR，（a）～（f）]及多年平均融雪水量
（MR）的贡献[（g）～（l）]（Fang et al.，2017）

　　积雪对河川径流的调节作用主要体现在季节尺度，积雪冷季积累、暖季消融释放大量的水进入土壤和河道，积雪的积累和消融过程引起径流和土壤水分年内再分配（车涛等，2019）。长江源冷季的降水主要以降雪发生，冬春积雪深度占年积累深度的 62.11%以上（杨建平等，2006），冷季积累的积雪集中在 4～9 月消融形成径流（Han et al.，2019；丁永建等，2020）。长江源通天河融雪径流峰值出现在 7 月，5～6 月总径流中融雪径流的比例最高，可高达 1/4 以上[图 4.20（a）]；沱沱河融雪径流年内变化相对平稳，7 月初的融雪水对总径流的贡献最高，可达到 27.5%[图 4.20（b）]。

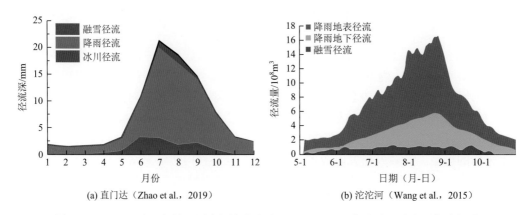

图 4.20　1971～2010 年长江源直门达水文站及 2000～2012 年沱沱河水文站径流组成

　　此外，丰沛的冬季积雪还对土壤起到了保温作用，延缓了土壤的冻结，使土壤释水能力受到冻结的影响相对较小，导致冬季基流较高。而冬季积雪较少时，土壤冻结较快，土壤释水能力减弱，冬季基流则相对较低。

4.4.3　融雪径流历史变化及其对径流的影响

　　融雪径流的变化主要表现为两个方面：融雪水量的变化和融雪时间的变化。1971～2010 年，尽管降水量增加明显，但由于气温升高会导致降雪/降水比下降，长江源的融雪径流量总体呈现微弱的下降趋势，但趋势不显著；长江源总径流呈现不显著上升趋势，其增加是冰川径流和降雨径流共同增加导致的（图 4.21，Zhao et al.，2019）。

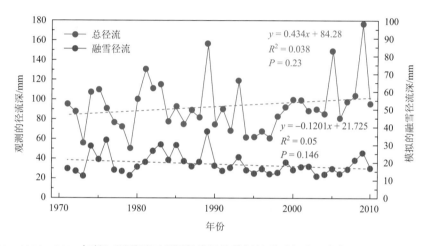

图 4.21　1971～2010 年长江源通天河观测径流深及模拟的融雪径流深变化（Zhao et al.，2019）

　　由于气温升高导致积雪提前消融，积累期延后，长江源通天河流域融雪径流开始时间提前（0.9～3d）/10a；融雪结束时间相应提前了(0.6～2.3d)/10a（Wang et al.，2015）；1957～2005 年沱沱河提前 4d 左右（吕爱锋等，2009）。积雪积累和消融时间的变化，导致源区径流的年内分配发生变化，长江源区融雪时间提前现象很明显，1971～1980 年的融雪径流总量与 1981～2010 年相当，但 1981～2010 年 4～7 月融雪径流增加明显，由于融雪的提前以至于 8～9 月融雪径流明显减少。此外，由于积累期的推迟，1981～2010 年 10 月平均融雪径流相比 1971～1980 年有较为明显的增加；融雪径流这种变化导致 1981～2010 年 4～7 月总径流增加明显，9 月径流量有所减少，10 月径流量有所增加（图 4.22）。

4.4.4　积雪融水未来变化及其对径流的影响

　　未来青藏高原积雪日数和雪水当量整体呈下降趋势，积雪日数的减少和雪水当量的减少将导致融雪径流的减少及融雪径流开始和结束时间的变化（Ji and Kang，2012）。由于模型基准期、预估时段、降尺度方法和气候变化情景的不同，以及模型本身的不确定性，目前对于

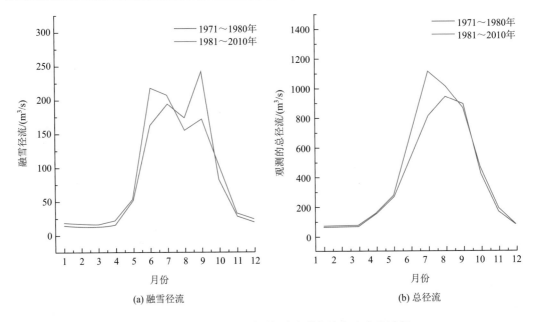

图4.22　长江源通天河融雪径流和总径流年内变化过程

长江源融雪径流未来变化的认识也存在一定差异，陈仁升等（2019）选择 CMIP5 下 NorESM1-M 和 NorESM1-ME 提供的 RCP2.6、RCP4.5 和 RCP8.5 气候情景数据，预估了长 江源未来的融雪径流变化情况，结果表明，未来长江源的融雪径流将呈现明显的增加趋势； 而 Su 等（2016）和 Zhao 等（2019）均利用 CMIP5 气候情景数据驱动 VIC（Variable Infiltration Capacity）模型，预估了长江源区的融雪径流在未来短期可能有所增加，大约于 21 世纪 30 年代达到拐点，随后开始下降。由于气温升高，积雪消融时间将继续提前，积累时间将 继续退后，导致春季和秋季的融雪径流量继续增加，夏季的融雪径流将明显下降（Immerzeel et al.，2010；Su et al.，2016；Zhao et al.，2019），这一变化也导致长江源春季和秋季的总 径流有所增加，但这种变化还不足以改变长江源的径流年内分配总体特征（图4.23）。

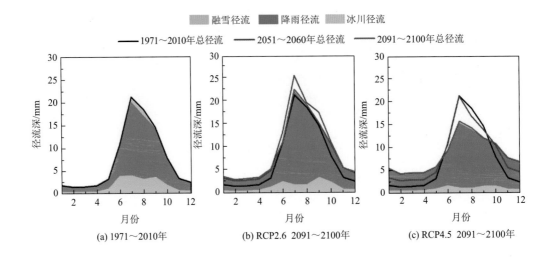

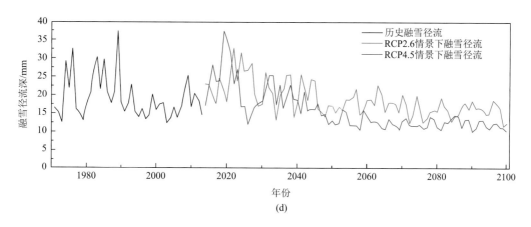

图 4.23　长江源通天河未来融雪径流变化趋势（Zhao et al.，2019）

尽管目前对长江源（直门达水文站）积雪融水的未来变化趋势还存在争议，但大多数预估结果都表明未来长江源的年径流变化趋势主要取决于降水的变化，呈增加趋势，融雪径流的变化未能对总径流的年变化趋势产生明显影响（Su et al.，2016；Zhao et al.，2019；汤秋鸿等，2019）。

4.5　冻土变化的水文效应

冻土变化对区域水循环过程和变化规律的影响较大，主要作用可以归纳为三个方面：一是通过改变陆面状态影响陆面降水-径流过程；二是通过改变土壤水热状况（蓄水能力、渗透能力、蒸发条件等）影响土壤水分循环迁移；三是通过对土壤层间流和地下水流的影响作用于流域水文过程。这一系列的作用，一方面影响了区域水文生态过程，另一方面改变了陆气水热相互作用过程，继而引起了降水径流、冬季径流等过程的变化，直接影响了多年冻土的水文调节作用和水源涵养功能，使得长江源区出现了热融滑塌、热融湖塘扩张等众多水文现象。

4.5.1　源区冻土变化的径流响应

冻土的隔水效应使得长江源区多年冻土区具有特殊的产汇流过程，并通过影响冻土区域的蒸散发和地下水，改变水循环过程，使流域径流呈现一定的年内变化。在全球气候变化的背景下，多年冻土区的活动层厚度加深，部分多年冻土区覆盖率减小，使得多年冻土的"隔水"作用明显减弱，导致降水径流系数下降。同时，大量降水下渗到土壤中，减少了地表产流量，增加了基流量，改变了年内径流分配过程和冬季径流退水系数。

由于冻土退化，长江源（直门达水文站）1960～2002 年径流系数表现为较明显的下降趋势，5 年平均径流系数由 1960 年的 0.28 减少到 2002 年的 0.21（图 4.24，王根绪等，2009）。

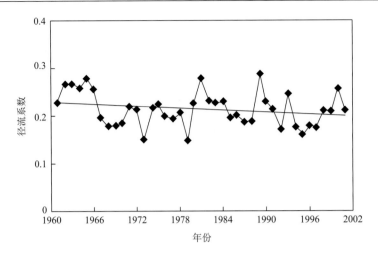

图 4.24　长江源多年径流系数变化示意图

长江源区降水-径流关系的变化也能反映冻土变化对径流的影响。1982 年以前，区域降水-径流关系较为密切，相关系数在 0.74 以上；1983 年以后，该区域降水-径流关系的相关程度显著减弱，相关系数为 0.64，降水-径流关系在持续减弱（图 4.25）。在降水没有明显变化的情况下，降水径流系数和降水径流关系变化表明冻土退化降水产流能力下降，降水直接形成径流的组分减小。

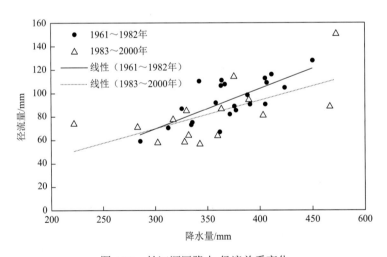

图 4.25　长江源区降水-径流关系变化

冻土退化，多年冻土活动层变厚或者季节冻土减薄，不仅增加了水分深层入渗，增加了深层壤中流，而且扩大了地下水库容，导致流域基流增加，具体表现在年内冬季径流增加、秋季退水曲线变缓，从而有效调节了流域径流的年内甚至年际分配。

多年冻土退化会导致冬季退水过程发生变化，多年冻土的隔水作用减小后，流域内有更多的地表水入渗变成地下水，使得流域地下水水库的储水量加大；活动层的加厚和入渗区域的扩张也使得流域地下水库库容增加，这导致流域退水过程减缓，冬季径流量增加。1960～2010 年最大与最小月的径流量比值（退水系数）最大值为 0.33，最小值为 0.17，总体呈现明显减小的趋势（代军臣等，2018，图 4.26）。

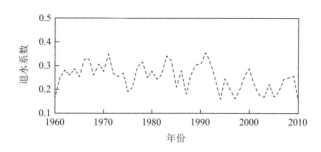

图 4.26　长江源区流域退水系数年际变化（代军臣等，2018）

将退水系数与源区降水量、年均气温、年最高最低气温进行相关性分析，源区流域退水系数与降水量呈现出负相关（表 4.6），长江源区退水系数与气温呈现出负相关，退水系数与降水量之间存在较高的一致性，但相关性并不显著（$P>0.05$）。之所以产生这样的现象，推测是温度导致基流与径流变化量不同。温度改变植被覆盖以及冻土层界限，这两者都能作用于径流与基流的产流过程。例如，温度升高使得活动层厚度增加，导致各源区区域地下水库容增加，使基流储量增加，而活动层厚度增加导致土壤融水补给量增加，活动层厚度变化也会使得地表产流能力发生改变，使得一次降水发生后水量在地表汇流与地下水补给的分配比例发生改变。这样的变化，使得温度导致的基流增加量与融化补给径流的量会对退水系数影响存在不确定性，便导致源区径流与温度的相关性呈现出不同的关系。

表 4.6　长江源区退水系数与气候数据相关性分析

相关性	降水量/mm	年均气温/℃	年最高气温/℃	年最低气温/℃
Person 相关	−0.202	−0.172	0.082	−0.199
显著性	0.059	0.231	0.573	0.167

4.5.2　源区多年冻土退化对水源涵养能力的影响

土壤通过土壤孔隙蓄水、土壤与地下水之间的联系实现水源涵养。冻土的蓄水能力一方面受到孔隙度的影响，另一方面受到水分相变的影响。土壤冻融过程中的水分相变会引起土壤未冻水和地下冰发生转变，从而导致土壤孔隙度和含水量的变化。图 4.27 是长江源布曲流域多年冻土活动层土壤温度、未冻含水量变化过程。这一过程中，土壤含水量的变化反映了多年冻土活动层中蓄水能力的变化，活动层中地温的变化和未冻含水量变化是一致的，在冻结期间土壤的孔隙是土壤水分由于低温冻结相变为冰晶，其结果是土壤中大部分孔隙被冰晶所填充，从而一方面导致液态含水量迅速降低，导水率也迅速下降；另一方面导热率也在迅速增加，加速活动层冻结过程。

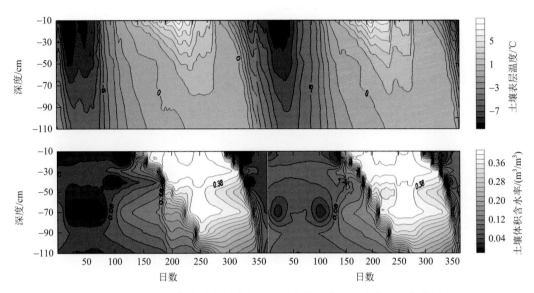

图 4.27　长江源布曲流域多年冻土活动层土壤温度、未冻含水量变化过程

冻土的退化可能会加剧地表蒸散发并降低土壤水分含量，也可能通过增强入渗和活动层加厚扩大蓄水空间。具体原因是土壤液态含水量的增大与多年冻土的隔水作用密切相关。一方面，在冻结过程中未冻水的迁移导致更多的未冻水向多年冻土上限迁移；而活动层在融化过程中，融雪、降水和土壤水分在重力、温度和渗透梯度共同作用下迁移到多年冻土上限之上，导致土壤水分聚集在活动层底部；另一方面，因为活动层厚度增加，底部厚层地下冰融化释放出大量液态水分。这两个方面都会导致次年土壤中液态水含量的增加，提高土壤的蓄水能力。

基于长江源区风火山冻土小流域的研究，发现长江源区径流量的减少过程都伴随着多年冻土的退化。多年冻土活动层对径流产生过程起到决定性作用。当活动层浅于 60cm 时径流随降水增加不断增加，而深于 60cm 正好相反，降水中的很大部分下渗到更深的位置。研究人员推测活动层类似于海绵体，随着气候变暖活动层厚度加深，将原本进入河流的部分降水蓄纳在活动层土壤中，并消耗于蒸散发和地下水，从而减少河川径流量。此外，活动层厚度不仅受到气温升高的影响，还与植被退化密切相关。低盖度草甸输入的能量相当于高盖度的 2 倍，使活动层土壤融化深度不断加深而冻结深度变浅。这一变化可以使用土壤水源涵养指数开展量化研究。

水源涵养指数可以近似地直观反映出流域径流形成与调蓄能力的变化。风火山区域年内降水量主要集中在 6~9 月，雨季结束后的 10~12 月是径流过程的退水阶段，该期间径流变化可以在一定程度上反映陆面生态系统的水源涵养与调蓄状况，参照森林流域对水源涵养指数的定义，将 10~12 月平均径流量占全年径流量的比值定义为高寒流域陆面生态系统的水源涵养指数。图 4.28 反映了长江源区 1960~2014 年水源涵养指数的年变化特征，自 1960 年以来呈现递减趋势是其变化特征，长江源区水源涵养指数从 20 世纪 60 年代平均 0.15 减少到 80 年代的平均 0.137，减少 86.7%。水源涵养指数的递减变化说明源区陆面生态系统的水源涵养功能在不断下降，从另一方面说明了冻土退化带来的影响。从 1993 年开始，源区的水源涵养指数开始逐渐抬升，从 1993 年的 0.122 抬高到 2014 年的 0.17。说明源区陆面生态系统的水源涵养功能在恢复。

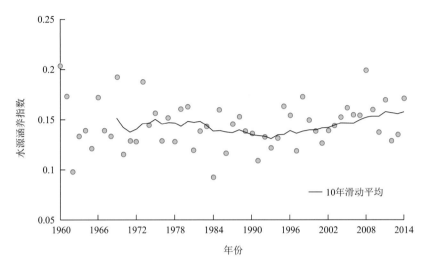

图 4.28　长江源区 1960～2014 年水源涵养指数的年变化特征

4.5.3　地表径流组分对冻土变化的响应

冻土的变化对地表径流和地下径流产生了显著影响，其中多年冻土退化，冻土层中冰融水释放的水量对径流的直接补给作用尤为突出。尽管目前关于冻土融水对河川径流的贡献认识可能仍存在较大的不确定性，但这种补给作用不容忽视，在高冻土覆盖率流域其对河川径流的贡献达到相当大的规模。此外，多年冻土退化对地表径流和地下径流的补给是一个长期、持续且相对稳定的过程，其影响不仅表现在补给量上，也体现在径流中水分迁移途径的差异上，同时也影响了其水文调节功能和水源涵养作用。这些都是未来研究的重要关注点。

目前，冻土变化对径流的影响的相关研究一般基于径流或基于其成分变化规律，采用定性与定量相结合的方法，分析冻土变化及气候因素对不同径流成分的影响。

基于直门达水文站 1966～2015 年逐月流量数据，研究人员通过基于数字滤波法的基流分割，定量解析了径流成分变化的原因（蒋佑承等，2021）。根据对逐月径流的基流划分结果，统计出了直门达站 1966～2015 年径流组分的曲线图（图 4.29），近 50 年来，长江源区河道径流中的地表径流和基流两种不同的径流成分均表现为波动上升趋势，且年均增长量分别为 0.424 亿 m³/a 和 0.421 亿 m³/a。从对河道的补给贡献看，增长的部分基流的贡献更大，占了 53.8%，而地表径流占了 46.2%。

通过分析降水和温度变化与径流组分变化之间的相关关系，绘制了径流突变前后两个时期中不同径流成分、气候因子与年份关系的累积曲线（图 4.30），利用累积斜率法对

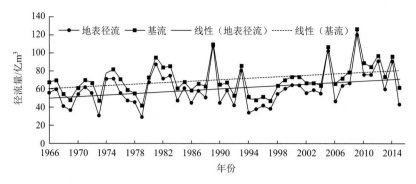

图 4.29　长江源直门达站 1966～2015 年基流分割结果（蒋佑承等，2021）

气温和降水的影响进行量化研究。从降水和气温累积斜率与变化量推求的贡献率来看，气温变化对长江源区径流组分变化的贡献率更大，分析表明气温不仅改变了长江源区的产汇流过程，也影响了区域水量平衡，是长江源区径流发生改变的主要原因。其中，最为主要的是冻土变化带来的贡献，使得多年平均地表的产流量和下渗量同时增加。

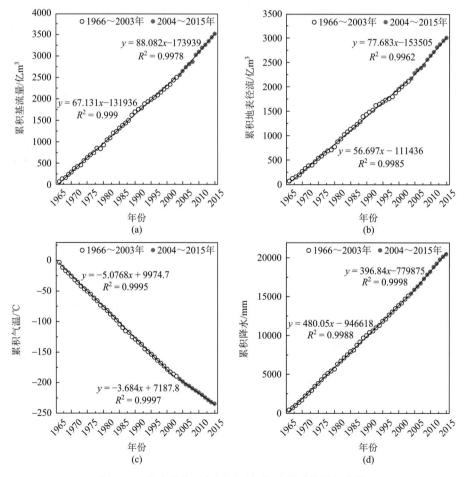

图 4.30　径流成分、气候因子与年份关系的累积曲线

　　长江源区流域内相关冰冻圈要素监测极为匮乏，难以通过水循环分量的直接观测开展径流组分中冰雪融水、冻土和降水等相关的更为详细的变化机制研究。稳定同位素示踪方法识别径流的组分来源，从而量化冻土变化带来的水文效应，评估冻土的水文功能，是研究冻土变化水文效应机制的有效途径之一。

　　长江源的区域水文循环由降水、冰雪融水、河水、热融湖塘、冻土层上水、冻土层间水、冻土层下水和地下冰组成（图 4.31）。该区域水文循环过程中降水通过坡面产流入渗进入多年冻土活动层或季节冻土融化层形成冻结层上水；地表水分的蒸发、冷凝与土壤冻融过程密切相关；热融湖塘水直接补给冻土层上水。构建多年冻土区冻土水文过程同位素概念模型，可以直观展示长江源区流域的降水、径流、热融湖塘与多年冻土内水分之间存在的显著水文联系，稳定同位素示踪的方法可以有效研究多年冻土区不同水体间的水文联系。进一步地，在清晰江源区径流组分的组成和氢氧同位素特征的基础上，结合流域水文观测，确定径流中降水、多年冻土、冰雪融水及基流的组分，有效地识别流域水文过程中多种来源的组分并研究冻土退化带来的水文影响（Li et al., 2020a）。通过在源区内不同地点开展降水、冰川、积雪、冰雪融水、冻土层上水以及径流的样品采集，运用端元混合分割模型定量计算不同来源水分对径流的贡献率。

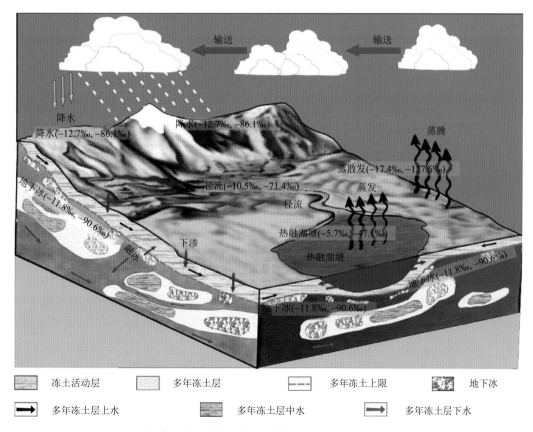

图 4.31　耦合稳定同位素径流示踪模块的长江源区水文模型示意图

不同水体中的两种稳定同位素浓度具有显著的时空差异，通过端元混合分割模型确定不同水源对目标水体的贡献比例，基于这一差异可以有效地区分不同的水体及其混合关系。与多源流域相比，多年冻土为主的流域河流径流在消融初期受冻结层上水支配，消融末期含有近等比例的冻结层上水和降水。采样数据结果显示，径流、冻结层上水、冰雪融水和降水的 δD 和 $\delta^{18}O$ 在年初期消融过程中变化不大。这种现象表明降水可能是初始消融期间河水径流的主要补给来源。径流水样的氢氧稳定同位素关系接近降水线，其浓度值介于降水、冰川和雪融水、冻结层上水之间，反映了研究区径流受到多源水的补给和影响。此外，径流、冰川融雪水、冻结层上水的组分变化也表明，不同水体间存在水力联系（Li et al.，2020b）。

对于多年冻土为主的流域，由于没有冰川的影响，相比而言，冻结层上水在径流组分的来源比例要高于冰川多年冻土共同作用流域（冻结层上水占比为 42.21%），其占径流组分比例为 69.54%。冻土退化导致的区域产汇流过程变化是影响地表径流组分变化的主要原因。

4.5.4　冻土变化对地表水资源的影响

多年冻土含有大量地下冰，是重要的水资源。气候变暖背景下，多年冻土水资源发生着深刻的变化。多年冻土退化引起的多年冻土活动层厚度增加和覆盖率下降，极大地改变了原有的土壤需水量和地下水补给量，一方面影响了年调节水资源量，另一方面改变了地表水资源总量。

重力反演和气候实验（gravity recovery and climate experiment，GRACE）重力卫星为定量研究大、中尺度陆地水储量的变化提供了可能。基于 GRACE 重力卫星数据、相关遥感数据和大尺度水文模型，分离陆地水储量中各分量（冰川、积雪、土壤水），能够较好地揭示长江源区陆地水储量的变化特征及可能原因。基于 GRACE 卫星的时变重力场数据反演，表明 2002~2010 年长江上游陆地水储量增长速率为 0.53mm/月（图 4.32）。7 月和 12 月长江源区水储量增长速率很快，从水储量分量的角度看，该地区气温上升导

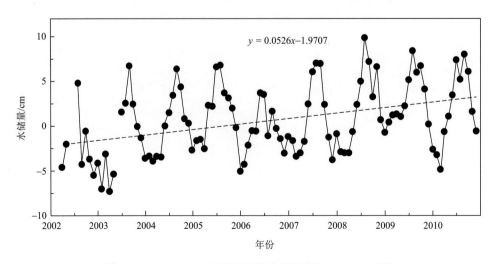

图 4.32　2002~2010 年长江上游水储量变化 GRACE 反演

致冻土层含水量增加，土壤需水量的增加是长江源区水储量增加的主要因素之一（许民等，2013）。

基于地表冻融状态数据及降水数据，美国得克萨斯大学空间研究中心通过协同 GLDAS-Noah 水文模型模拟的地表水储量变化数据，开展了三江源地区冻土变化引起的地表水资源和陆地水资源变化对比分析。获取了长江、黄河和澜沧江源区 2006～2015 年的陆地和地表水储量变化（图 4.33），并推断 GRACE 陆地水储量与 GLDAS 地表水储量之间的差异特征是由该区域湖泊面积增加、地下水增多、地面径流减少引起的，主要原因之一是多年冻土的活动层增厚（刘晨等，2020）。

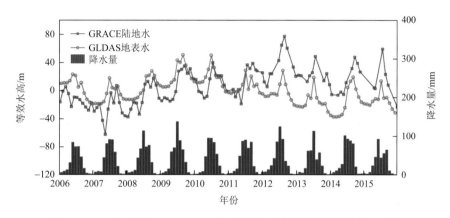

图 4.33　三江源区域 2006～2015 年陆地水及地表水的储量变化及降水

三江源地区的地表冻融状态呈明显的季节性变化，从图 4.34 可以看出，GRACE 和 GLDAS 的水储量差异变化与三江源区地表冻融状态有着较为一致的变化趋势。

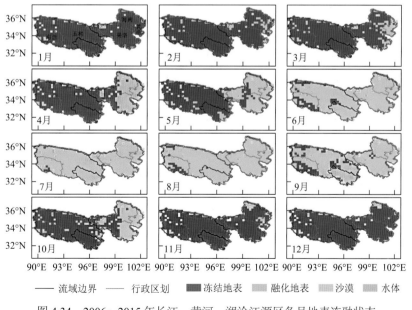

图 4.34　2006～2015 年长江、黄河、澜沧江源区各月地表冻融状态

这一同步变化趋势主要表现在以下 3 个方面：

（1）源区中-深度季节性冻土及山地多年冻土地区的地表冻融状态在 2～5 月逐渐开始融化（图 4.34），3～5 月 GRACE 反演、GLDAS 的模拟结果差异较为明显。原因可能是该时段融化的主要是中-深季节性冻土，而这些冻土的融化会直接补给土壤水，因此 GLDAS 的地表水在该时段呈略微增长的趋势；而 GRACE 陆地水储量的下降趋势可能是因为在该时段冻土深部的活动层还未彻底融化，地表水不能下渗补给地下水，而融化的地表水只能通过蒸发和径流的方式流出。

（2）6 月开始，三江源地区的地表基本融化，降水也开始增多，这个时段内冻土的活动层开始吸收降水并通过贯通区补给地下水，或存储在活动层中，同期 GLDAS 和 GRACE 的水储量也开始增加。

（3）10 月至次年 1 月地表由高原冻土区域逐渐向其他冻土区域冻结。而 12 月至次年 2 月冻土基本处于冻结状态，该时段内研究区的降水量、蒸发量及径流量都有所减少，同期 GRACE 和 GLDAS 的水储量变化不大且都处于亏损状态。

因此，基于三江源区多年地表冻融数据、GRACE 陆地水储量数据反演和 GLDAS 地表水储量模拟的时间线对比（图 4.35），发现三组数据在时间上具有一定的相关性（Meng et al.，2019）。2006～2015 年，三江源地区多年冻土活动层厚度表现为增厚趋势，其中长江源区的变化相对较小。在研究青藏高原的陆地水储量变化时，考虑了多年冻土退化活动层深度变化模型；其研究结果表明多年冻土对长江上游的陆地水储量变化的贡献约为 6.5%（Xiang et al.，2016）。再一次说明三江源地区的冻土作为一个特殊的蓄水层影响着该区域的地表水资源量。

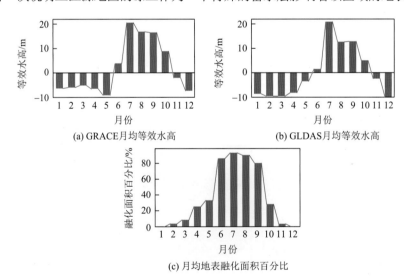

图 4.35　2006～2015 年 GRACE 及 GLDAS 月均水储量及月均地表融化面积百分比

4.5.5　冻土变化引起的热融湖塘扩张

冻土退化导致的活动层增厚和地下冰融化已经引发了多年冻土区大量的热融现象，并导致了热融湖塘的形成和扩展。热融湖塘是在富冰多年冻土地区，在多种因素（自然和人为）

影响下，地下冰发生融化，活动层变厚，随后地表发生塌陷形成洼地，逐渐积水后所形成的塘或池。在气候转暖及人类活动频繁增加的背景下，青藏高原多年冻土处于强烈的退化过程，而热融湖塘作为热融灾害中最为典型的灾害之一，也是多年冻土退化的重要标志。

多年冻土的存在对地下水的流通起到阻隔作用，因此地下水循环有着特定的循环路径。热喀斯特地貌形成融区后，地下水原有的流通路径就会改变，如在某些地方可能出露成泉或汇集成湖。热融湖塘同时还会对局地水汽循环产生影响。湖塘水体蒸发增加，形成水汽后在局部又会以降水的形式返回地面。例如，青藏高原大部分水汽来源是长距离的印度季风输送带来的，但热融湖塘也可以为局地水汽循环提供水汽。

在多年冻土退化初期，地下冰融化导致地表下陷形成积水洼地；积水洼地一旦出现，原有地表的水热平衡即被打破，多年冻土的融化也就不断加剧，热融洼地也随之不断扩张而形成热融湖塘。这主要是因为多年冻土的不均匀融化可导致多年冻土区冻土层的区域性稳定隔水作用不断减弱，冻结层上水水位随之下降，补给路径延长、加深，甚至可通过新形成局部融化的"天窗"（贯穿融区）直接补给冻结层下水或冻结层间水，这对局地到流域尺度的地下水循环，特别是地下水补排、径流过程都产生了深刻影响。

研究人员（陈旭，2021）给出了青藏高原 10m 空间分辨率的热融湖塘空间分布（图 4.36）。青藏高原热融湖塘约 12 万个，总面积约 1730.43km^2。其中，长江源区热融湖塘约 24410 个，总面积约 315.21km^2。热融湖塘的分布与环境因素和植被覆盖度有显著的相关性。2000～2018 年青藏高原大于 1000m^2 的热融湖塘变化剧烈，数量和面积分别增加了 70537 个和 1321.16km^2。通过对 2000～2018 年青藏高原热融湖塘的对比变化研究发现（图 4.37），面积较小的热融湖塘数量、面积变化更为明显，由于气温、降水的变化，小的热融湖塘会出现排干和连接成片的现象，部分大的热融湖塘由于多年冻土退化，热喀斯特加剧，湖岸坍塌明显，面积进一步变大。从热融湖塘分布指数图来看，热融湖塘主要分布在内流区与长江源区，随着气温、降水、人类活动的影响，该区域热融湖塘会进一步变多变大。

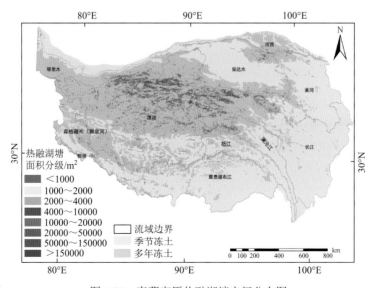

图 4.36　青藏高原热融湖塘空间分布图

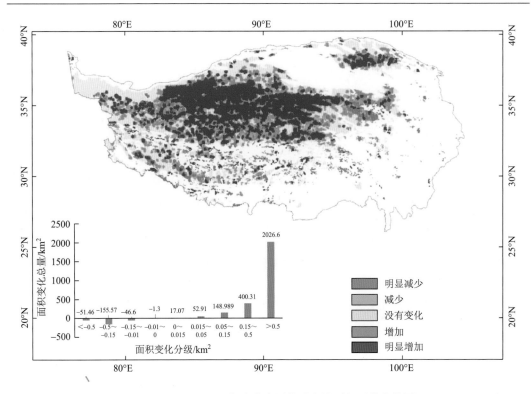

图 4.37 2000～2018 年青藏高原热融湖塘面积区域变化图

参 考 文 献

车涛, 郝晓华, 戴礼云, 等.2019. 青藏高原积雪变化及其影响[J]. 中国科学院院刊, 34（11）：1247-1253.

陈仁升, 张世强, 阳勇, 等.2019. 冰冻圈变化对中国西部寒区径流的影响[M]. 北京：科学出版社.

陈旭.2021.青藏高原热融湖塘分布及其区域变化特征[D]. 兰州：兰州大学.

代军臣, 王根绪, 宋春林, 等.2018. 三江源区径流退水过程演变规律[J]. 长江流域资源与环境, 27（6）：1342-1350.

丁永建.2017. 寒区水文导论[M]. 北京：科学出版社.

丁永建, 秦大河.2009. 冰冻圈变化与全球变暖：我国面临的影响与挑战[J]. 中国基础科学, 11（3）：4-10.

丁永建, 张世强, 陈仁升.2020. 冰冻圈水文学：解密地球最大淡水库[J]. 中国科学院院刊, 35（4）：414-424.

段水强, 刘弢, 曹广超, 等.2015. 近期长江源区湖泊扩张特征及其成因[J]. 干旱区研究, 32（1）：15-22.

段炎冲, 李丹勋, 王兴奎.2015.长江上游梯级水库群拦沙效果分析[J]. 四川大学学报（工程科学版）, 47（6）：15-23.

冯亚文, 任国玉, 刘志雨, 等.2013.长江上游降水变化及其对径流的影响[J]. 资源科学, 35（6）：1268-1276.

关颖慧, 王淑芝, 温得平.2021. 长江源区水沙变化特征及成因分析[J]. 泥沙研究, 46（3）：43-56.

国务院三峡工程建设委员会办公室泥沙专家组.2014. 金沙江大型水库建设对三峡工程泥沙问题影响的调研报告[R].
　　2014.

胡东生.1994. 可可西里地区湖泊概况[J]. 盐湖研究（3）：17-21.

黄艳艳.2016. 雅砻江上游积雪面积变化与径流关系研究[D]. 兰州：兰州交通大学.

蒋佑承,刘蛟,商滢.2021. 气候变化对多年冻土区径流组成的影响分析——以长江源区为例[J]. 中国农村水利水电（3）：63-68.

李其江.2018. 长江源径流演变及原因分析[J]. 长江科学院院报, 35（8）：1-5.

刘晨, 许才军, 刘洋, 等.2020. 基于GRACE RL06数据探测三江源地区陆地水储量变化[J]. 大地测量与地球动力学, 40（10）：
　　1092-1096.

刘洁, 杨胜发, 沈颖. 2019. 长江上游水沙变化对三峡水库泥沙淤积的影响[J]. 泥沙研究, 44 (6): 33-39.

刘文惠, 谢昌卫, 王武, 等. 2019. 青藏高原可可西里盐湖水位上涨趋势及溃决风险分析[J]. 冰川冻土, 41 (6): 1467-1474.

罗玉, 秦宁生, 庞轶舒, 等. 2020. 气候变暖对长江源径流变化的影响分析: 以沱沱河为例 [J]. 冰川冻土, 42 (3): 952-964.

吕爱锋, 贾绍凤, 燕华云, 等. 2009. 三江源地区融雪径流时间变化特征与趋势分析[J]. 资源科学, 31 (10): 1704-1709.

秦鹏程, 刘敏, 杜良敏, 等. 2019. 气候变化对长江上游径流影响预估[J]. 气候变化研究进展, 15 (4): 405-415.

孙惠惠, 章新平, 黎祖贤, 等. 2019. 长江流域不同类型降水量的非均匀性分布特征[J]. 长江流域资源与环境, 28 (6): 1422-1433.

汤秋鸿, 兰措, 苏凤阁, 等. 2019. 青藏高原河川径流变化及其影响研究进展[J]. 科学通报, 64 (27): 2807-2821.

王根绪, 李娜, 胡宏昌. 2009. 气候变化对长江黄河源区生态系统的影响及其水文效应[J]. 气候变化研究进展, 5 (4): 202-208.

王苏民, 窦鸿身. 1998. 中国湖泊志[M]. 北京: 科学出版社.

王延贵, 胡春宏, 刘茜, 等. 2016. 长江上游水沙特性变化与人类活动的影响[J]. 泥沙研究, 41 (1): 1-8.

吴华莉, 金中武, 周银军, 等. 2021. 变化环境下长江上游珍稀特有鱼类国家级自然保护区干流水沙过程演变分析[J]. 长江科学院院报, 38 (7): 7-13.

吴珊珊. 2012. 沱沱河流域冰川变化对气候变化的响应及其对径流的影响[D]. 北京: 中国科学院研究生院.

吴双桂, 韩廷芳, 张德琴, 等. 2020. 近 59 年长江源地区气候变化特征[J]. 青海环境, 30 (3): 126-131.

夏军, 王渺林. 2008. 长江上游流域径流变化与分布式水文模拟[J]. 资源科学, 30 (7): 962-967.

夏军, 陈进, 王纲胜, 等. 2021. 从 2020 年长江上游洪水看流域防洪对策[J]. 地球科学进展, 36 (1): 1-8.

谢昌卫, 丁永建, 刘时银. 2003. 长江-黄河源寒区径流时空变化特征对比[J]. 冰川冻土, 25 (4): 414-422.

许民, 叶柏生, 赵求东. 2013. 2002—2010 年长江流域 GRACE 水储量时空变化特征[J]. 地理科学进展, 32 (1): 68-77.

杨建平, 丁永建, 刘俊峰. 2006. 长江黄河源区积雪空间分布与年代际变化[J]. 冰川冻土, 28 (5): 648-655.

杨针娘. 1991. 中国冰川水资源[M]. 兰州: 甘肃科学技术出版社.

姚檀栋, 邬光剑, 徐柏青, 等. 2019. "亚洲水塔"变化与影响[J]. 中国科学院院刊, 34 (11): 1203-1209.

姚晓军, 刘时银, 孙美平, 等. 2012. 可可西里地区库赛湖变化及湖水外溢成因[J]. 地理学报, 67 (5): 689-698.

叶柏生, 丁永建, 焦克勤, 等. 2012. 我国寒区径流对气候变暖的响应[J]. 第四纪研究, 32 (1): 103-110.

张凡, 史晓楠, 曾辰, 等. 2019. 青藏高原河流输沙量变化与影响[J]. 中国科学院院刊, 34 (11): 1274-1284.

张冠华, 喻志强, 易亮, 等. 2021. 近 70 年长江干流寸滩站以上流域水沙关系变化及其驱动因素[J]. 水土保持学报, 35 (1): 79-84.

张建云, 刘九夫, 金君良, 等. 2019. 青藏高原水资源演变与趋势分析[J]. 中国科学院院刊, 34 (11): 1264-1273.

张建云, 王国庆, 金君良, 等. 2020. 1956~2018 年中国江河径流演变及其变化特征[J]. 水科学进展, 31 (2): 153-161.

张信宝, 文安邦. 2002. 长江上游干流和支流河流泥沙近期变化及其原因[J]. 水利学报, 33 (4): 56-59.

张勇, 刘时银, 丁永建. 2006. 中国西部冰川度日因子的空间变化特征[J]. 地理学报, 61 (1): 89-98.

朱立平, 谢曼平, 吴艳红. 2010. 西藏纳木错 1971~2004 年湖泊面积变化及其原因的定量分析[J]. 科学通报, 55 (18): 1789-1798.

Fang Y, Zhang X, Niu G, et al. 2017. Study of the spatiotemporal characteristics of meltwater contribution to the total runoff in the upper Changjiang River Basin [J]. Water, 9 (3): 165.

Gao J, Yao T D, Masson-Delmotte V, et al. 2019. Collapsing glaciers threaten Asia's water supplies [J]. Nature, 565 (7737): 19-21.

Han P F, Long D, Han Z Y, et al. 2019. Improved understanding of snowmelt runoff from the headwaters of China's Yangtze River using remotely sensed snow products and hydrological modeling [J]. Remote Sensing of Environment, 224: 44-59.

Immerzeel W W, van Beek L P, Bierkens M F. 2010. Climate change will affect the Asian water towers [J]. Science, 328 (5984): 1382-1385.

Ji Z M, Kang S C. 2013. Projection of snow cover changes over China under RCP scenarios [J]. Climate Dynamics, 41 (3-4): 589-600.

Li L, Shen H Y, Dai S, et al. 2013. Response of water resources to climate change and its future trend in the source region of the Yangtze River [J]. Journal of Geographical Sciences, 23 (2): 208-218.

Li Z J，Li Z X，Song L L，et al. 2020a. Hydrological and runoff formation processes based on isotope tracing during ablation period in the source regions of Yangtze River [J]. Hydrology Earth System Sciences，24：4169-4187.

Li Z X，Li Z J，Feng Q，et al. 2020b. Runoff dominated by supra-permafrost water in the source region of the Yangtze river using environmental isotopes [J]. Journal of Hydrology，582：124506.

Liu S，Zhang Y，Zhang Y，et al. 2009. Estimation of glacier runoff and future trends in the Yangtze River source region，China [J]. Journal of Glaciology，55（190）：353-362.

Liu Z，Yao Z. 2016. Contribution of glacial melt to river runoff as determined by stable isotopes at the source region of the Yangtze River，China [J]. Hydrology Research，47（2）：442-453.

Meng F，Su F，Li Y，Tong K. 2019. Changes in terrestrial water storage during 2003～2014 and possible causes in Tibetan Plateau [J]. Journal of Geophysical Research：Atmospheres，12：2909-2931.

Shen Y. 2009. Impacts of climate change on glacial water resources and hydrological cycles in the Yangtze River source region，the Qinghai-Tibetan Plateau，China：a progress report [J]. Sciences in Cold and Arid Regions，1（6）：3-23.

Su F，Zhang L，Ou T，et al. 2016. Hydrological response to future climate changes for the major upstream river basins in the Tibetan Plateau [J]. Glob Planet Change，136：82-95.

Wang R，Yao Z J，Liu Z F，et al. 2015. Snow cover variability and snowmelt in a high-altitude ungauged catchment [J]. Hydrological Processes，29（17）：3665-3676.

Wu S S，Yao Z J，Huang H Q，et al. 2013. Glacier retreat and its effect on stream flow in the source region of the Yangtze River [J]. Journal of Geographical Sciences，23（5）：849-859.

Xiang L，Wang H，Steffen H，et al. 2016. Groundwater storage changes in the Tibetan Plateau and adjacent areas revealed from GRACE satellite gravity data [J]. Earth and Planetary Science Letters，449：228-239.

Xu J. 2007. Trends in suspended sediment grain size in the upper Yangtze River and its tributaries，as influenced by human activities[J]. Hydrological Sciences Journal，52（4）：777-792.

Yang K，Lu H，Yue S Y，et al. 2018. Quantifying recent precipitation change and predicting lake expansion in the Inner Tibetan Plateau [J]. Climatic Change，147（1）：149-163.

Yao T，Pu J，Lu A，et al. 2007. Recent glacial retreat and its impact on hydrological processes on the Tibetan Plateau，China，and surrounding regions [J]. Arctic Antarctic & Alpine Research，39（4）：642-650.

Yao T D，Xue Y K，Chen D L，et al. 2019. Recent Third Pole's rapid warming accompanies cryospheric melt and water cycle intensification and interactions between monsoon and environment：multidisciplinary approach with observations，modeling，and analysis[J]. Bulletin of the American Meteorological Society，100（3）：423-444.

Zhang G，Yao T，Shum C，et al. 2017. Lake volume and groundwater storage variations in Tibetan Plateau's endorheic basin [J]. Geophysical Research Letters，44（11）：5550-5560.

Zhang L，Su F，Yang D，et al. 2013. Discharge regime and simulation for the upstream of major rivers over Tibetan Plateau [J]. Journal of Geophysical Research：Atmospheres，118（15）：8500-8518.

Zhang Y，Liu S Y，Xu J L，et al. 2008. Glacier change and glacier runoff variation in the Tuotuo River basin，the source region of Yangtze River in western China [J]. Environmental Geology，56（1）：59-68.

Zhao Q，Ding Y，Wang J，et al. 2019. Projecting climate change impacts on hydrological processes on the Tibetan Plateau with model calibration against the glacier inventory data and observed streamflow [J]. Journal of Hydrology，573：60-81.

第 5 章　冰冻圈变化对生态的影响

过去几十年中，冰冻圈地区是变暖最快的地区。由于长期处于低温环境，冰冻圈地区的生态系统比较独特，生态系统结构相对单一，生态系统也相对脆弱。长江源地区有着大范围的草地生态系统。与此同时，长江源区也分布着许多重要的珍稀动物。全球变化给冰冻圈的陆地植被、动物和水生生态系统都带来了一系列的影响。明确冰冻圈变化对区域环境的影响，是了解生态系统恢复潜力及相关生态环境保护的科学基础。在长江上游地区，陆地生态系统的研究主要集中在土壤碳氮含量、微生物群落结构、植被类型和生产力等方面；动物研究主要关注标志性动物藏羚羊和鼠兔。在水生生态系统研究方面，目前关注的主要是冰冻圈地区河流营养盐的输移及生物地球化学循环过程。本章从长江上游主要生态系统类型、冰冻圈变化对陆地生态系统的影响、冰冻圈变化对水生生态系统的影响三个方面介绍冰冻圈对生态的影响。

5.1　主要生态系统特征

依据《1∶100 万中国植被图集》分类标准，长江上游陆地生态系统类型如图 5.1 所示。除了森林、草地、灌丛和荒漠等自然生态系统外，长江上游还有大面积的栽培植被，本节重点论述该区的自然生态系统类型。同时，长江源属于冰冻圈地区，土壤的发生和发育具有寒冻特征，因而对此也予以介绍。

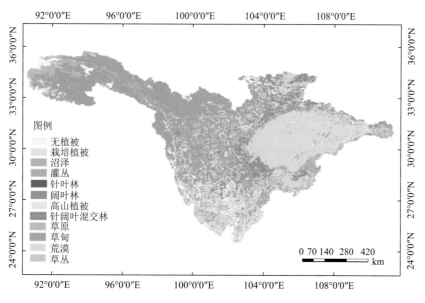

图 5.1　长江上游主要的生态系统类型

5.1.1 植被生态系统特征

尽管长江上游几乎拥有陆地上所有生态系统类型，且每种生态系统又包含多种气候型和土壤型（朱万泽等，2011），但是森林、草地、湿地、荒漠和灌丛是该区最主要的自然生态系统类型。

1）森林生态系统

长江上游森林生态系统总面积为 $20.58×10^4km^2$，包括针叶林、阔叶林和针阔叶混交林，面积分别为 $13.62×10^4km^2$、$6.79×10^4km^2$ 和 $0.17×10^4km^2$（图 5.2）。其中，针叶林主要分布在四川西部、西藏东部和云南北部高山峡谷地区，阔叶林主要分布在长江上游东部地区，针阔叶混交林主要分布在云南省大关县以西、川西地区。自 2000 年以来，受益于退耕还林、天然林保护、长江防护林建设、水土保持和水源涵养林建设、重点生态功能区补偿以及森林公园建设等工程、项目或政策（孔蕊等，2020），长江上游森林生态系统面积显著增加且质量得到改善。长江上游森林生态系统总计有 110 类，其中优先保护类型有 40 类，占优先保护生态系统总数的 50% 左右。优先保护的森林生态系统集中分布区是物种分布与濒危物种保护的热点地区，也是全球物种保护的 25 个热点地区之一（Myers et al.，2000）。

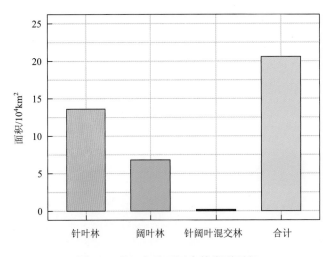

图 5.2 长江上游不同森林类型面积

针叶林分布区有海螺沟冰川、白水河 1 号冰川等冰川。雪线以上终年积雪，是冰川的分布区，没有植被生长。海拔 4700m 以上直至雪线，受积雪和多年冻土的影响，形成了以水母雪兔子（*Saussurea medusa*）、红景天（*Rhodiola rosea*）、垂头菊（*Cremanthodium reniforme*）等组成的高山垫状植被和稀疏植被。海拔 4000～4700m 出现小叶型的亚高山常绿杜鹃灌丛，建群种有草原杜鹃（*Rhododendron telmateium*）、雪层杜鹃（*Rhododendron nivale*）和头花杜鹃（*Rhododendron capitatum*）等。海拔 3000～4000m 为寒温性阴暗针叶林带，建群种为紫果云杉（*Picea purpurea*）、大果圆柏（*Sabina tibetica*）和高山松（*Pinus densata*）等。

阔叶林分布区地带性植被是常绿阔叶林，广大低山丘陵分布马尾松林，阴湿沟谷和阴坡以杉木林为主。四川盆地、鄂西、黔北为常绿阔叶林地带的北部亚地带，该区常绿阔叶林优势树种有青冈（*Quercus glauca*）、曼青冈（*Cyclobalanopsis oxyodon*）、小叶青冈（*Cyclobalanopsis myrsinifolia*）、苦槠（*Castanopsis sclerophylla*）、甜槠（*Castanopsis eyrei*）和米槠（*Castanopsis carlesii*）等。宜宾至重庆一带的山地、贵州高原和南岭山地为中亚热带常绿阔叶林地带的南部亚地带，其常绿阔叶林的优势树种主要为栲树（*Castanopsis fargesii*）、南岭栲（*Castanopsis fordii*）、峨眉栲（又称扁刺锥，*Castanopsis platyacantha*）、润楠（*Machilus nanmu*）和厚壳桂（*Cryptocarya chinensis*）等。

针阔叶混交林分布区优势树种有滇青冈（*Cyclobalanopsis glaucoides*）、高山栲（*Castanopsis delavayi*）、硬叶栎类林（*Quercus sclerophyllous*）及银木荷（*Schima argentea*）等。本区北部为高山峡谷区，该区植被具有极其明显的垂直分布特征。其中，海拔 2800～3200m 山地为针阔叶混交林带，主要树种有云南铁杉（*Tsuga dumosa*）、槭属（*Acer* Linn）和桦木属（*Betula* Linn）。海拔 3000～3900m 山地为山地寒温性针叶林和硬叶常绿阔叶林带，优势树种有长苞冷杉（*Abies georgei*）、冷杉（*Abies fabri*）、丽江云杉（*Picea likiangensis*）和川滇高山栎（*Quercus aquifolioides*）等。

2）草地生态系统

草地是长江上游地区最主要的自然生态系统类型，总面积约为 $46.4×10^4km^2$，包括草原、草丛和草甸。其中，草甸面积最大，为 $38.18×10^4km^2$，其次为草丛和草原，面积分别为 $4.79×10^4km^2$ 和 $3.43×10^4km^2$（图 5.3）。

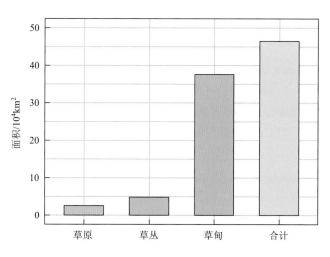

图 5.3　长江上游不同草地类型面积

长江上游广泛发育着多年冻土，且主要分布在直门达水文站以上的长江源区。多年冻土与气候系统间的水热交换维系着高寒草地生态系统功能，孕育了长江源区以高寒草甸和高寒草原为主体的高原植被带。海拔 4000～4500m 的高原面和平缓山坡上发育着紫花针茅（*Stipa purpurea*）草原和青藏薹草（*Carex moorcroftii*）草原，仅在低湿滩地有嵩草草甸。唐古拉山口和曲麻莱县以东为高寒草甸地带，主要分布在海拔 4000～4500m 的阳坡和平缓山顶，由高山嵩草（*Kobresia pygmaea*）、矮生嵩草（*Kobresia humilis*）和线叶嵩草（*Kobresia capillifolia*）组成，在低洼处有西藏嵩草（*Kobresia tibetica*）分布，在季节性积水的浅洼地有木里薹草（*Carex muliensis*）沼泽。阴坡发育着高寒落叶灌丛，优势种有毛枝山居柳（*Salix oritrepha*）、鬼箭锦鸡儿（*Caragana jubata*）、窄叶鲜卑花（*Sibiraea angustata*）和金露梅（*Potentilla fruticosa*）。海拔 4500m 以上为高山垫状植被和稀疏植被带，主要植物种有垫状点地梅（*Androsace tapete*）、垫状蚤缀（*Arenaria serpyllifolia*）和水母雪兔子等。

多年冻土退化下活动层变深和表层土壤水分下降，从而导致高寒草地发生从高寒沼泽草甸、高寒草甸向高寒草原、高寒荒漠的逆向演替。保护好长江上游草地生态系统对于筑牢生态屏障和保护生物多样性意义重大。整体来看，长江上游地区优先保护草原生态系统包括草甸草原、典型草原、草甸和沼泽草甸。其中，优先保护草甸草原包括贝加尔针茅（*Stipa baicalensis*）-杂类草草原和白羊草（*Bothriochloa ischaemum*-杂类草草原；优先保护典型草原有长芒草（*Stipa bungeana*）草原、刺芒野古草（*Arundinella setosa*）-云南裂稃草（*Schizachyrium delavayi*）草丛；优先保护草甸有高山嵩草草甸、矮生嵩草草甸、线叶嵩草草甸和四川嵩草（*Kobresia setchwanensis*）草甸；优先保护沼泽草甸包括西藏蒿草草甸和藏北嵩草（*Kobresia littledalei*）草甸。

3）湿地生态系统

长江上游湿地面积为 2100km^2，主要分布在长江源区和川北若尔盖高原湿地地区。尽管分布范围和面积不大，但作为一种特殊的生态系统类型，湿地不仅具有极重要的生态服务功能，还是一些珍稀动植物的主要栖息地，在生物多样性保护中具有极其重要的价值。长江源区是我国沼泽分布较为集中且海拔最高的区域，是长嘴百灵（*Melanocorypha maxima*）、斑头雁（*Anser indicus*）、黑颈鹤（*Grus nigricollis*）等高原鸟类和展苞灯心草（*Juncus thomsonii*）、青藏野青茅（*Deyeuxia holciformis*）、锡金蒲公英（*Taraxacum sikkimense*）等高寒植被的主要栖息地（高永恒等，2011；朱万泽等，2011）。而川西北若尔盖湿地是长江上游地区沼泽类型最多、面积最大、连片集中的高原沼泽湿地，是全国最大的泥炭矿区和典型的高原沼泽。

4）荒漠生态系统

土地沙漠化是备受关注的全球性重大资源与环境问题之一，该问题在长江上游地区也较为突出。因此，本节所论述的长江上游地区荒漠生态系统主要为该区沙漠化土地，包括流动沙（丘）地、半固定沙（丘）地、固定沙（丘）地和裸露沙砾地四种类型。整体来看，长江上游地区目前共有沙漠化土地 28km^2，与其辽阔的土地面积相比，沙漠化土地的占地比例较小，不足 1%。沙漠化土地主要分布在青海格尔木市唐古拉山镇、青海省玉树州和四川省甘孜藏族自治州（简称甘孜州）三个地区。总体而言，长江上游地区土地沙漠化以中度沙漠化土地居多，重度、中度与轻度沙漠化土地所占比例分别为 11.53%、58.94% 与 29.53%（图 5.4）。

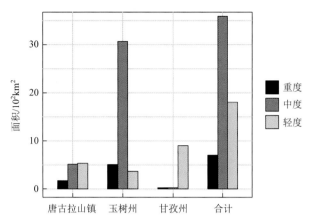

图 5.4　长江上游沙漠化土地主要分布地区面积（董玉祥和陈克龙，2002）

从类型来看，流动沙（丘）地是本区面积最小的沙漠化土地类型，其面积占长江上游地区沙漠化土地总面积的 11.53%，主要分布于源区的楚玛尔河流域；半固定沙（丘）地面积与流动沙（丘）地相当，主要分布于沱沱河盆地和楚玛尔河盆地；固定沙（丘）地面积较大，占本区沙漠化土地总面积的 30%左右，主要分布于川西北以及源区的沱沱河盆地和楚玛尔河盆地；裸露沙砾地面积最大，占全区沙漠化土地总面积的 47.26%，是该区沙漠化土地的主体，全部分布于源区，其中94%集中在青海省治多县（图 5.5）。

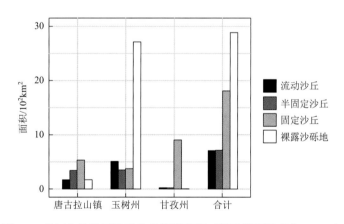

图 5.5　长江上游地区沙漠化的类型面积（董玉祥和陈克龙，2002）

从成因来看，长江上游地区土地沙漠化的形成和发展与其独特的自然条件、人类活动和气候变化密切相关（董玉祥和陈克龙，2002）。源区作为长江上游土地沙漠化的主要分布区，属高寒干旱-半干旱区，冷季内降水少、蒸发强、风力大，加之地表土壤的沙物质含量丰富，独特的自然条件为区内的风沙活动提供了必要的动力条件与物质基础。超载过牧、矿产开发、修筑道路等人类活动是长江源区沙漠化过程的重要促进因素。长江源区有大面积的多年冻土，受气候变暖的影响，多年冻土表现出不同程度的退化状态，导致地下水位降低，表土层水分减少，植被退化，区内的常态自然风沙过程被激化和加剧，导致自然沙漠化过程产生与发展。

5）灌丛生态系统

长江上游地区灌丛与灌草丛生态系统总计有 65 类，面积约为 154km^2（图 5.1）。其中，优先保护的灌丛生态系统共有 16 类，分属于常绿针叶灌丛、常绿革叶灌丛和落叶阔叶灌丛，主要分布在川西—滇西北—横断山地区和长江源头地区，多为具有垂直地带意义的相对稳定的原生生态系统。这些生态系统中，孕育着许多高原特有的野生动植物物种，如高原蝮（*Gloydius strauchi*）、白唇鹿（*Przewalskium albirostris*）、滇藏方枝柏（*Juniperus indica*）、高山杜鹃（*Rhododendron litangense*）和变色锦鸡儿（*Caragana versicolor*）等，因而具有很高的保护价值（朱万泽等，2011）。

5.1.2　土壤生态系统特征

长江源区属于高寒地区，土壤生态系统结构单一。长江源地区以往的实测资料较少，目前对长江源区土壤生态系统关注较多的有土壤质地、土壤碳氮含量及释放、土壤微生物特征。

1）土壤质地特征

长江源区的土壤发育较差，以粗颗粒物质为主，土体厚度分布不均。一些山坡底部或山顶地区，受到坡积或风积等过程的影响，土体厚度可以超过 2m，但是在一些山坡地带，土体厚度往往较薄，有的地方甚至不到 30cm。土壤质地对土壤的生态系统过程具有非常重要的影响，特别是细颗粒物质的含量和分布。研究结果表明，在长江源区，如果植被发育很好，植被覆盖度大于 90%的草甸地区，0～30cm 中土壤中细沙和黏粒含量较大，可达 90%以上。随着植被类型变差，土壤细颗粒成分也降低。在草原地区，即使植被覆盖率较高，土壤的细颗粒成分含量一般也低于 15%（王一博等，2006）。

土壤质地分布除了表现与植被类型相关外，还表现出明显的垂直分布规律。从垂直分布情况来看，土壤细颗粒物有垂直递减型、先增后减型、先减后增型和不规则分布型。

（1）垂直递减型：土体上部黏粒和粉粒等细颗粒物质含量较高，而下部以砂土为主，随着深度增加，土壤由颗粒较小的细砂壤变为块状的砂壤，最后变为大块状的多砾石砂，黏土含量随着深度的增加呈现递减的趋势。整体上，土壤的剖面分布模式表现为砂粒的含量与剖面深度呈正相关，黏粒含量与剖面深度呈反相关（图 5.6）。

（2）先增后减型的土体中上部和下部黏粒含量较少，中间黏粒较多，因此呈现先增后减型分布模式[图 5.7（a）]。

（3）先减后增型的土体上部以中块状的细壤土为主，中部以砂壤土为主，下部以单颗粒的砂和黏土为主[图 5.7（b）]。

（4）不规则分布型的一个显著特征是土体受坡积或洪积作用的影响较大，下部土壤来源复杂，表现为土-石交错排列，因此在垂直分布上就表现为不规则型。这类土体中，上部土壤流失，导致下部土体被覆盖，经过较长时间的相互作用，大颗粒的砂石和细颗粒的土体交错分布，所以黏粒的含量在剖面分布上就表现为不规则型分布（图 5.8）。此外，若土体下部多为中颗粒的砂土，上部为不同时期形成的坡积物，也会形成不规则型分布模式（图 5.8）。

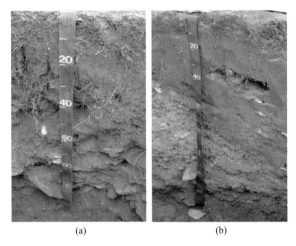

图 5.6　垂直递减型分布模式剖面照

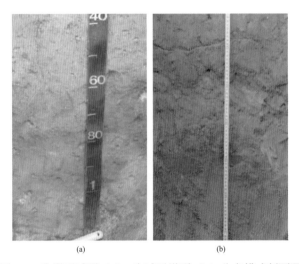

图 5.7　先增后减型（a）、先减后增型（b）分布模式剖面照

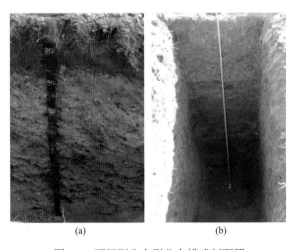

图 5.8　不规则分布型分布模式剖面照

2）土壤碳氮含量特征

长江源地区的土壤温室气体释放研究主要关注的是二氧化碳和甲烷的释放。在多年冻土区，由于长期的低温环境，土壤有机质分解缓慢，因此积累了大量的有机质。多年冻土中储存着数量巨大的土壤有机碳，是全球重要的碳库之一（Zimov et al.，2006a），整个北半球多年冻土区的土壤有机碳库大致为 10370 亿～16720 亿 t C，相当于全球土壤有机碳库的 50%（Hugelius et al.，2014）。随着全球变暖，多年冻土活动层温度增加、厚度增大和多年冻土层的温度升高，这些积累的有机质会分解，从而释放出大量的温室气体。青藏高原同样属于多年冻土区，该地区的土壤有机质含量及温室气体释放也引起了广泛的关注。

在过去的不同研究中，关于青藏高原多年冻土区土壤碳氮储量的研究结果差异很大。原因在于多年冻土区范围的界定、采样点分布、样品分析测试和空间扩展方法的不同。例如，在 0～3m 范围内，土壤碳储量范围可能在 150 亿～409 亿 t（Ding et al.，2016；Jiang et al.，2019；Mu et al.，2020；Wang et al.，2020），总氮储量约 18 亿 t（Zhao et al.，2018）。土壤有机碳和总氮的空间分布与植被类型密切相关，高寒沼泽草甸、高寒草甸区储量较高，高寒草原和荒漠草原土壤碳储量低，裸地或高度退化的草地中土壤碳储量最低（Du and Gao，2020；Du et al.，2019；Wu et al.，2017）。最新研究综合分析了不同研究的结果，对各个研究采用的多年冻土区的面积、土壤有机质的分析测试方案、空间扩展的手段等进行了比较，认为在高原大约 $1.40 \times 10^6 km^2$ 的多年冻土区（包括了部分融区，实际真正发育有多年冻土的面积为 1.06×10^6～$1.30 \times 10^6 km^2$）范围内，表层 2m 土壤总有机碳的储量约 200 亿 t，总氮储量约为 17 亿 t。不过，大量研究的实测资料集中在表层 2m 深度内，更深的土层中，实测资料较少，因此碳氮储量的不确定性也增大。

根据最新青藏高原多年冻土区土壤碳氮资料（Wang et al.，2021），长江上游多年冻土区的土壤有机碳和总氮储量总体呈现出显著的空间分异特征（图 5.9 和图 5.10）。在长江源多年冻土区内，0～2m 深度的土壤有机碳和总氮储量分别为 26.2 亿 t 和 2.5 亿 t，分别占青藏高原 2m 有机碳和总氮储量的 21.44% 和 17.98%（Zhao et al.，2018）。

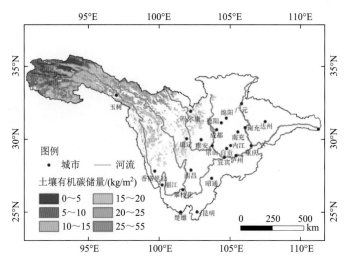

图 5.9　长江上游多年冻土区 0～2m 土壤有机碳储量空间分布（白色地区为非多年冻土区）

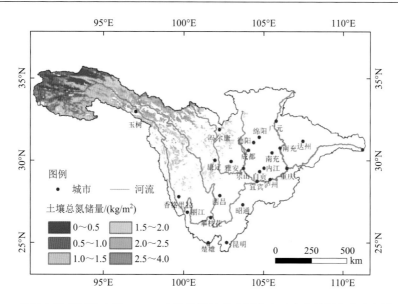

图 5.10　长江上游多年冻土区 0～2m 土壤总氮储量空间分布（白色地区为非多年冻土区）

长江上游多年冻土区土壤碳氮的分布空间差异较大。其中，沱沱河源区的土壤有机碳和总氮密度最低（表层 2m 土壤中有机碳密度＜15kg/m²，平均总氮密度＜1.5kg/m²），而玉树地区的曲麻莱县地区和不冻泉流域的沼泽草甸地区储量最高（表层 2m 土壤平均有机碳密度＞20kg/m²，平均总氮储量＞2kg/m²）。需要指出的是，长江源多年冻土区的植被类型均为草地，碳氮分布可以模拟，但是长江源非多年冻土区植被类型复杂、实测资料较少，因而土壤碳氮分布的规律还不清楚（图 5.9）。

通过对长江上游冰冻圈地区不同植被条件下的土壤研究发现，植被类型对土壤有机碳和总氮的影响非常大。高寒沼泽草甸和高寒草甸的表层土壤有机碳的含量甚至超过了 150g/kg，土壤总氮的含量也远远高于其他的植被类型。通常情况下，草原土壤中的有机碳和总氮的含量都高于荒漠区，但是值得注意的是，由于缺少植被类型划分的定量标准，不同的研究者对荒漠、草原的划分标准可能也不一样。与此同时，即使在同一植被类型条件下，土壤有机碳和总氮的含量差别也较大。同为退化草甸，但小嵩草草甸的碳氮含量要远远高于点地梅的退化草甸（Zhao et al.，2018）。尽管从土壤碳氮分布的影响因素方面来说，不同的碳氮分布差异很容易通过植被的覆盖度、土壤质地等因素来解释，但植被盖度、生物量、土壤质地的实测资料获取难度较大，而植被类型相对容易判断，因此目前植被类型仍然是用来研究碳氮分布的重要环境因子（Wu et al.，2017）。

3）土壤碳氮的释放特征

长江上游多年冻土区地形条件复杂。微地形变化造成的土壤水分和温度差异、土壤母质差异及土壤颗粒组分的差异不仅会影响植被类型，也会影响土壤有机质的含量和性质，还会影响土壤微生物的活动。因此，长江上游地区土壤温室气体的释放也表现出很大的空间差异。通过对长江源北麓河地区的高寒荒漠草原、高寒草甸和高寒草原开展研究，发现多年冻土区的土壤有机碳含量与植被类型相关，且温室气体释放通量表现出明显的日变化和季节变化规律。

在土壤剖面上，土壤温室气体 CO_2 浓度呈现比较规律的上低下高的分布特征。在季节变化方面，土壤中 CO_2 浓度在冻土活动层年变化的春季升温过程（3 月中旬）呈现一个峰值，经过短暂的降低后，于 3 月底，到 4 月中下旬 CO_2 浓度又开始升高。冻土活动层冻结期对土壤 CO_2 的闭蓄作用比较明显。土壤剖面中，CO_2 浓度与土壤有机碳含量和土壤温度呈明显的相关关系；在 100cm 以上深度与土壤水分呈明显的相关关系。

在 2005 年 1～6 月，通过对北麓河地区高寒荒漠草原、高寒草甸和高寒草原生态系统进行连续监测，分析表层土壤 CO_2 排放通量的情况发现，观测期间北麓河草地生态系统土壤与大气间的 CO_2 交换表现出明显的差异，其平均排放通量分别为 93.4mg $CO_2/(m^2 \cdot h)$、164.3mg $CO_2/(m^2 \cdot h)$ 和 129.1mg $CO_2/(m^2 \cdot h)$；排放通量变化范围分别为 93.4～273.7mg $CO_2/(m^2 \cdot h)$、164.3～692.1mg $CO_2/(m^2 \cdot h)$ 和 129.1～382.5mg $CO_2/(m^2 \cdot h)$，这说明长江源区草地生态系统表层土壤 CO_2 与大气的交换波动性很大（赵拥华等，2006）。正是由于长江源区土壤生态系统与大气之间 CO_2 交换通量的差异很大，目前还很难利用这些观测数据进行模型的模拟验证，从而导致区域上碳的源汇效应模拟和预估还有很大的不确定性。

除了 CO_2 释放以外，青藏高原的 CH_4 释放也有不少研究。CH_4 排放通量也与植被类型相关，总体上是高寒沼泽草甸排放量最高，高寒草甸次之，高寒草原最低，其中高寒沼泽草甸是 CH_4 的碳源，而高寒草甸和高寒草原为吸收大气 CH_4，即表现为汇。由于长江源冰冻圈地区的沼泽草甸面积比例很小，可知该地区整体为 CH_4 的汇。CH_4 的释放量也有季节变化明显，生长季（6～9 月）是 CH_4 排放通量较高的时期，其日变化呈现单峰曲线。在 08:00～14:00，甲烷的释放速率不断增高，在 14:00 之后 CH_4 的速率逐渐下降。在多年冻土退化引起 CH_4 释放方面，目前对于多年冻土退化形成热融滑塌等地貌有所报道。多年冻土区地下冰融化后，会造成地表滑塌、沉降等热喀斯特地貌。在滑塌的早期和滑塌的中期，由于表层土壤的完整结构被破坏，蒸散发增加，土壤通气性增强，土壤有机质的分解以好氧分解为主，CH_4 释放量降低或者变化不大。在热融滑塌的后期，地表形态区域稳定，地势处于低洼位置，由于地下冰融化而不断补给地表水分，加之从周围地势较高的地方汇集更多水分，热融滑塌地区表现为土壤水分含量增加，这时候土壤的通气性减弱，CH_4 产量和 N_2O 产生速率会增加（Mu et al.，2017）。

4）土壤微生物特征

微生物是土壤中元素生物地球化学循环的重要驱动力。多年冻土中不但含有储量巨大的有机质，也分布有大量的低温微生物。微生物之所以在冻土这种低温的极端环境下还能够存活下来，是因为当冻土中的水达到冻结点时，冻土中仍然存在部分的未冻水，形成了未冻水膜，水膜中含有供微生物生存所需的营养物质，微生物在水膜中可以进行营养物质的吸收和代谢产物的排出，且未冻水膜还能对土壤微生物的细胞结构起到保护作用。

早在 1942 年，厌氧菌与好氧菌就在加拿大多年冻土中成功培养出来。1964 年，在定量研究阿拉斯加多年冻土中的微生物时发现，该地区冻土中存在有嗜热性质的细菌。

1997 年，在西伯利亚地区的研究发现，该地区分布有 α-变形菌、β-变形菌、δ-变形菌和 γ-变形菌，同年，在西伯利亚冻土区研究发现，该地区的可培养细菌绝大部分都属于嗜冷菌。2001 年，在青藏高原多年冻土研究中共分离出了 20 株细菌，其中革兰阴性菌较多，且具有嗜冷性（刘光琇等，2001）。近年来，有关微生物的研究也逐渐从菌种的分离鉴定发展到其与环境因子的相互作用方面。在青藏高原高寒草原区的研究发现，温度和降水量会共同对土壤细菌群落产生显著影响，两者单独作用无显著影响，且土壤细菌群落的多样性受土壤理化性质的影响，包括土壤含水量、全氮及有机碳含量等（Zhang et al.，2014）。在青藏高原腹地的研究发现，真菌的菌群组成和繁殖易受地上植被与原位生境相互作用的影响，且呈现年周期变化（Liu et al.，2011）。

多年冻土中的低温微生物可能已经存活了几千年甚至十几万年，它们具有独特的遗传学特征和适应环境的生理生化机制。低温微生物是一类在低温环境（如冻土、积雪、冰川等）下生存的极端微生物。大量研究表明，微生物在冻土中分布十分丰富，如北极冻土区的微生物总数在 $1 \times 10^3 \sim 1 \times 10^8$ 个/g（干重），主要细菌为纤维菌属（*Cellulomonas*）和节细菌属（*Arthrobacter*）；天山冻土区的主要细菌是节细菌属，可培养的好养细菌数量在 $2.5 \times 10^5 \sim 6.0 \times 10^5$ 个/g 土壤（Yang et al.，2008），西伯利亚冻土中的可培养微生物总数约为 1×10^8 个/g 土壤，该地区的优势菌属为芽孢杆菌属、节细菌属、短杆菌属和黄杆菌属等（Bakermans et al.，2003）。青藏高原冻土区的土壤微生物总数在 $1 \times 10^7 \sim 3.8 \times 10^9$ 个/g（干重），主要细菌为节细菌属和假单胞菌属（*Pseudomonas*），可培养细菌的数量在青藏高原冻土中为 $1 \times 10^2 \sim 1 \times 10^7$ 个/g（干重）（冯虎元等，2004）。

近年来，随着分析测试手段的发展，高通量测序法已经被广泛用来研究土壤微生物的多样性。2014 年，对长江源地区不同植被的样地表层土壤采样，利用高通量测序法，对表层 $0 \sim 30$cm 土壤细菌群落的结构和特征进行了分析，并对包括多年冻土在内的环境因子进行了分析（表 5.1）。结果表明，pH 和土壤碳含量是群落的决定因素，而活动层厚度本身只与少数的细菌门显著相关（Wu X D et al.，2017）。

表 5.1　土壤细菌多样性的采样点位置和地理环境信息

采样点	经度	纬度	海拔/m	年均气温/℃	年均降水量/mm	年均地温/℃	活动层厚度/m	植被覆盖率/%	植被类型
西大滩	94.008°E	35.712°N	4538	−4.0	393	−1.3	1.60	85	草甸
北麓河	92.922°E	34.823°N	4553	−3.8	291	−0.1	2.50	40	草原
五道梁	92.727°E	34.471°N	4573	−1.8	305	0.2	3.20	25	草原
风火山	92.895°E	34.729°N	4988	−5.2	328	−2.2	1.40	100	草甸
北麓河 2	92.922°E	34.823°N	4557	−3.8	291	−0.9	2.30	90	草甸
安多	91.741°E	31.821°N	4813	−1.6	350	0.9	2.70	95	草甸

在长江源区，高通量测序结果发现土壤微生物共有 40 个门，99 个纲，221 个目，399 科和 682 个属。在门分类水平上，优势种为酸杆菌门（22%，Acidobacteria）、变形菌门（28.5%，Proteobacteria）、拟杆菌门（22.7%，Bacteroidetes）、绿弯菌门（3.7%，

Chloroflexi）和放线菌门（3.6%，Actinobacteria）。除了在北麓河草原中 0～10cm 土壤中蓝细菌门占 26.4%以外，其他 9 个门的相对丰度都低于 5%（图 5.11）。

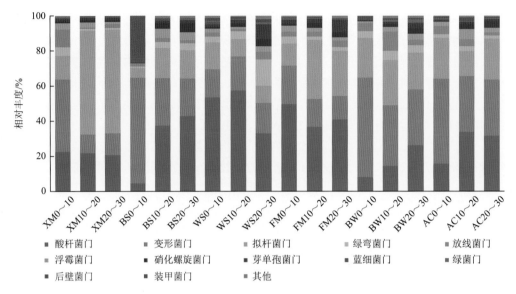

图 5.11   长江源区不同植被类型下 0～30cm 土层土壤细菌相对丰度

XM、BS、WS、FM、BW、AC 分别代表西大滩草甸、北麓河草原、五道梁草原、风火山、北麓河草甸、安多草甸；0～10、10～20，20～30 指土壤深度，单位为 cm

分析表明，土壤细菌的群落结构与 pH（$r = 0.32$，$p = 0.04$）和总有机碳（$r = 0.32$，$p = 0.04$）显著相关，而其他因素包括土壤质地、土壤含水率和碳氮比均与细菌群落结构关系不显著。在单个细菌门水平上，深度与酸杆菌门、硝化螺旋菌门（Nitrospirae）、芽单孢菌门（Gemmatimonadetes）显著正相关，而与变形菌门显著负相关。拟杆菌门与活动层厚度显著负相关，但是与 pH 显著正相关。总有机碳和总氮与后壁菌门显著相关。

为了进一步分析多年冻土退化对细菌群落结构的影响，选择发生了热融滑塌的北麓河地区荒漠草原进行研究，并在纲水平上分析了热融滑塌对细菌群落结构的影响。通过高通量测序，共得到 42 个门，108 个纲，208 个目，398 个科，765 个属（Wu et al.，2018）。

在门水平，各样地土壤细菌主要包括放线菌门（30.8%）、变形菌门（18.9%）、绿弯菌门（17.1%）、酸杆菌门（14.1%）、芽单胞菌门（7.3%）、拟杆菌门（4.1%）和硝化螺旋菌门（2.5%），其他物种在各样品中的相对丰度均低于 1.9%，土壤样品中还有0.4%～1%的细菌，在门水平上未鉴定。各优势菌门在土壤中呈现不同的变化模式，放线菌门在土壤样品中的相对丰度最高，其相对丰度比例最高的是对照区采样深度 10～20cm 采样点，相对丰度为 37.2%，在沉降区采样深度 10～20cm 处放线菌门的相对丰度最低（24%）；变形菌门的相对丰度在对照区随深度呈现先减小后增大的趋势，在滑塌区和沉降区随采样深度的增加而减小，其相对丰度的最大值（20.14%）出现在对照区采样深度 0～10cm 处；绿弯菌门的相对丰度在对照区变化不大，在滑塌区和沉降区波动较大，其相对丰度的最大值（20.48%）出现在滑塌区采样深度 0～10cm 处。酸杆菌门在沉降区的相对丰度显著高于对照区和滑塌区；芽单胞菌门和硝化螺旋菌门在沉降区的平均相对丰度低于对照区和滑塌区；拟杆菌门的相对丰度在 3 种微地貌间波动较大。

　　在纲水平，放线菌纲（Actinobacteria）、酸杆菌纲（Acidobacteria）、α-变形菌纲（Alphaproteobacteria）和芽单胞菌纲（Gemmatimonadetes）是 3 种微地貌的优势菌纲，相对丰度分别为 31.53%、14.07%、10.45%和 7.37%，约占所有细菌的 63.42%（图 5.12）。放线菌纲的相对丰度显著高于其他优势菌纲，最大值出现在对照区采样深度 10～20cm 处（37.43%）；酸杆菌纲具有明显的地貌分异特征，在沉降区明显高于其他两个采样区；α-变形菌纲的相对丰度在滑塌区显著低于其他两个采样区，且在对照区相对丰度最大（11.79%）；芽单胞菌纲在沉降区的相对丰度明显低于其他两个采样区，且在滑塌区和沉降区其相对丰度均随着采样深度的增加而减小，相对丰度的最大值（9.82%）出现在对照区采样深度 20～30cm 处。在 3 种微地貌下，还有一些细菌的相对丰度与对照区相比明显增大，如热微菌纲（Thermomicrobia）、β-变形菌纲（Betaproteobacteria）等，热微菌纲在沉降区的相对丰度是对照区的 2.15 倍。

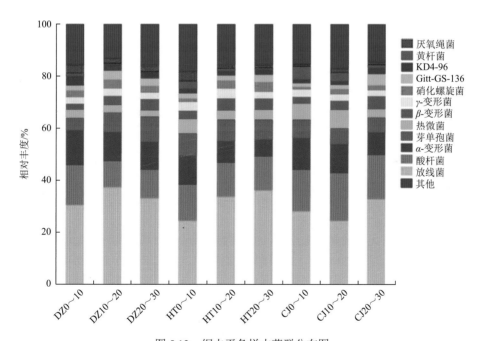

图 5.12　纲水平各样本菌群分布图

DZ、HT 和 CJ 代表多年冻土区热融滑塌的对照样地、滑塌样地和沉降样地；0～10、10～20、20～30 表示深度，单位为 cm

5.2　冰冻圈变化对陆地生态系统的影响

　　过去几十年，受气候变暖的影响，长江上游冰冻圈发生了明显变化，具体表现有冰川退缩、冻土退化并进而引发湿地干化、土地沙化、草地退化等。从陆地生态系统角度来说，冰冻圈变化会影响土壤的生物地球化学循环过程、植物和动物的生长及分布格局，这些陆地生态系统的变化又会直接影响长江上游的产流、汇流和产沙输沙等过程。

5.2.1　冰冻圈变化与土壤

冰冻圈变化会直接影响土壤的能量和水分，进而会影响成土母质的风化、土壤营养盐的迁移和转化、微生物和植被的生长、土壤有机质的积累和分解等一系列过程。冰冻圈地区土壤的性质还会受到冻融循环过程的物理作用的影响。

1）土壤质地变化

土壤质地是土壤最基本的属性之一，其一般是土壤母质在长期的气候和生物相互作用下形成的。因此，土壤质地往往是个相对固定的参数。然而，在冰冻圈退化的背景下，长江源区的土壤质地也可能会发生变化，其作用途径和影响如下。

（1）冻融循环的增多会增加土壤细颗粒的比例。随着气候变暖，多年冻土区的冻融循环过程会发生改变。当多年冻土退化为季节冻土后，冻融循环次数会减少，这不利于土壤的进一步风化。

（2）侵蚀作用增加会减少土壤的细颗粒物。在多年冻土区，长期冻结的情况会使得细颗粒物保留在当地，而土壤大范围融化后，地表径流会在垂直和水平两个维度上导致土壤细颗粒物的淋溶与损失。

（3）生物作用的增加会有利于细颗粒物的形成。多年冻土退化后，植被生长和微生物活动增强，有利于土壤细颗粒物的形成，且形成的有机碳有利于稳定细颗粒物。可见，冰冻圈退化对土壤颗粒组成的影响是多方面的，但综合土壤的发育过程来看，在一定的降水条件下，多年冻土的退化在长时间范围内有利于土壤的发育，即土壤细颗粒组分会增多，土壤持水能力增强，肥力增加，从而有利于植被生长。

2）土壤碳氮分解

长江源区发育有大量的多年冻土区，而多年冻土区的土壤碳氮分解对于全球的碳氮循环具有重要的意义。早在20世纪50年代，就有研究注意到多年冻土区储存有大量的土壤有机碳（Mick and Johnson，1954）。到70年代，有学者提出多年冻土碳的释放可能会改变大气CO_2浓度的观点（Coyne and Kelley，1971），但人们对其气候效应的评估工作却远远滞后。IPCC第四次评估报告尚未考虑多年冻土碳的气候反馈效应（Solomon，2007）。直到2006年，开始有研究尝试预测多年冻土区的碳释放量。有学者利用室内培养实验，发现多年冻土区土壤碳释放速率与土壤碳含量相关，且相当一部分释放的碳来自水溶性碳，据此推测气候变暖可以导致10%的多年冻土碳释放（Dutta et al.，2006）。类似的简单推测还有先假设多年冻土区土壤碳的释放取决于土壤温度，随后模拟多年冻土的温度变化，再计算碳释放量（Burke et al.，2013）。近10多年来，人们逐渐发展了碳分解与温度和水分关系的表达式。然而，总体来看，目前预估多年冻土碳的地球系统模型还不完善，由此导致对多年冻土碳库分解释放的预测还存在很大不确定性（Turetsky et al.，

2020）。当前关于多年冻土碳释放引用最多的文献是综合多模式模拟以及专家打分评估得到的结果，认为到 2100 年有 5%～15% 的多年冻土区土壤有机碳会分解释放（Schuur et al.，2015），该研究中关于碳模拟的结果都是 2006～2013 年发表的数据（Burke et al.，2013；Koven et al.，2011；Schaefer et al.，2011；Zhuang et al.，2006）。可见，在现有的地球系统模式框架下，要提高碳分解的预估能力，迫切需要考虑的是明确多年冻土区水热条件和碳库性质对碳分解的影响。

长江源多年冻土区土壤碳氮的未来变化不仅影响该区域的土壤质量，也影响该区域的碳氮平衡和温室气体释放。除了一些滑坡、崩塌等事件造成地表植被层的快速掩埋形成埋藏层之外，多年冻土区土壤有机碳主要是来自地表动植物残体的缓慢积累。一部分动植物残体进入土壤后，经过一系列复杂的生物和化学作用，逐渐积累，另一部分表层的有机质层会通过多年冻土区独有的冻融扰动过程混合到深层土壤中从而保存下来（Davidson and Janssens，2006；Zimov et al.，2006）。由于冻融扰动和埋藏作用，多年冻土区有时候深层土壤中的有机碳含量甚至可以和表层土壤相当（Nitzbon et al.，2020）。此外，多年冻土区土壤温度总体较低，很多地区土壤水分含量较高。低温和高含水量带来的缺氧条件限制了多年冻土区土壤微生物活性，导致植被凋落物分解缓慢（Zimov et al.，2006）。利用碳稳定性同位素、碳氮比、脂类生物标记物，发现在北极的富冰黄土中，有机质的可分解性与土壤深度关系不显著（Strauss et al.，2015）。可见，多年冻土区的土壤有机碳是长期积累形成的，其可分解潜力很大。气候变化引起多年冻土退化，这部分有机碳可能随之大量分解。但是，由于缺乏较大区域的相对可靠的实际观测，冻土融化引起的碳释放速率及其释放总量目前还主要依赖于模型估算，不同研究者的结果间存在较大差异。大量数值模型模拟预估结果表明，在未来持续增温背景下，到 21 世纪末，未来气温升高驱动多年冻土融化，将可能导致多年冻土地区由巨大的碳汇区转化为巨大的碳源区。

尽管多年冻土碳的分解和稳定机制十分复杂，包括了有机质的输入、新鲜有机质输入激发难分解的有机质分解、土壤的矿物保护、微生物活动等过程，从多年冻土区碳的积累和分解机制来看，长江源冰冻圈地区土壤碳氮在气候变暖的背景下分解都会增加，然而，多年冻土区一直是低温限制的生态系统，温度增加会同时促进植被生长，从而在夏季吸收更多的碳。已有的大量研究表明，包括长江源冰冻圈地区在内，整个青藏高原气候变暖整体上增加了生态系统碳的吸收能力，即碳汇能力在增强（Wei et al.，2021）。模型模拟结果显示，在未来进一步变暖的背景下，草原和荒漠草原地区可能会逐渐转变为碳源，而草甸和沼泽草甸地区的碳汇能力会进一步增强（Wu et al.，2022）。由于 CH_4 的释放速率受温度的影响，但是水分条件则决定了生态系统是吸收还是释放，而长江源地区冰冻圈退化对水分条件的影响还很难预估，因此长江源冰冻圈地区未来 CH_4 的变化还难以评估。

需要注意的是，目前包括长江源在内的青藏高原多年冻土区土壤碳氮的模型模拟的结果都是生态系统碳的净交换，即植被和土壤系统对碳的净吸收，这些被吸收的碳一部分被储存在植物体内，一部分进入土壤中形成土壤碳库，而储存于植物体内的碳库可能会随着动物的牧食，甚至火灾等过程重新回到大气中。因此，关于长江源冰冻圈地区土壤碳氮的动态，还需要进一步加强相关的监测研究，并发展和完善地球系统模型，这样才能更好地评估其未来变化。

3）土壤微生物

土壤微生物包括细菌、真菌和古菌等。由于土壤微生物的研究很少有连续的观测数据，因此微生物的未来变化通常从环境因子的变化方面来考虑。在长江源地区，目前关于土壤微生物的研究主要是针对细菌开展的遗传多样性的研究。从土壤细菌不同的分类水平上看，长江源地区多年冻土的水分、温度和 pH 都会影响微生物群落的分布。多年冻土退化会改变土壤的理化因素，特别是水分、温度及 pH。此外，热融滑塌还会改变土壤的总有机碳和总氮，这些因素都是影响土壤微生物群落的重要环境因子。因此，多年冻土退化必然会影响土壤微生物的群落结构和功能，但目前对土壤微生物功能的认识还较少，因此多年冻土退化后，微生物群落结构和功能究竟发生何种变化有待进一步研究。

5.2.2　冰冻圈变化对植被的影响

长江源区的人口密度较低，人类活动的直接影响相对较少。因此，该地区生态系统的变化主要受温度和水分的影响。在全球尺度上，温度是影响高寒生态系统演替的最重要因素（Gottfried et al.，2012）。温度常见的研究指标为年平均气温、生长季平均气温、植被返青期最低温度等，通过统计分析，发现这些指标与高寒草地生产力、物候等都有重要的关系（Piao et al.，2019；Shen et al.，2016）。除了温度以外，土壤水分对植被群落也有重要的影响。大多数研究表明在降水不变的情况下，温度升高会增加蒸散发，从而降低土壤水分而不利于植被生长（Dolezal et al.，2020）。在包括长江源地区在内的整个青藏高原，目前升温促进植被生长的效应占主导地位，即植被生长处于变好状态（Wang et al.，2017）。

1）长江源区植被变化的影响因素

气候变暖改变了高寒生态系统物种迁移、分布和季节动态（Frate et al.，2018）。过去几十年来，高寒地区变暖的速率是全球平均的 2 倍（IPCC，2019）。高山地区地形变化剧烈，植被垂直分布非常明显，气候变暖会引起低海拔的植被分布向高海拔迁移，表现为适应冷生环境的物种数量减少，而适应温暖环境的物种增多（Gottfried et al.，2012）。对于陆地生态系统而言，植物的物种迁移通常与冰冻圈变化相关。例如，降雪量减少和降雪的季节变化会影响土壤水分，从而影响植物的生长（Löffler，2005）。在大部分高寒地区，冰冻圈退缩有利于植被生长，积雪时间减少、冰川退缩、多年冻土退化都会增加包括本地种在内的植被物种数量和生产力（Huss et al.，2017；Rasul et al.，2020）。然而，冰冻圈退缩对高寒地区的生态系统也有不利的影响。对于降水量不足的地区，融雪期提前和多年冻土退化会导致植被在生长季水分供应不足，导致植被绿度和生产力下降（Yang et al.，2018）。此外，冰冻圈退缩后会导致一些依赖于冰雪环境的物种的生境消失，气候变暖会减少这些物种的丰度（Giménez - Benavides et al.，2018）。

作为世界上最大的高寒生态系统，青藏高原的植被普遍比较低矮，多在 5～10cm。长江源地区的常见种为莎草科、禾本科、菊科和豆科。分布较为广泛的物种有西藏嵩草、青藏薹草、高山嵩草、粗壮嵩草（*Kobresia robusta*）、紫花针茅、镰荚棘豆（*Oxytropis falcata*）、西藏风毛菊（*Saussurea tibetica*）、软性紫菀（*Aster flaccidus*）等。类型主要为草地生态系统，根据优势种，通常将长江源地区草地生态系统植被类型分为湿草甸（wet meadow）、草甸（meadow）、草原（steppe）、荒漠草原（desert steppe）和荒漠（desert）。这些植被类型的划分具有较大的主观性，如草甸有不同程度的退化现象，从而在土壤理化性质方面也表现出较大差异（图 5.13）。

(a) 点地梅退化草甸　　　　　　　(b) 小嵩草退化草甸

(c) 高寒草甸　　　　　　　　　　(d) 沼泽草甸

(e) 高寒草原　　　　　　　　　　(f) 高寒荒漠

图 5.13　长江上游冰冻圈地区典型植被类型

在长江上游冰冻圈地区，除气候因素外，植被的变化还受积雪和冻土的影响。积雪主要是通过影响土壤水分来影响植被生长的，具体与积雪的范围和时间等有关。冻土也是通过土壤水分而影响植被生长的。在一定程度上，多年冻土和植被是相互作用的。在多年冻土埋深较浅的情况下，植被情况可以反映多年冻土的差异。在有些地区，通过植被生长情况就能判断是否有多年冻土存在。例如，在一定的海拔条件下，如果植被生长普遍较差的地区，而局地植被发育很好，辅以地表是否有冻融循环的其他特征，如冻胀草丘，就可以确定其下面有多年冻土发育。

2）长江源区植被的总体变化趋势

青藏高原的气温在过去几十年里持续增加，而降水时间序列变化的空间异质性很大，具体表现为变化规律不明显或微弱增加（Mu et al.，2020）。气候变暖整体上促进了青藏高原植被的生长（Lamsal et al.，2017；Li H et al.，2019；Xiong et al.，2019；Zou et al.，2020），但在中部或西北部干旱地区，温度升高而降水不足，增加了植被的干旱胁迫，反而引起植被退化（Harris，2010）。总体来说，气候变化对青藏高原植被影响的区域差异很大，特定区域的物种组成、地上和地下生物量的变化情况并不一致。在长江源区，植被生长总体上变好。有研究分析了未来气温变化 1℃和 2℃，降水增加或减少 10%的四种情况下植被净初级生产力的变化，发现当气温升高 1℃，降水量增加 10%时，沱沱河地区植被净初级生产力增加 8.5%，五道梁地区增加 7.6%；当气温升高 2℃且降水量增加 10%时，沱沱河地区植被净初级生产力增加 10.3%，五道梁增加 8.3%；当气温升高 1℃，降水量减少 10%时，沱沱河植被净初级生产力减少 5.1%，五道梁减少 6.2%；当气温升高 2℃，降水量减少 10%时，沱沱河植被净生产力减少 3.3%，即"暖干"条件加剧了土壤的蒸散发，植被生长的低温胁迫虽然减缓，但是干旱胁迫增加，从而导致植被生产力下降（姚玉璧等，2012）。

过去几十年来，长江源区植被总体呈变好趋势，这也可以从遥感数据上得到验证。在遥感数据中，归一化植被指数（NDVI）通过测量近红外（植被强烈反射）和红光（植被吸收）之间的差异来量化植被生长的有效指标。通常，NDVI 值越大，表明植被生长越好。1980～2015 年，长江上游地区的 NDVI 年最大值呈显著的增加趋势，增长率为0.0198/10a，通过了置信水平 $P < 0.05$ 的显著性检验（图 5.14）。其中，长江上游植被覆盖度在 1982～1999 年和 2000～2013 年两个时间段均相对稳定。长江上游各季节植被覆盖度的变化趋势基本一致，其中，以夏季 NDVI 增加最为明显。同时，各季 2000～2013 年NDVI 的增长速率要大于 1982～1999 年的增长速率（图 5.15）（王鑫，2016）。

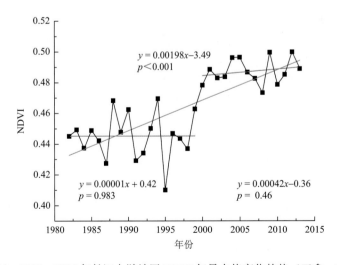

图 5.14　1980～2015 年长江上游地区 NDVI 年最大值变化趋势（王鑫，2016）

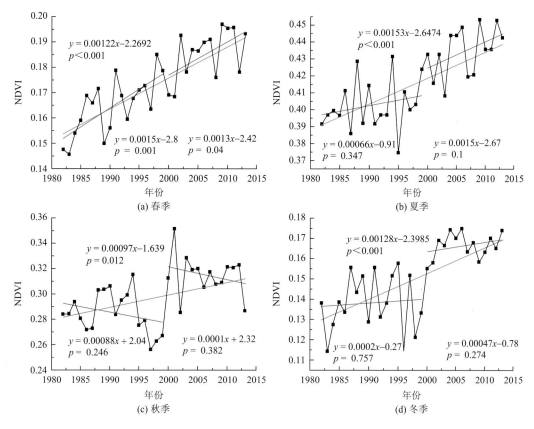

图 5.15　1980～2015 年长江上游地区各季节 NDVI 变化趋势（王鑫，2016）

可见，在过去的几十年中，长江上游地区的植被生长总体趋势在变好，这些变化同时受气候与冰冻圈变化的影响，如积雪减少、季节冻土冻结日数减少、冻结深度减小、多年冻土活动层厚度增加、温度上升等，但目前气候和冰冻圈对植被生长影响的定量贡献还不清楚，需要开展进一步的研究。

3）长江源区冰冻圈变化对植被的影响

在长江上游地区，冰川面积较小，因此冰冻圈对植被生态的影响研究主要关注积雪和冻土的相互作用对植被的影响方面。由于冰冻圈是一个整体，要定量区分冰冻圈各要素对植被的影响还比较困难。

（1）冰川退缩对植被群落的影响：冰川表层通常只有一些藻类和微生物生存。在长江上游地区，冰川区海拔一般都很高，基本无高等植被生长。但是，冰川退缩后，地表暴露，为植被的生长发育提供了可能。冰川退缩区的土壤矿物质丰富，原生裸地植被演替迅速，土壤发育碳积累过程明显。我国长江上游地区冰川变化与植被的关系研究未见报道，但是结果应该符合一般冰川地区的植被群落演替规律。海螺沟冰川植被分布的研究表明，冰川退缩区形成的植被演替序列，依次是草本地被、灌丛幼树、云冷杉。从冰川退缩到形成乔木所需时间一般为几十甚至上百年（何咏梅等，2019）。同时，气温上升也是促进植被发育的重要因素。在我国新疆天山一号冰川，冰碛物暴露 100 年以后，才出现地衣类的植被；再经过 400 年后，植被发育和演替仍处于原始阶段，植被种类少，生长缓慢，平均盖度在 5%以下，随着演替进行，土壤发育增加，物种增多，多样性增加，在演替中后期达到最大值，随后略有下降（刘光琇等，2012）。

（2）多年冻土退化对植被的影响：同冰川退缩一样，多年冻土退化本身与气温升高相关。在我国长江上游地区，气温升高会促进植被生长，但是多年冻土退化会降低土壤水分。目前来看，由于多年冻土的存在会有利于土壤水分的维持，特别是在干旱季节可以为植被生长提供水分，多年冻土退化后，植被生长的年际波动可能会增加（Liu et al.，2021）。通过对青藏高原草地生态系统净生产力的模拟和分析发现，2000～2018 年，高原草地生态系统净生产力呈显著增加趋势，但多年冻土区草地生态系统的生产力增加速率更大，也更为稳定。进一步通过气象站点的验证数据进行分析，发现这与多年冻土区土壤水分变化较为平缓有关（Li et al.，2022）。从该结果也可以推断出，长江上游地区有多年冻土存在的地区草地生产力更为稳定，多年冻土退化后会导致草地生产力变化加大，从而降低了对干旱等事件的抵抗力。

（3）积雪对植被的影响：积雪对生态系统的影响也十分复杂，其可以直接影响土壤的温度和水分，也会影响土壤营养盐的积累分布特征。在长江上游通过积雪控制实验，发现在冬季较厚的积雪可以对土壤起到保温效果。随着暖季到来，积雪同化可以有效提高土壤水分。此外，积雪厚度增加还显著提高了土壤的养分，包括速效氮、速效钾、总氮、总磷等。积雪的适当增加可以增加植被的生物量和生物多样性，但是积雪厚度过大则不利于植被的生长。同时，适当的积雪增加有利于植被根系的生长，而积雪量过大则导致根系生长受阻，积雪增加也会导致根系周转率向深层土壤转移（王根绪和宜树华，2019）。需要指出的是，这些结果是人为控制积雪深度得到的结果，且实验观察的时间也只有 1～2 年。因此，长期的积雪变化对植被群落的影响还需要进一步地研究。

5.2.3　冰冻圈变化对动物群落的影响

长江源区有着大量的野生动物分布，对于陆地生态系统而言，大多数动物的分布和迁徙与其食物来源和水源密切相关，冰冻圈的变化对其栖息地环境、食物以及迁移具有重要影响。本节以青藏高原的标志性动物藏羚（*Pantholops hodgsonii*）和广泛的小型啮齿类掘土动物高原鼠兔（*Ochotona curzoniae*）为例阐述冰冻圈变化对野生动物的影响。

1）冰冻圈变化对藏羚迁徙的影响

藏羚隶属偶蹄目（Artiodactyla）牛科（Bovidae）羊亚科（Caprinae）藏羚属（*Pantholops*），是青藏高原的特有种。早在更新世藏羚羊就已生存于青藏高原（Ruan et al.，2005）。在长期的进化中，藏羚羊在生理特征和生活习性方面形成了适应独特且严峻的自然条件的机制，被认为是青藏高原动物区系的典型代表（吴晓民和张洪峰，2011）。藏羚多栖息于海拔 4500m 以上的高寒生态系统（魏子谦和徐增让，2020），栖息地覆被类型多为荒漠草原、高山植被，部分为高寒草甸和沼泽，植被群落结构简单、植株低矮、盖度低（魏子谦等，2019）。

藏羚分布区域东西跨度长达 1600km，季节性迁徙是它们重要的生态特征。按照主要的栖息地和迁徙路径，藏羚可分为西藏羌塘、青海可可西里、青海三江源和新疆阿尔金山四大地理种群（Schaller，2000）。在长江上游，藏羚集中分布在可可西里和三江源自然保护区。每年夏天，藏羚迁徙上千千米到达可可西里的卓乃湖产仔（吴晓民和张洪峰，2011）。2011 年 9 月，受强降水、冰川消融和多年冻土融化的综合影响，卓乃湖多年水位持续上升后发生了溃决（刘文惠等，2019），新形成的河岸阻碍了藏羚传统的迁徙路线（Pei et al.，2019）。此外，卓乃湖溃决后出露湖底成为沙尘暴的策源地，出露湖底和周边草场形成了大面积的沙漠化区域，导致可可西里藏羚赖以生存的草原生态系统退化（谢昌卫等，2019）。

2）冰冻圈变化对高原鼠兔的影响

高原鼠兔为兔形目鼠兔科鼠兔属动物，又名黑唇鼠兔（冯祚建和郑昌琳，1985；宜树华等，2020）。化石证据显示，高原鼠兔由距今约 3700 万年的古鼠兔亚科（Subfamily Sinolagomyinae）演化而来，是一种经过长期的自然选择形成的适应高寒缺氧环境而保留下来的青藏高原特有的小型植食性啮齿类动物（马兰和格日力，2007）。长期以来，关于其在高寒草地生态系统中的作用存在两种截然不同的认识：一方面，高原鼠兔通过啃食牧草、破坏草根层、挖掘坑道加速侵蚀等对高寒草地产生危害，被认为是高寒草地退化的元凶。另一方面，高原鼠兔对于维持高寒草地生物多样性具有非常重要的作用（Lai and Smith，2003；Qin et al.，2021a），其生命活动有助于增加水分入渗和促进高寒草地的物质循环（Wilson and Smith，2015；李文靖和张堰铭，2006）。因此，高原鼠兔被认为是青藏高原高寒草地生态系统的关键种（Smith and Foggin，1999）。

高原鼠兔选择栖息地及其存活率与冰冻圈要素变化息息相关。高原鼠兔广泛分布在海拔 3100～5100m 的高寒草甸、高寒草原、草甸草原及高寒荒漠草原地带（施银柱和樊乃昌，1980）。由于高原鼠兔栖息地多年冻土广泛分布，从多年冻土土壤水热特征来说，多年冻土的存在导致地下水水位较高，不利于高原鼠兔挖掘洞道。研究发现，在高寒草甸高原鼠兔种群密度显著高于其他草地类型（Qin et al.，2021b；郭新磊等，2017）。高原鼠兔在冷季的死亡率要高于暖季，冷季和暖季平均死亡率分别为 0.446 和 0.283（聂海燕，2005）。一般认为食物短缺和低温是导致高原鼠兔冷季死亡的主要原因（王学高和Andrew，1988），冬季气温寒冷导致鼠兔冬季死亡率高达 91%，春季雪灾也会使鼠兔种群面临崩溃甚至灭绝的风险（宗浩等，2016）。青藏高原地区降水集中于暖季，大量的降水是高原鼠兔在暖季存活的主要因素（Qu et al.，2013）。

5.3 冰冻圈变化对水生生态系统的影响

随着全球变化，融水径流输出的化学物质进入下游后会影响水环境和生态系统。当前，国际上最关注的科学问题之一是冰冻圈退缩释放出来的生物活性元素如何影响生态系统和元素地球化学循环。目前，长江上游的相关研究集中在冰川和冻土内一些生物活性元素的时间变化过程、释放率及其对河流水质的影响方面，尚未见积雪水化学的研究。

5.3.1　冰川消融对水生生态系统的影响

随着冰川消融，融水径流释放出的营养元素或生物活性元素会进入河流、湖泊、水库和海洋，对陆地和海洋的水生生态系统及元素地球化学循环（如碳循环）产生影响，进而很可能反馈气候变化（图 5.16）。目前，国际上对冰川消融如何影响水生生态系统和元素循环还处于探索研究阶段。长江上游的研究集中在水化学成分的时间变化过程、冰川释放出的微痕量元素对水质水环境的影响，以及冰川环境中有机碳和铁的释放率。

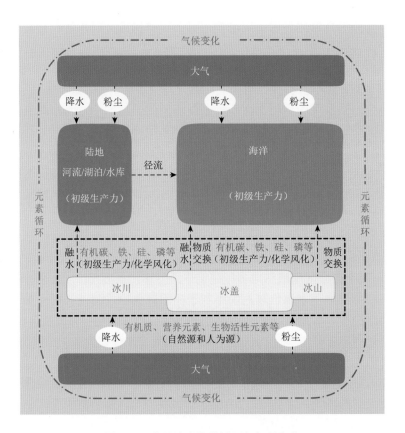

图 5.16　冰川地球化学循环与气候变化

1）冰川径流中的化学成分

冰川融水径流的化学组成与基岩类型、水体的地球化学特征、冰下排水系统的演变过程关系密切。冰川水化学组成以可溶性离子为主，微痕量元素和有机物次之。

可溶性离子主要指 Na^+、K^+、Ca^{2+}、Mg^{2+}、HCO_3^-、SO_4^{2-}、Cl^- 和 NO_3^-。长江源区冬克玛底冰川径流中阴、阳离子浓度的大小次序分别为 $HCO_3^->SO_4^{2-}>NO_3^->Cl^-$ 和 $Ca^{2+}>Mg^{2+}>Na^+>K^+$（表 5.2）。阳离子浓度的次序与陆地地表元素的丰度次序基本一致，

说明这些离子主要来自地壳物质的化学风化。大部分离子的平均浓度小于全球河水中阳离子的平均浓度，但也有一些例外（丁永建等，2020）。冰川水化学类型以 $HCO_3^- \text{-} Ca^{2+}$、$HCO_3^- \text{-} (Ca^{2+} + Mg^{2+})$ 和 $(HCO_3^- + SO_4^{2-}) \text{-} (Ca^{2+} + Mg^{2+})$ 为主，与全球地表水的化学特征基本一致，这说明冰川融水径流的化学组成主要受 Ca^{2+}、Mg^{2+}、HCO_3^- 和 SO_4^{2-} 控制。

表 5.2　唐古拉山冬克玛底冰川末端附近（距冰川 0.5km）、河流中段（距冰川 4.5km）和流域出口（距冰川 9.8km）径流中主要离子和微痕量元素的季节平均浓度（Li et al.，2016）（单位：μg/L）

化学成分	冰川附近平均浓度	河流中段平均浓度	流域出口平均浓度	整个流域平均浓度（范围）	世界卫生组织	美国环境保护部
Na^+	752	961	1073	929（114～6099）		
K^+	423	375	265	354（34.6～1091）		
Ca^{2+}	9917	10388	9625	9977（2317～26550）		
Mg^{2+}	853	926	1405	1061（88.8～5384）		
Cl^-	79	148	252	160（20.2～2089）		
NO_3^-	313	233	187	244（63.7～842）		
SO_4^{2-}	546	722	1100	789（119～6339）		
HCO_3^-	39733	38122	38315	38723（7839～95410）		
Li	0.906	2.025	2.900	1.944（0.354～9.816）		
B	9.916	17.52	21.01	16.15（3.103～55.63）	500	
Al	6.159	5.171	5.190	5.507（1.135～41.01）	200	50～200
Sc	0.134	0.306	0.378	0.273（0.046～0.707）		
Ti	0.170	0.249	0.415	0.278（0.103～0.961）		
V	0.263	0.219	0.253	0.245（0.116～0.729）		
Cr	0.047	0.051	0.057	0.052（0.022～0.196）	50	
Mn	0.651	0.599	0.728	0.659（0.101～3.515）	400	50
Fe	31.73	38.39	51.15	40.42（21.52～113.4）	2000	50
Co	0.031	0.037	0.044	0.037（0.011～0.447）		
Ni	0.212	0.411	0.411	0.345（0.060～1.865）	20	
Cu	0.258	0.458	0.466	0.394（0.072～2.472）	2000	
Zn	0.662	0.430	0.420	0.504（0.068～16.67）	3000	5000
Ga	0.009	0.009	0.010	0.009（0.004～0.023）		
As	0.573	0.618	0.708	0.633（0.219～1.412）	10	
Rb	0.475	0.519	0.596	0.530（0.150～1.047）		
Sr	17.92	29.57	41.09	29.53（8.925～120.5）		
Y	0.007	0.005	0.013	0.008（0.001～0.044）		
Mo	0.133	0.137	0.262	0.177（0.039～0.581）	70	
Cd	0.005	0.005	0.004	0.005（0.001～0.034）	3	
Sn	0.027	0.038	0.225	0.097（0.010～13.15）		
Sb	0.077	0.149	0.142	0.123（0.033～0.852）		
Cs	0.018	0.163	0.091	0.091（0.007～0.906）		

续表

化学成分	冰川附近平均浓度	河流中段平均浓度	流域出口平均浓度	整个流域平均浓度（范围）	世界卫生组织	美国环境保护部
Ba	1.516	4.079	5.698	3.764（0.877～19.17）	700	
Pb	0.264	0.131	0.179	0.191（0.012～2.144）	10	15
Bi	0.001	0.001	0.001	0.001（0.001～0.005）		
Th	0.001	0.003	0.004	0.003（0.001～0.024）		
U	0.153	0.151	0.237	0.180（0.045～0.648）	15	

微痕量元素主要指 Fe、Al、Sr、B、Ba、Mn、Li、As、Rb、Zn、Cu、Ti、Ni、Sc、V、U、Mo、Pb、Cs、Cr、Co、Cd 和 Hg 等，还包括一些稀有元素（如 La、Ce、Nd、Yb、Pu 和 Lr）。冬克玛底冰川径流中的主要微痕量元素为 Fe、Sr、B、Al、Ba 和 Li，其他微痕量元素的浓度均小于 1μg/L（表 5.2）。随着冰川消融，融水径流携带的一些有害或有毒元素可能对下游的河流、湖泊和水库等水体的水质水环境产生不良影响。与世界卫生组织（World Health Organization，WHO）和美国环境保护部（United States Environmental Protection Agency，USEPA）的饮用水水质标准进行对比，唐古拉山冬克玛底冰川融水径流中 Fe 的最大浓度高于 USEPA 的饮用水标准，Al 的最大浓度接近 USEPA 的饮用水标准，但其他微痕量元素的浓度均低于 WHO 的饮用水标准（表 5.2）。

对于有机物的研究很少。冰川内释放出来的持久性有机污染物（persistent organic pollutants，POPs）会对下游水环境产生危害，这些有机物主要来自人类活动。例如，喜马拉雅山一些冰川释放出来的多氯联苯（polychlorinatedbiphenyl，PCBs）和多环芳烃（polycyclic aromatic hydrocarbons，PAHs）已进入地表水，很可能对下游居民的饮用水和食物安全产生危害。在气候持续变暖和冰川加速消融的大背景下，长江上游主要受冰川融水补给的河流、湖泊和水库的水环境及生态系统可能面临严峻挑战，未来应加强这方面的研究。

冬克玛底冰川径流中一些溶质浓度的时间变化十分显著。主要离子和一些微痕量元素（如 Li、Sr、B、Ba）在径流量较大的 7～8 月浓度较小，在径流量较小的 6 月和 9 月浓度较大（图 5.17）。这些溶质浓度与径流量的反相关关系反映了冰川水文过程对水化学过程的控制作用（如融水的产生和迁移路径、水-岩相互作用的持续时间）。溶质浓度的时间变化与冰川排水系统的演变过程密切相关。一般来说，融水径流主要由快速流（fast flow）和延迟流（delayed flow）组成。快速流主要在冰壁管道的渠道式排水系统内快速流动，这会限制融水中溶质的获取能力；延迟流主要在冰-基岩界面的分布式排水系统内慢速流动，这会促进融水中溶质的获取能力。也就是说，当冰川消融较弱且径流量较小时，融水的流速较慢且与冰下沉积物相互作用的时间较长，融水中溶质的获取能力较大，从而导致径流中溶质的浓度较高。随着冰川消融增强，径流量会逐渐增大，更多的融水会进入冰下环境，此时来自延迟流的融水会被稀释，融水与冰下沉积物相互作用的时间减少，融水中溶质的获取能力相应减小，从而导致径流中溶质的浓度较低（丁永建等，2020）。然而，冬克玛底冰川径流中一些溶质浓度的时间变化比较复杂。例如，一些微痕量元素（如 Mn、Co、Zn、Sn、Th）的浓度表现出随机变化特征，与径流量变化的关系不明显（图 5.17），这反映了物理化学过程（如沉淀、共沉淀）对水化学过程的控制作用。

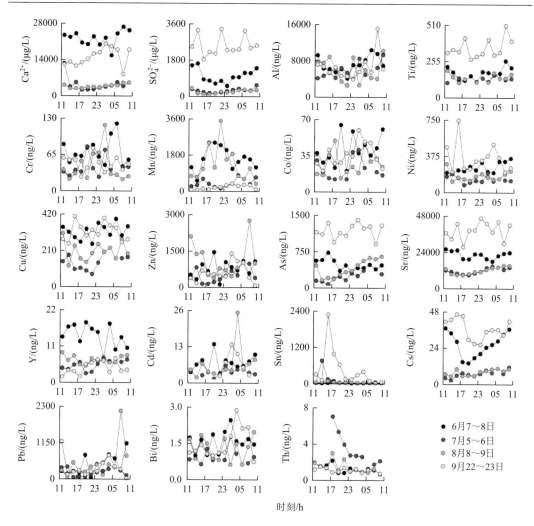

图 5.17　唐古拉山冬克玛底冰川附近河流径流中主要离子（SO_4^{2-} 和 Ca^{2+} 分别代表阴离子和阳离子）和微痕量元素（Sr 代表元素 Li、B、Sc、V、Rb、Mo、Sb、Ba 和 Fe，As 代表元素 Ga 和 U）浓度在不同消融时期的日变化过程（Li et al.，2016）

在季节时间尺度上，冬克玛底冰川径流中的可溶性铁（D_{Fe}）浓度在 7～8 月较低，在 5～6 月和 9 月较高[图 5.18（a）]，与径流量呈反相关关系（Li et al.，2019）。冰川径流中的铁主要来自含铁矿物的化学风化，其化学风化速率主要受水岩接触面积的影响，即融水径流越大，水岩接触面积就越大，化学风化速率也就越高。虽然径流量大时的风化速率较高，但融水稀释作用使得这个时期的 D_{Fe} 浓度较低。此外，可溶性有机碳（DOC）浓度在 5 月底至 7 月最高、8 月最低、9 月至 10 月初较高[图 5.18（b）]。原因是，高浓度的 DOC 与冰面淋滤和融水冲刷有关，也与地下冰消融和土壤淋滤有关；虽然 8 月的融水冲刷作用增强，但大部分 DOC 在之前已经释放了出来，从而 DOC 浓度较低；较高的 DOC 浓度与冰前地区发育良好的土壤有机碳的补给有关。

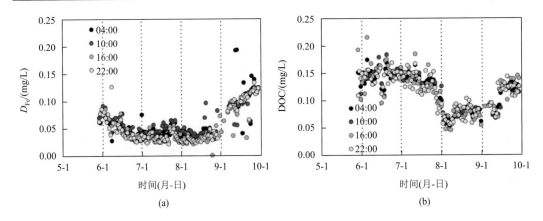

图 5.18　唐古拉山冬克玛底冰川径流中可溶性铁（D_{Fe}）和可溶性有机碳（DOC）浓度在不同时刻的季节变化过程（Li et al.，2019，2018）

冰川径流中的化学物质主要来自地壳、海盐飞沫和气溶胶，地壳是物质的最主要来源。一般来说，Cl^-主要来自海盐，HCO_3^-主要来自地壳，Na^+、K^+、Ca^{2+}和 Mg^{2+}主要来自地壳和海盐，SO_4^{2-}主要来自地壳、海盐和气溶胶，NO_3^-主要来自地壳和气溶胶。冰川径流中一些可溶性离子的来源会因流域的气候、地形和位置等的不同而有所差异。总的来说，冰川径流中地壳源物质所占的比例较大，海盐源物质所占的比例较小。目前还无法识别微量元素的具体来源，但水化学模拟结果可以指示微痕量元素在径流中的分布状态。

2）冰川释放对水生生态系统的影响

随着冰川消融，水-岩作用增强，融水径流增大，从冰川内释放出来的生物活性元素（如铁、硅、磷）会影响水生生态系统平衡，进而影响碳循环并反馈气候系统。目前，长江上游的相关研究主要集中在冰川释放的铁和有机碳方面，关于冰川释放的生物活性元素如何影响水生生态系统的研究还是空白。

铁是浮游植物生长必需的营养元素，铁循环是地球系统的重要组成部分。粉尘气溶胶沉降是海洋中铁的重要来源，其他来源包括热液喷口、大陆架和陆地河流的输入。已有研究发现，冰川、冰盖和冰山是海洋中铁的一个主要来源，其中冰盖的角色最为显著。冰川径流中的铁主要以溶解态、胶体态和颗粒态的形式存在。研究指出，冰川每年释放的可溶性铁为185Gg/a（$1Gg = 10^9g$），远大于冰盖的释放率（Li et al.，2019）。随着气候变暖，冰川和冰盖源铁通量会继续增加。针对颗粒态铁浓度及通量的研究还十分有限，理解冰川源铁的时空变化过程和规律对认识水生生态系统如何响应冰川消融至关重要。

冰川释放的有机碳会影响水生生态系统，冰川内的有机碳主要来自冰面初级生产力、陆源及人为源碳质物质的沉积，也有的来自周围环境的有机物。虽然冰面的蓝藻细菌和藻类可将大气 CO_2 转化为有机碳，但冰面微生物也可分解有机碳并使得生成的 CO_2 再次进入大气，这两种过程的平衡决定着冰川是碳汇还是碳源。冰川环境的有机碳主要通过河流进入生态系统，也可通过冰架崩解和冰山进入生态系统。了解冰川内有机碳的释放率有助于认识冰川在碳循环中的重要作用。冰川和冰盖消融会释放大量有机碳，其中颗粒态有机碳（particulate organic carbon，POC）的贡献较大，DOC 贡献较小。冰川对 DOC

的贡献最大，南极冰盖的贡献稍大于格陵兰冰盖；格陵兰冰盖对 POC 的贡献最大，南极冰盖的贡献最小（Hood et al.，2015）。

长江源区冬克玛底冰川径流中 D_{Fe} 和 DOC 日通量的季节变化十分明显，均表现为在消融初期（5 月底至 6 月初）和消融末期（9 月至 10 月初）D_{Fe} 和 DOC 的低通量及洪峰期（7 月和 8 月）D_{Fe} 和 DOC 的高通量，这与径流量的日变化趋势十分一致（图 5.19）。此外，在冰川的整个消融期，冬克玛底冰川径流中 D_{Fe} 和 DOC 的累积日通量均呈现出逐渐增大的趋势，而且在 6 月底累积通量突然出现增大的趋势，这也与累积日流量的变化趋势和洪峰期流量的突然增大一致（图 5.19）。这说明，冰川径流中 D_{Fe} 和 DOC 的释放率主要受冰川消融及其融水径流量控制。

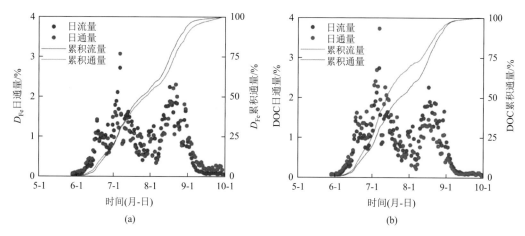

图 5.19 唐古拉山冬克玛底冰川径流中可溶性铁（D_{Fe}）和可溶性有机碳（DOC）的日通量及累积通量的季节变化过程（Li et al.，2019，2018）

来自冰盖和冰川的铁和有机碳在沿着河流向下游输移的过程中，受河道内和河口处物理化学作用的影响进入生态系统的铁和有机碳的数量会受到影响。一些研究指出，从冰川和冰盖释放出来的铁和有机碳在向下游迁移和传输的过程中其浓度会逐渐减小，从而导致只有很少一部分铁和有机碳进入了下游的生态系统。例如，在斯瓦尔巴德的 Austre Broggerbreen 冰川流域，冰川径流中的 D_{Fe} 在向流域出口迁移/输送的过程中其浓度减小了 84%，这与河道内的聚集和吸附作用密切有关（Zhang et al.，2015）。然而，在冰川消融期的不同月份，唐古拉山冬克玛底冰川径流中的 D_{Fe} 和 DOC 在向流域出口迁移/输送的过程中，其浓度均表现出逐渐增大的趋势；消融初期和消融末期 D_{Fe} 和 DOC 的增大趋势最为明显，洪峰期的增大趋势较小（图 5.20）。原因是，在冰川径流沿着河道向下游流动的过程中，冰前区域周围的土壤和植被会逐渐向河道内补充化学物质，从而导致它们的浓度呈现逐渐增大的趋势（Li et al.，2019，2018）。除了铁和有机碳，硅和磷也是水生生态系统中藻类等必需的营养元素，它们在元素地球化学循环中扮演着重要角色。目前研究人员在格陵兰冰盖流域已经开展了一些研究，但长江上游相关研究还是空白。总之，尽管来自冰盖和冰川的生物活性元素的释放率比较显著，但冰盖和冰川释放出来的这些物质对下游水生生态系统和全球元素循环的具体影响尚未可知，未来应加强这方面的研究。

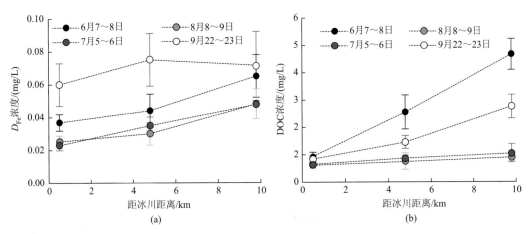

图 5.20　唐古拉山冬克玛底冰川径流中可溶性铁（D_{Fe}）和可溶性有机碳（DOC）浓度在不同时期随河水迁移距离的变化过程（Li et al.，2019，2018）

5.3.2　冻土退化对水生生态系统的影响

随着冻土退化，水-土作用增强，融水径流增大，以前冻结并储存在多年冻土内的营养元素（如碳、氮、磷）会伴随着融水释放出来，这些物质进入下游以后也会影响水生生态系统平衡，进而影响碳循环并反馈气候系统。目前，长江上游的相关研究主要集中在河流有机碳和有机氮方面，关于这些物质如何影响水生生态系统的研究还是空白。

冻土退化会导致河水中 DOC 的浓度增大。例如，在阿拉斯加一些流域，冻土覆盖率为 53.5%的水体中 DOC 的浓度最高，冻土覆盖率为 3.5%的水体中 DOC 的浓度最低，冻土覆盖率为 18.5%的水体中 DOC 的浓度介于前两者之间（Petrone et al.，2006）。原因是，当冻土覆盖率高时，土壤潜水位高，融水与浅层有机土壤的相互作用强，从而导致水体中 DOC 的浓度高；当冻土覆盖率低时，土壤潜水位低，融水与深层矿质土壤的相互作用强，与浅层土壤的作用弱，从而导致水体中 DOC 的浓度低。冻土流域水体中的 DOC 浓度具有显著的季节变化。例如，阿拉斯加一些冻土流域水体中 DOC 浓度在 6～7 月较高，在 8～9 月较低（Petrone et al.，2006），这可能与冻土冻融过程和活动层厚度的变化有关。此外，有多年冻土覆盖的流域水体中 DOC 的浓度较低，有季节冻土覆盖的流域水体中 DOC 的浓度较高；季节冻土流域水体中 DOC 的浓度与泥炭覆盖面积关系密切，即泥炭覆盖率高、DOC 浓度高，泥炭覆盖率低、DOC 浓度低（Frey and Smith，2005）。此外，冻土退化还会导致河水中可溶性有机氮（dissolved organic nitrogen，DON）的浓度增大。一般来说，冻土退化越强烈，对流域水体中 DON 浓度的影响就越大。例如，在阿拉斯加一些有季节冻土覆盖的流域，水体中 DON 的浓度较高；在有多年冻土覆盖的流域，水体中 DON 的浓度较低（Jones et al.，2005）。随着冻土持续退化，冻土流域水体中的有机碳和有机氮浓度可能逐渐增大。总之，冻土退化会影响全球碳、氮的生物地球化学循环。随着气候变暖，多年冻土内的有机碳和有机氮很可能会被释放出来，这一部分碳和氮与全球的碳、氮循环息息相关。具体来说，随着气候持续变暖和冻土加速退化，冻土流域水体中的有机碳和有机氮的浓度会逐渐增大，考虑融水径流量也相应增大，从而有机碳和有机氮的通量也会逐渐增大，进而影响区域及全球的碳循环和氮循环。随着冻土解冻，富含有机质的泥炭层也会导致水体中有机质显著增加。预计到 2100 年，冻土流域河流中 DOC 的年通量会比现在增加一半。

　　冻土退化还会影响水体中无机营养盐（如硝酸盐、磷酸盐、硅酸盐）的浓度和通量，但目前这些研究仍存在较大的不确定性。冻土退化会使河水中硝酸盐的浓度和输出量增大。一般来说，流域内冻土的覆盖率越高，水体在土壤内的滞留时间就越长，越有助于可溶性无机氮（dissolved inorganic nitrogen，DIN）的输出。随着冻土解冻，水体会向深层土壤迁移，此时的硝酸盐易于输出。例如，低纬度地区有季节冻土覆盖的流域水体中硝酸盐浓度较高，高纬度地区有多年冻土覆盖的流域水体中硝酸盐浓度较低（Jones et al.，2005）。一些冻土流域水体中硝酸盐的浓度和输出量已在 20 世纪 90 年代初期显著增加，这可能与新出现的热溶喀斯特现象和冻土的加速退化有关。此外，冻土退化还会使河水中硅酸盐和磷酸盐的浓度增大。原因是，随着冻土退化，活动层厚度会逐渐增加，土壤水会从富含有机质的浅层土壤向富含矿质的深层土壤迁移，从而硅酸盐和磷酸盐浓度增加。矿物风化是硅酸盐和磷酸盐的主要来源。例如，西伯利亚一些流域河水中硅酸盐的浓度随着冻土覆盖率的减小呈增大趋势。需要指出的是，除了气候变暖，其他因素也会影响冻土退化，所以不同冻土流域水体中营养盐的浓度和输出量可能存在显著的空间差异。因此，在研究冻土退化对无机营养盐浓度和输出量的影响时，不但要考虑冻土退化的模式，还要考虑土壤的化学组成和结构。

　　包括长江源区在内的青藏高原多年冻土中储存着大量的有机碳（160Pg，$1Pg = 10^{15}g$），约是环北极多年冻土地区有机碳储量的 8.7%。北半球多年冻土地区 25m 深度内土壤有机碳储量总量超过 $1.8 \times 10^{12}t$（Mu et al.，2015）。长江源区的冻土也发生了明显退化，且可能对河水化学产生显著影响。已有研究指出，沱沱河和直门达水文断面河水中总有机碳（total organic nitrogen，TOC）浓度在春季或夏初较高、在秋季或冬季较低（图 5.21），TOC 通量呈现明显的季节变化，与径流变化密切相关；长江源区每年输出的 TOC 为 1.28 万 t，TOC 产量为 93kg/(km²·a)（Li et al.，2017）。然而，沱沱河和直门达水文断面河水中总有机氮（TON）的浓度在春季和冬季较高、在夏季较低（图 5.21），TON 通量呈现明显的季节变化，也与径流变化密切相关；长江源区每年输出的 TON 为 0.36 万 t，TON 产量为 26kg/(km²·a)（Li et al.，2017）。作为中国境内两大入海河流的源区，长江源区和黄河源区每年共输出的 TOC 和 TON 数量分别为 5.54 万 t 和 0.99 万 t。尽管长江源区和黄河源区的 TOC 通量远小于世界其他河流 TOC 输出量，但它们的 TOC 产量高于或者可以与世界其他大河的 TOC 产量进行对比（Li et al.，2017）。这说明，随着气候持续变暖，长江源区有机碳的输出可能会影响区域和全球的碳循环。

　　长江源区楚玛尔河的有机碳以 DOC 为主，但 2013 年 4 月、7 月和 11 月以及 2014 年 2 月的 DOC/POC 比值小于 1。DOC 浓度较世界其他河流浓度较低，冰冻期有显著增加过程，可能是冰冻形成过程中 DOC 释放所引起的（叶琳琳等，2016）。楚玛尔河夏季和冬季 DOC 可能来源于碳龄较老的土壤、冰川融水和地下水，因此 ^{13}C 被富集，表现为 $\delta^{13}C_{DOC}$ 出现两个峰值，并且冬季较低的紫外吸光度表明 DOC 具有较高的生物可利用性；DOC 较低的碳氮比值表明植物凋落物可能也是 DOC 的重要来源。此外，随着有机碳粒径的增大，$\delta^{13}C_{POC}$ 较 $\delta^{13}C_{DOC}$ 高，表明 POC 是 DOC 的主要来源（叶琳琳等，2016）。

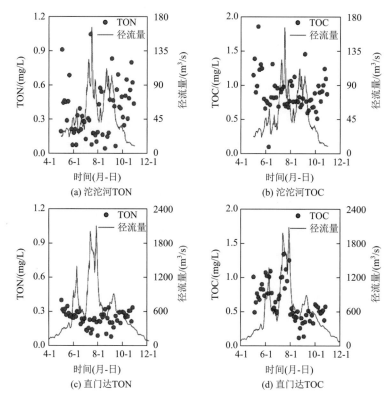

图 5.21　长江源区沱沱河和直门达水文断面处河流中总有机氮（TON）和总有机碳（TOC）浓度的季节
变化过程及其与径流量的关系（Li et al.，2017）

　　长江、黄河和澜沧江源区的研究指出，在多年冻土流域，DOC 平均浓度显著高于没有多年冻土发育的流域；流域内冻土面积比例与其流域平均 DOC 浓度也线性正相关。平均起来，从春季末到冬季末，DOC 浓度整体上呈现降低趋势，在冬季 12 月达到全年最低水平，而在春季初到夏季初 DOC 浓度急剧上升，5 月达到全年最高[图 5.22（a）]。在气温−8～2℃回升的过程中，河流 DOC 平均浓度随气温的上升呈急剧上升趋势；在 2～13℃气温继续升高到最高的过程中，DOC 平均浓度急速降低；在 13～−8℃气温下降的过程中，DOC 平均浓度呈一个缓慢降低的趋势。此外，DOC 的输移通量与流域平均径流量呈显著线性正相关，DOC 的季节性输移通量显示出较大的差异。夏季 6 月 DOC 平均输移通量最大，之后到冬季呈现持续降低的趋势，冬季 12 月为最小，而在春季 DOC 通量随 DOC 浓度升高急剧增大[图 5.22（b）]。可见，随着气候变暖和冻土退化，长江源区高寒草甸下河流 DOC 的输移量和释放量可能增加（Mu et al.，2015）。然而，在三江源多年冻土区，不同植被类型下的河流 DOC 浓度存在较大的差异，大小依次为沼泽草甸＞沼泽草甸—草甸＞草甸＞草甸—草原＞草甸—草原—裸地＞草原—荒漠。不同植被类型下河流 DOC 浓度与其流域内土壤有机碳含量变化一致，且 DOC 浓度与沼泽草甸所占流域面积比例呈极显著正相关，而与草原和荒漠所占的比例显著负相关（马小亮等，2018）。

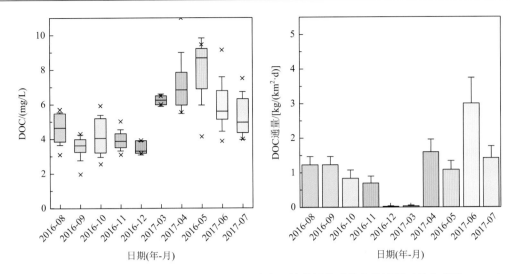

图 5.22　长江、黄河和澜沧江源区草甸下 DOC 浓度及输移量的季节变化过程（马小亮等，2018）

除了冰川和冻土，一些流域积雪消融释放的化学物质或化学成分也会影响地表水环境。一般来说，积雪融水中化学成分的浓度不能直接反映积雪中化学成分的平均状况，这与积雪消融期间的融化分馏作用和优先淋融作用对化学成分输移的影响密切相关。

融化分馏作用：较早通过雪层的融水会比较晚通过的融水含有更多化学物质，这个过程称为融化分馏效应。原因是，融雪初期的融水会冲刷掉积雪中的大部分化学物质，导致融雪末期积雪中的溶质含量很低。例如，融雪初期融水中的 SO_4^{2-}、NO_3^- 和 Pb 浓度是积雪中相应浓度的 3~6 倍，而融雪末期融水中的溶质浓度仅占积雪中溶质浓度的一小部分。在积雪融化之前，积雪底部逐渐冻结的融水倾向于将溶质储存在靠近积雪底部的冰透镜体内，所以溶质浓度会从积雪表层的高浓度向积雪底部的高浓度转变（丁永建等，2017）。

优先淋融作用：在融雪初期，一些化学离子会提前从积雪中释放出来，这个过程称为优先淋融作用。积雪中离子的淋融次序为 SO_4^{2-} > NO_3^- > NH_4^+ > K^+ > Ca^{2+} > Mg^{2+} > H^+ > Na^+ > Cl^-。SO_4^{2-} 最容易被淋融，最不容易被淋融的是 Cl^-。以阴离子为例，优先淋融作用会导致 SO_4^{2-} 和 NO_3^- 首先被淋融掉，从而阴离子以 Cl^- 为主。相对积雪，融水会富集 SO_4^{2-} 和 NO_3^-。优先淋融的原因可能与离子进入冰晶格的能力有关（丁永建等，2020）。

在一些地区，被人类活动污染的积雪在融雪初期释放出酸性融水，这些融水及其携带的重金属元素会影响河流水质和土壤环境，这是积雪水化学研究最受关注的科学问题之一。长江上游积雪融水释放出来的化学物质如何影响下游水质水环境仍需进一步研究。

参 考 文 献

丁永建. 2017. 寒区水文导论[M]. 北京：科学出版社.

丁永建, 张世强, 陈仁升, 等. 2020. 冰冻圈水文学[M]. 北京：科学出版社.

董玉祥, 陈克龙. 2002. 长江上游地区土地沙漠化现状及其驱动力的研究[J]. 长江流域资源与环境, 11（1）：84-88.

冯虎元, 马晓军, 章高森, 等. 2004. 青藏高原多年冻土微生物的培养和计数[J]. 冰川冻土, 26（2）：182-187.

冯祚建, 郑昌琳. 1985. 中国鼠兔属（Ochotona）的研究——分类与分布[J]. 兽类学报, 5（4）：269-289.

高永恒, 曾晓阳, 周国英, 等. 2011. 长江源区高寒湿地植物群落主要种群种间关系分析[J]. 湿地科学, 9（1）：1-7.

郭新磊，宜树华，秦彧，等. 2017. 基于无人机的青藏高原鼠兔潜在栖息地环境初步研究[J]. 草业科学，34（6）：1306-1313.

何咏梅，李伟，杨丹荔，等. 2019. 海螺沟冰川退缩区不同演替阶段植被碳贮量与分配格局[J]. 西南林业大学学报（自然科学），39（5）：84-91.

孔蕊，张增信，张凤英，等. 2020. 长江流域森林碳储量的时空变化及其驱动因素分析[J]. 水土保持研究，27（4）：60-66.

李文靖，张堰铭. 2006. 高原鼠兔对高寒草甸土壤有机质及湿度的作用[J]. 兽类学报，26（4）：331-337.

刘光琇，胡昌勤，张靖溥，等. 2001. 青藏高原多年冻土微生物的分离分析及其意义[J]. 冰川冻土，23（4）：419-422.

刘光琇，李师翁，伍修锟，等. 2012. 天山乌鲁木齐河源 1 号冰川退缩地植物群落演替规律及机理研究[J]. 冰川冻土，34（5）：1134-1141.

刘文惠，谢昌卫，王武，等. 2019. 青藏高原可可西里盐湖水位上涨趋势及溃决风险分析[J]. 冰川冻土，41（6）：1467-1474.

马兰，格日力. 2007. 高原鼠兔低氧适应分子机制的研究进展[J]. 生理科学进展，38（2）：4.

马小亮，刘桂民，吴晓东，等. 2018. 三江源高寒草甸下溪流溶解性有机碳的季节性输移特征[J]. 长江流域资源与环境，27（10）：2387-2394.

聂海燕. 2005. 植食性小哺乳动物种群进化生态学研究：高原鼠兔种群生活史进化对策[D]. 杭州：浙江大学.

施银柱，樊乃昌. 1980. 草原害鼠及其防治[M]. 西宁：青海人民出版社.

王根绪，宜树华. 2019. 冰冻圈变化的生态过程与碳循环影响[M]. 北京：科学出版社.

王鑫. 2016. 1982—2013 年江河源区植被变化及其对气候的响应研究[D]. 兰州：兰州大学.

王学高，Andrew T S. 1988. 高原鼠兔（*Ochotona curzoniae*）冬季自然死亡率[J]. 兽类学报，8（2）：152-156.

王一博，王根绪，程玉菲，等. 2006. 青藏高原典型寒冻土壤对高寒生态系统变化的响应[J]. 冰川冻土，28（5）：633-641.

魏子谦，徐增让. 2020. 羌塘高原藏羚羊栖息地分布及影响因素[J]. 生态学报，40（23）：8763-8772.

魏子谦，徐增让，毛世平. 2019. 西藏自治区生态空间的分类与范围及人类活动影响[J]. 自然资源学报，34（10）：2163-2174.

吴晓民，张洪峰. 2011. 藏羚羊种群资源及其保护[J]. 自然杂志，33（3）：143-148.

谢昌卫，张钰鑫，刘文惠，等. 2019. 可可西里卓乃湖溃决后湖区环境变化及盐湖可能的溃决方式[J]. 冰川冻土，42（4）：1344-1352.

姚玉璧，杨金虎，王润元，等. 2012. 1959—2008 年长江源植被净初级生产力对气候变化的响应[J]. 冰川冻土，33（6）：1286-1293.

叶琳琳，吴晓东，赵林. 2016. 青藏高原楚玛尔河碳素赋存形态初探[J]. 环境科学与技术，39（7）：1-4，17.

宜树华，曹文达，张建国，等. 2020. 气候变化和人类活动背景下高原鼠兔动态分布预估研究进展[J]. 南通大学学报（自然科学版），19（4）：16-30.

赵拥华，赵林，武天云，等. 2006. 冬春季青藏高原北麓河多年冻土活动层中气体 CO_2 浓度分布特征[J]. 冰川冻土，28（2）：183-190.

朱万泽，王玉宽，范建容，等. 2011. 长江上游优先保护生态系统类型及分布[J]. 山地学报，29（5）：520-528.

宗浩，夏武平，孙德兴，等. 2016. 一次大雪对鼠类数量的影响[M]. 高原生物学集刊，5：85-90.

Bakermans C，Tsapin A I，Souza-Egipsy V，et al. 2003. Reproduction and metabolism at −10℃ of bacteria isolated from Siberian permafrost[J]. Environmental Microbiology，5（4）：321-326.

Burke E J，Jones C D，Koven C D. 2013. Estimating the Permafrost-Carbon climate response in the CMIP5 climate models using a simplified approach[J]. Journal of Climate，26（14）：4897-4909.

Coyne P，Kelley J J. 1971. Release of carbon dioxide from frozen soil to the arctic atmosphere[J]. Nature，234（5329）：407-408.

Davidson E A，Janssens I A. 2006. Temperature sensitivity of soil carbon decomposition and feedbacks to climate change[J]. Nature，440（7081）：165-173.

Ding J，Li F，Yang G，et al. 2016. The permafrost carbon inventory on the Tibetan Plateau：a new evaluation using deep sediment cores[J]. Global Change Biology，22（8）：2688-2701.

Dolezal J，Kurnotova M，Stastna P，et al. 2020. Alpine plant growth and reproduction dynamics in a warmer world[J]. New Phytologist，228（4）：1295-1305.

Du C，Gao Y. 2020. Opposite patterns of soil organic and inorganic carbon along a climate gradient in the alpine steppe of northern

Tibetan Plateau[J]. CATENA，186：104366.

Du Y，Zhou G，Guo X，et al. 2019. Spatial distribution of grassland soil organic carbon and potential carbon storage on the Qinghai Plateau[J]. Grassland Science，65（3）：141-146.

Dutta K，Schuur E，Neff J，et al. 2006. Potential carbon release from permafrost soils of Northeastern Siberia[J]. Global Change Biology，12（12）：2336-2351.

Frate L，Carranza M L，Evangelista A，et al. 2018. Climate and land use change impacts on Mediterranean high-mountain vegetation in the Apennines since the 1950s[J]. Plant Ecology & Diversity，11（1）：85-96.

Frey K E，Smith L C. 2005. Amplified carbon release from vast West Siberian peatlands by 2100[J]. Geophysical Research Letters，32：L09401.

Giménez-Benavides L，Escudero A，García-Camacho R，et al. 2018. How does climate change affect regeneration of Mediterranean high-mountain plants？An integration and synthesis of current knowledge[J]. Plant Biology，20：50-62.

Gottfried M，Pauli H，Futschik A，et al. 2012. Continent-wide response of mountain vegetation to climate change[J]. Nature Climate Change，2（2）：111-115.

Harris R B. 2010. Rangeland degradation on the Qinghai-Tibetan plateau：a review of the evidence of its magnitude and causes[J]. Journal of Arid Environments，74（1）：1-12.

Hood E，Battin T J，Fellman J，et al. 2015. Storage and release of organic carbon from glaciers and ice sheets[J]. Nature Geoscience，8（2）：91-96.

Hugelius G，Strauss J，Zubrzycki S，et al. 2014. Estimated stocks of circumpolar permafrost carbon with quantified uncertainty ranges and identified data gaps[J]. Biogeosciences，11（23）：6573-6593.

Huss M，Bookhagen B，Huggel C，et al. 2017. Toward mountains without permanent snow and ice[J]. Earth's Future，5（5）：418-435.

IPCC. 2019. IPCC Special Report on the Ocean and Cryosphere in a Changing Climate[R].

Jiang L，Chen H，Zhu Q，et al. 2019. Assessment of frozen ground organic carbon pool on the Qinghai-Tibet Plateau[J]. Journal of Soils and Sediments，19（1）：128-139.

Jones J B，Petrone K C，Finlay J C，et al. 2005. Nitrogen loss from watersheds of interior Alaska underlain with discontinuous permafrost[J]. Geophysical Research Letters，32（2）：L02401.

Koven C D，Ringeval B，Friedlingstein P，et al. 2011. Permafrost carbon-climate feedbacks accelerate global warming[J]. Proceedings of the National Academy of Sciences，108（36）：14769-14774.

Lai C H，Smith A T. 2003. Keystone status of plateau pikas（Ochotona curzoniae）：effect of control on biodiversity of native birds[J]. Biodiversity & Conservation，12（9）：1901-1912.

Lamsal P，Kumar L，Shabani F，et al. 2017. The greening of the Himalayas and Tibetan Plateau under climate change[J]. Global and Planetary Change，159：77-92.

Li C，Sun H，Liu L，et al. 2022. The importance of permafrost in the steady and fast increase in net primary production of the grassland on the Qinghai-Tibet Plateau[J]. CATENA，211：105964.

Li H，Liu L，Liu X，et al. 2019. Greening implication inferred from vegetation dynamics interacted with climate change and human activities over the Southeast Qinghai-Tibet Plateau[J]. Remote Sensing，11（20）：2421.

Li X，Ding Y，Xu J，et al. 2018. Importance of mountain glaciers as a source of dissolved organic carbon[J]. Journal of Geophysical Research：Earth Surface，123（9）：2123-2134.

Li X，Ding Y，Hood E，et al. 2019. Dissolved iron supply from Asian glaciers：local controls and a regional perspective[J]. Global Biogeochemical Cycles，33（10）：1223-1237.

Li X Y，He X B，Kang S C，et al. 2016. Diurnal dynamics of minor and trace elements in stream water draining Dongkemadi Glacier on the Tibetan Plateau and its environmental implications[J]. Journal of Hydrology，541：1104-1118.

Li X Y，Ding Y J，Han T D，et al. 2017. Seasonal variations of organic carbon and nitrogen in the upper basins of Yangtze and Yellow Rivers[J]. Journal of Mountain Science，14（8）：1577-1590.

Liu G，Wu T，Hu G，et al. 2021. Permafrost existence is closely associated with soil organic matter preservation：evidence from relationships among environmental factors and soil carbon in a permafrost boundary area[J]. CATENA，196：104894.

Liu Y J，He J X，Shi G X，et al. 2011. Diverse communities of arbuscular mycorrhizal fungi inhabit sites with very high altitude in Tibet Plateau[J]. FEMS Microbiology Ecology，78（2）：355-365.

Löffler J. 2005. Snow cover dynamics，soil moisture variability and vegetation ecology in high mountain catchments of central Norway[J]. Hydrological Processes：An International Journal，19（12）：2385-2405.

Mick A H，Johnson H A. 1954. Soil resources and agricultural development in Alaska[J]. Arctic，7（3/4）：236-248.

Mu C，Zhang T，Wu Q，et al. 2015. Organic carbon pools in permafrost regions on the Qinghai-Xizang（Tibetan）Plateau[J]. The Cryosphere，9（2）：479-486.

Mu C，Abbott B W，Norris A J，et al. 2020. The status and stability of permafrost carbon on the Tibetan Plateau[J]. Earth-Science Reviews，211：103433.

Mu C C，Abbott B W，Zhao Q，et al. 2017. Permafrost collapse shifts alpine tundra to a carbon source but reduces N_2O and CH_4 release on the northern Qinghai-Tibetan Plateau[J]. Geophysical Research Letters，44（17）：8945-8952.

Myers N，Mittermeier R A，Mittermeier C G，et al. 2000. Biodiversity hotspots for conservation priorities[J]. Nature，403（6772）：853-858.

Nitzbon J，Westermann S，Langer M，et al. 2020. Fast response of cold ice-rich permafrost in northeast Siberia to a warming climate[J]. Nature Communication，11（1）：2201.

Pei J，Wang L，Xu W，et al. 2019. Recovered Tibetan antelope at risk again[J]. Science，366（6462）：194.

Petrone K C，Jones J B，Hinzman L D，et al. 2006. Seasonal export of carbon，nitrogen，and major solutes from Alaskan catchments with discontinuous permafrost[J]. Journal of Geophysical Research：Biogeosciences，111（G2）：G02020.

Piao S，Liu Q，Chen A，et al. 2019. Plant phenology and global climate change：current progresses and challenges[J]. Global Change Biology，25（6）：1922-1940.

Qin Y，Huang B，Zhang W，et al. 2021a. Pikas burrowing activity promotes vegetation species diversity in alpine grasslands on the Qinghai-Tibetan Plateau[J]. Global Ecology and Conservation，31：e01806.

Qin Y，Yi S H，Ding Y J，et al. 2021b. Effects of plateau pikas' foraging and burrowing activities on vegetation biomass and soil organic carbon of alpine grasslands[J]. Plant and Soil，458（1）：201-216.

Qu J，Li W，Min Y，et al. 2013. Life history of the plateau pika（*Ochotona curzoniae*）in alpine meadows of the Tibetan Plateau[J]. Mammalian Biology，78（1）：68-72.

Rasul G，Pasakhala B，Mishra A，et al. 2020. Adaptation to mountain cryosphere change：issues and challenges[J]. Climate and Development，12（4）：297-309.

Ruan X D，He P J，Zhang J L，et al. 2005. Evolutionary history and current population relationships of the chiru（*Pantholops hodgsonii*）inferred from mtDNA variation[J]. Journal of Mammalogy，86（5）：881-886.

Schaefer K，Zhang T，Bruhwiler L，et al. 2011. Amount and timing of permafrost carbon release in response to climate warming[J]. Tellus B，63（2）：165-180.

Schaller G B. 2000. Wildlife of the Tibetan Steppe[M]. Chicago：University of Chicago Press.

Schuur E A，McGuire A D，Schädel C，et al. 2015. Climate change and the permafrost carbon feedback[J]. Nature，520（7546）：171-179.

Shen M，Piao S，Chen X，et al. 2016. Strong impacts of daily minimum temperature on the green-up date and summer greenness of the Tibetan Plateau[J]. Global Change Biology，22（9）：3057-3066.

Smith A T，Foggin J M. 1999. The plateau pika（*Ochotona curzoniae*）is a keystone species for biodiversity on the Tibetan plateau[J]. Animal Conservation，2（4）：235-240.

Solomon S. 2007. The physical science basis：contribution of working group I to the fourth assessment report of the Intergovernmental Panel on Climate Change[R]. Intergovernmental Panel on Climate Change（IPCC），Climate change 2007.

Strauss J，Schirrmeister L，Mangelsdorf K，et al. 2015. Organic-matter quality of deep permafrost carbon-a study from Arctic Siberia[J]. Biogeosciences，12（7）：2227-2245.

Turetsky M R，Abbott B W，Jones M C，et al. 2020. Carbon release through abrupt permafrost thaw[J]. Nature Geoscience，13（2）：138-143.

Wang D，Wu T，Zhao L，et al. 2021. A 1 km resolution soil organic carbon dataset for frozen ground in the Third Pole[J]. Earth System Science Data，13（7）：3453-3465.

Wang T，Yang D，Yang Y，et al. 2020. Permafrost thawing puts the frozen carbon at risk over the Tibetan Plateau[J]. Science Advances，6（19）：eaaz3513.

Wang Z，Wang Q，Wu X，et al. 2017. Vegetation changes in the permafrost regions of the Qinghai-Tibetan Plateau from 1982～2012：different responses related to geographical locations and vegetation types in High-Altitude areas[J]. PLoS One，12（1）：e0169732.

Wei D，Qi Y，Ma Y，et al. 2021. Plant uptake of CO_2 outpaces losses from permafrost and plant respiration on the Tibetan Plateau[J]. Proceedings of the National Academy of Sciences，118（33）：e2015283118.

Wilson M C，Smith A T. 2015. The pika and the watershed：The impact of small mammal poisoning on the ecohydrology of the Qinghai-Tibetan Plateau[J]. Ambio，44（1）：16-22.

Wu T，Ma W，Wu X，et al. 2022. Weakening of carbon sink on the Qinghai-Tibet Plateau[J]. Geoderma，412：115707.

Wu X，Fang H，Zhao Y，et al. 2017. A conceptual model of the controlling factors of soil organic carbon and nitrogen densities in a permafrost-affected region on the eastern Qinghai-Tibetan Plateau[J]. Journal of Geophysical Research：Biogeosciences，122（7）：1705-1717.

Wu X，Xu H，Liu G，et al. 2018. Effects of permafrost collapse on soil bacterial communities in a wet meadow on the northern Qinghai-Tibetan Plateau[J]. BMC Ecology，18（1）：27.

Wu X D，Xu H Y，Liu G M，et al. 2017. Bacterial communities in the upper soil layers in the permafrost regions on the Qinghai-Tibetan plateau[J]. Applied Soil Ecology，120：81-88.

Xiong Q L，Xiao Y，Halmy M W A，et al. 2019. Monitoring the impact of climate change and human activities on grassland vegetation dynamics in the northeastern Qinghai-Tibet Plateau of China during 2000—2015[J]. Journal of Arid Land，11（5）：637-651.

Yang D，Wang J，Bai Y，et al. 2008. Diversity and distribution of the prokaryotic community in near-surface permafrost sediments in the Tianshan Mountains，China[J]. Canadian Journal of Microbiology，54（4）：270-280.

Yang Y，Hopping K A，Wang G，et al. 2018. Permafrost and drought regulate vulnerability of Tibetan Plateau grasslands to warming[J]. Ecosphere，9（5）：e02233.

Zhang R F，John S G，Zhang J，et al. 2015. Transport and reaction of iron and iron stable isotopes in glacial meltwaters on Svalbard near Kongsfjorden：from rivers to estuary to ocean[J]. Earth and Planetary Science Letters，424：201-211.

Zhang X，Xu S，Li C，et al. 2014. The soil carbon/nitrogen ratio and moisture affect microbial community structures in alkaline permafrost-affected soils with different vegetation types on the Tibetan plateau[J]. Research in Microbiology，165（2）：128-139.

Zhao L，Wu X，Wang Z，et al. 2018. Soil organic carbon and total nitrogen pools in permafrost zones of the Qinghai-Tibetan Plateau[J]. Scientific Reports，8（1）：3656.

Zhuang Q，Melillo J M，Sarofim M C，et al. 2006. CO_2 and CH_4 exchanges between land ecosystems and the atmosphere in northern high latitudes over the 21st century[J]. Geophysical Research Letters，33（17）：L17403.

Zimov S A，Schuur E A，Chapin III F S. 2006a. Permafrost and the global carbon budget[J]. Science，312（5780）：1612-1613.

Zimov S A，Davydov S，Zimova G，et al. 2006b. Permafrost carbon：stock and decomposability of a globally significant carbon pool[J]. Geophysical Research Letters，33（20）：382-385.

Zou F，Li H，Hu Q. 2020. Responses of vegetation greening and land surface temperature variations to global warming on the Qinghai-Tibetan Plateau，2001～2016[J]. Ecological Indicators，119：106867.

第6章　冰冻圈地表环境与灾害

长江上游地区差异性地形地貌与气候特征、强烈的新构造运动及地震活动，导致了该区内外动力作用强烈、地质环境脆弱、地质灾害频发、灾害链特征显著。分布于长江源区的多年冻土和上游区域的季节冻土，以及山地冰川、积雪等，造就了该区域特殊的冰冻圈地表环境，以及相应的与冻融作用有关的灾害，包括以源区多年冻土区发育的热喀斯特灾害和上游深切峡谷区的滑坡、泥石流灾害，以及冻融侵蚀、雪灾和冰川跃动等。

6.1　冻土与冻融环境

长江源区主体处于多年冻土区，上游处于季节冻土，区域气候差异显著。为体现长江上游气候特征的巨大差异性，选取了源区和上游地区 7 个代表性气象站 2019 年数据为例进行说明（图 6.1）。从冻融指数的角度，源区的三个代表性气象站——沱沱河、五道梁和曲麻莱均显示冻结指数绝对值大于融化指数[图 6.1（a）]，年度表现为负积温，而东部几个气象站融化指数绝对值显著大于冻结指数，尤其在丽江、攀枝花地区，年度表现为正积温，常年呈现正温状态[图 6.1（b）]。显然源区冻融交替的影响十分显著。在这一背景下，长江源区及上游地区土体地温也存在极大差异。根据多年冻土顶板温度（TTOP）模型计算得到的长江上游地温图（图 6.2），显示长江上游地区地温自西向东呈明显的升高趋势。西北部高平原区域地温普遍较低，基本上地温都在 0℃以下；长江上游中部地温普遍在−2～5℃范围内，而上游东部地温普遍较高，基本都在 5℃以上。因岷江以东海拔较低，且平均地温基本大于 10℃，为此，本节所分析的范围以长江源区及岷江以西为主。

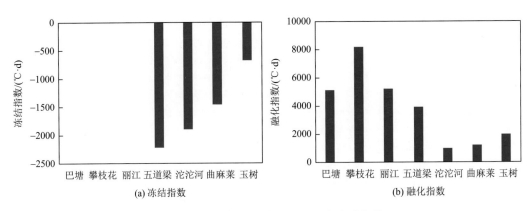

图 6.1　长江上游主要气象站 2019 年冻融指数

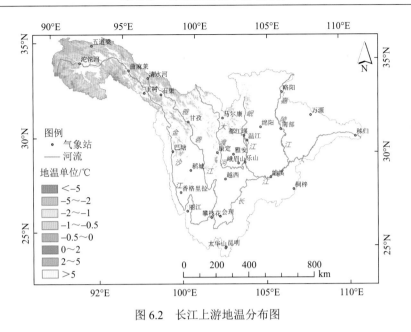

图 6.2 长江上游地温分布图

在上述气温影响下，根据 TTOP 模型计算得到多年冻土顶板季节冻土年最大冻结深度处的年平均地温（图 6.2），多年冻土主要分布在长江上游的西北地区，而季节性冻土则多分布在长江上游的中东部地区。经统计，长江上游地区多年冻土区的面积为 $15.84 \times 10^4 \text{km}^2$，占总面积的 17.65%；季节性冻土区的面积为 $39.98 \times 10^4 \text{km}^2$，占区域总面积的 44.54%。

根据 TTOP 模型计算，获得长江上游地区多年冻土活动层厚度及季节冻土区冻深分布图（图 6.3），结果显示长江源区多年冻土活动层厚度主要在 0.81~1.5m，部分区域活动层厚度在 1.5~2.0m；在五道梁一带，活动层厚度超过了 2.0m；在中东部季节冻土区，

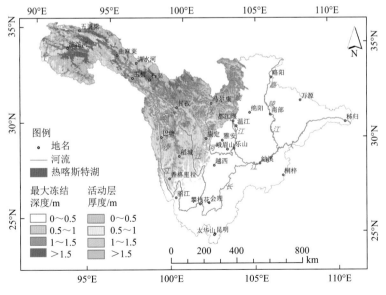

图 6.3 长江上游地区多年冻土活动层厚度及季节冻土区冻深分布图

自西向东最大冻结深度逐渐减小。以康定—九龙—香格里拉一线为界，其西北部，冻结深度整体上大于 0.5m，甘孜、色达、稻城一带最大冻结深度最大，大约在 1m 以上；向东南至攀枝花、丽江以南地区最大冻结深度较小，基本在 0～0.3m。

长江源区气候严寒，多年冻土发育，因此伴随着活动层季节性融化、气候变暖导致的多年冻土退化发生了系列与冻融过程相关的环境劣化及地质灾害，如强烈的冻融侵蚀、热融滑塌、沉陷乃至热喀斯特湖等不良冻土现象（张中琼等，2012）。而在上游地区，显著的气候差异、多变的地貌类型、强烈的构造活动及河流下切作用，导致了突发性强、危害范围广、破坏严重、链式效应明显的系列地质灾害（崔鹏等，2019）。以下将从长江源区多年冻土热喀斯特灾害、冰川跃动、上游地区最为发育的滑坡灾害、全区冻融侵蚀及雪灾等方面介绍与冰冻圈地表过程相关的环境与灾害问题。

6.2　长江源区多年冻土热喀斯特灾害

6.2.1　热喀斯特灾害

热喀斯特是指在高含冰量多年冻土区域，由于气温、地温升高，冻土融化而造成地面下沉和滑塌（Lewkowicz et al.，2019；牟翠翠，2020），产生类似石灰岩区岩溶的现象，包括热喀斯特湖、热融沉陷、热融滑塌、热融泥流等，这些外部营力包括森林大火、气候变暖以及人类活动。热喀斯特灾害的形成需具备三个主要条件：其一是高含冰量多年冻土的存在，这是形成热喀斯特灾害非常重要的物质条件，冻土融化导致了地面沉陷及土体坍塌；其二是能够使高含冰量多年冻土融化的升温背景，如气候变暖、工程建设开挖或破坏了地表植被导致地表吸热量增加，以及地表水入渗带入热量使多年冻土融化，融化深度大于地下高含冰量冻土埋深；其三是融化过程发生土体压密、水分排出及水土流失，导致地面沉陷、积水或斜坡土体坍塌、滑移。热喀斯特过程发生在斜坡区域，就会形成像热融滑塌和热融泥流等斜坡失稳现象；在平缓区域，多年冻土地下冰融化导致的负地形，积水后形成热喀斯特湖（Luo et al.，2015）。

热融滑塌（thaw slumping）是指自然营力作用或人类活动，破坏了斜坡多年冻土热平衡状态，使地下冰融化，活动层土体坍塌且在重力的作用下，沿着冻融界面呈牵引式位移而形成的滑塌。其形态有长条形、围椅状、枝杈形等。因坍塌、滑移土体受活动层冻结-融化控制，其活动具明显的周期性，且大部分热融滑塌形成以后，将活跃 30～50 年后才稳定下来（French，2018），这主要受制于地下冰的性质和含量、地表形态、坡度等因素。导致热融滑塌的主要外界因素包括：①河流和波浪的侵蚀（Burn and Lewkowicz，1990）；②极端的高温或降水导致的活动层下部水分聚集，土体强度降低或丧失（Lacelle et al.，2010）；③工程活动造成的冻土斜坡开挖、地下冰暴露等（Niu et al.，2005）；④地震也能够诱发冻土活动层滑坡，进而发展为热融滑塌（Luo et al.，2015）。

热喀斯特湖（thermokarst lake）定义为由自然或人为因素引起季节融化深度加大，导致地下冰或多年冻层发生局部融化，地表土层随之沉陷而形成热融沉陷，积水后形成的湖塘。如果一年内湖水深度不能完全冻结，则因热喀斯特湖水的热储量影响，其下部的多年冻土逐渐融化乃至融穿，形成贯穿性融区（Lin et al.，2010）。热喀斯特湖的发展过程比较复杂，从其形成至干涸主要包括 4 个阶段：①起始阶段，水体的集聚并向深部土体传热；②发展阶段，多年冻土的融化导致湖塘垂直向和水平向扩张；③稳定阶段，热喀斯特湖垂直向扩张停止，湖岸坍塌速率降低；④恢复阶段，热喀斯特湖的排干以及湖盆新的冻土形成。可以看出，热喀斯特湖的形成与发展都与多年冻土的退化与进化关系密切。热喀斯特湖发育缓慢，故灾害效应不甚明显，但对多年冻土的影响明显，其生态环境效应不容忽视。

　　多年冻土区热喀斯特过程灾害效应主要体现为热融滑塌和热喀斯特湖，故本节以下部分主要介绍此两种类型热喀斯特灾害在长江上游多年冻土区的分布和发育状况。

6.2.2　长江源区多年冻土区热融滑塌发育状况

　　对长江源区的热融滑塌发育状况分析，主要通过遥感解译及现场调查的方法完成。图 6.4 为根据对长江源红梁河一带遥感解译发现的典型热融滑塌，影像资料表明，该滑塌在 2010 年 3 月表现为地表贯通性裂隙，至当年 10 月前发生了滑距近 30m 的滑塌。后经现场调查，确认了该热融滑塌的发育范围，如图 6.5（a）所示。该热融滑塌后缘陡坎高约 2.5m，基本是多年冻土上限的深度，即滑塌体主要为活动层土体。滑塌发生后土体中厚层地下冰暴露，进一步融化、坍塌、滑动乃至形成泥流。此现象在红梁河丘陵山地缓坡区域广泛发育［图 6.5（b）］。

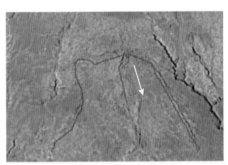

(a) 2010年3月27日的卫星图像

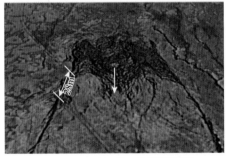

(b) 2010年10月12日的卫星图像

图 6.4　长江源红梁河一带热融滑塌遥感影像

(a) 图6.4现场照片　　　　　　　　　　　　　　(b) 附近新发育的热融滑塌

图 6.5　长江源红梁河一带热融滑塌发育状况

　　为全面了解长江源区，通过遥感解译及部分现场调查、验证，获得了长江源多年冻土区热融滑塌发育状况图（图 6.6）。长江源区热融滑塌主要发育在五道梁和沱沱河以西的丘陵山区，这些区域浅层沉积物为坡积、冲积层，多年冻土发育且含冰量高，具备热融滑塌发育的条件。通过统计可得，在面积为 $15.84\times10^4km^2$ 的研究区，发育热融滑塌共有 1502 个，总面积为 $24.47km^2$，热融滑塌的点密度为 95 个/10^4km^2，面密度为 1.54×10^{-4}。在发育形态及影响因素方面，根据牛富俊等开展的五道梁至风火山沿青藏公路的热融滑塌调查（Niu et al.，2016），热融滑塌体长宽比集中在 1～3，即形态以长条状为主，而圆弧状的较少[图 6.7（a）]。且滑塌体长轴走向主要集中在西北方向，说明斜坡失稳主要分布在东南向的斜坡区域[图 6.7（b）]。

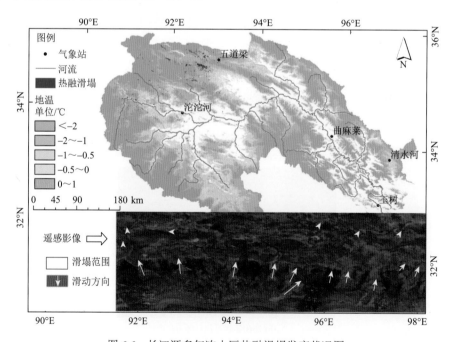

图 6.6　长江源多年冻土区热融滑塌发育状况图

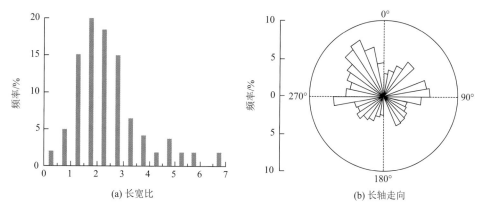

(a) 长宽比   (b) 长轴走向

图 6.7 长江源五道梁—风火山青藏公路沿线热融滑塌形态特征

0° = 北，90° = 东，180° = 南，270° = 西

在非多年冻土区域，滑坡的发生与坡度成正比，坡度越大，其失稳的可能性就越大（Dai et al.，2001；Akgun，2012）。但是，在青藏高原多年冻土区，热融滑塌主要发育在坡度较缓的丘陵山地。如沿青藏公路调查的热融滑塌，约 88%分布在坡度为 6°～10°的区域，仅有 2%和 10%的热融滑塌发育在坡度小于 6°和大于 10°的区域（图 6.8）。

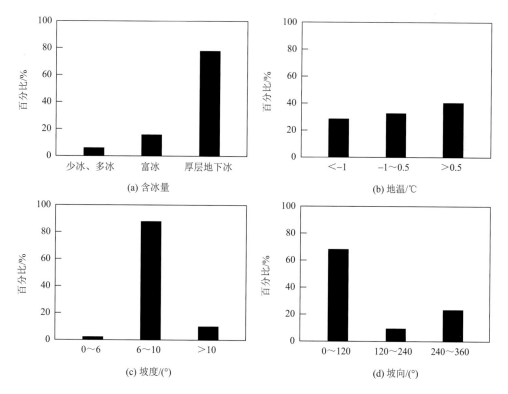

(a) 含冰量   (b) 地温/℃

(c) 坡度/(°)   (d) 坡向/(°)

图 6.8 长江源五道梁—风火山青藏公路沿线热融滑塌分布与冻土及地形要素关系

其原因在于在6°～10°的斜坡区域，坡积物中细颗粒土含量较高，易于发育厚层地下冰或高含冰量冻土。约16%和78%的热融滑塌发育在富冰冻土和厚层地下冰区域，仅有6%的斜坡失稳发生在低含冰量冻土区。热融滑塌发育的冻土地温统计分析显示，大约40%的热融滑塌发生在年平均地温高于−0.5℃的区域，仅有32%和28%的热融滑塌发生在年平均地温在−1.0～−0.5℃和低于−1.0℃的区域，其原因在于地温越高，高含冰量冻土就越容易发生融化，诱发热融滑塌的发生。此外，大约67%、8%和25%的热融滑塌分别分布在坡向为0°～120°、120°～240°和240°～360°的区域，整体上显示了其在东北向的斜坡区域发育的优势趋势。

　　热融滑塌的发育表现为随着冷暖季节变化的周期性，一般在最大融化季节其活动性最强，表现为后缘地下冰融化、土体坍塌、土体位移及泥流物质的流失。例如，靠近五道梁的红梁河青藏公路原里程K3035处，青藏公路二次整修过程中破坏了地表草皮，地下冰层暴露，在几年间形成了长110m、宽75m的热融滑塌。2002～2006年监测表明，该热融滑塌曾以最大5m/a的速度向前推移（牛富俊等，2004）。热融滑塌的主要破坏包括两个方面：一方面，由地下冰融化形成的碎屑泥流物质向下流动不仅会掩埋道路、壅塞桥涵，而且会加速路基的软化，造成交通中断、桥涵严重毁损；另一方面，滑塌区地下冰暴露、冰融化，以及活动层厚度增加，导致高寒生态系统退化和荒漠化。另外，下伏多年冻土融化，导致所封存的有机质分解与温室气体释放，加剧了气候变暖（Lewkowicz and Way，2019）。对生态环境脆弱的青藏高原来说，这些灾害虽未造成人员及财产损失，但会引起显著的生态环境恶化。值得指出的是，近年来遥感解译及实地调查资料显示，长江源区热融滑塌发育数量及面积呈现显著的增加趋势（Luo et al.，2015），如图6.9所示，仅在五道梁附近的北麓河盆地周边丘陵山区，2008～2018年，面积大于2000m^{2}热融滑坡的总数量就增加了342个，面积增加了868×10^{4}m^2。

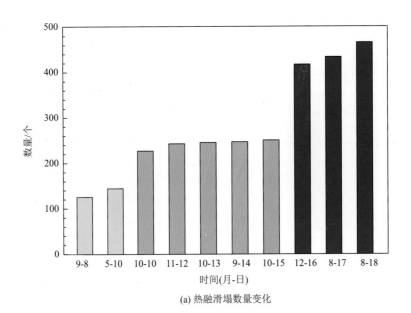

(a) 热融滑塌数量变化

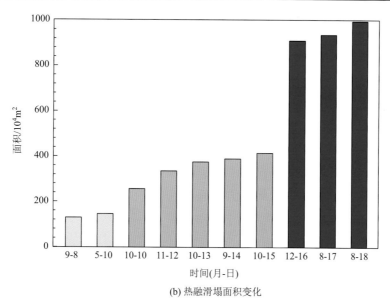

(b) 热融滑塌面积变化

图 6.9　长江源北麓河盆地周边丘陵山地热融滑塌发育趋势

6.2.3　长江上游多年冻土区热喀斯特湖发育状况

本节对长江上游地区多年冻土区热喀斯特湖发育状况分析中，对其空间分布的解译，因仅从影像上很难与其他类型的湖泊区分开来，为针对性进行热喀斯特湖与冻土关系研究，故认为在多年冻土区不考虑面积较大的湖泊，并将单个封闭型、无明显河流直接补给的湖泊判断为热喀斯特湖。解译所选用的遥感数据为 Landsat 系列影像。根据对长江上游多年冻土区热喀斯特湖的遥感解译以及现场调查，利用 ArcGIS 平台绘制了长江上游地区热喀斯特湖的发育状况图（图 6.10），结果显示，热喀斯特湖主要发育在上游沱沱河、

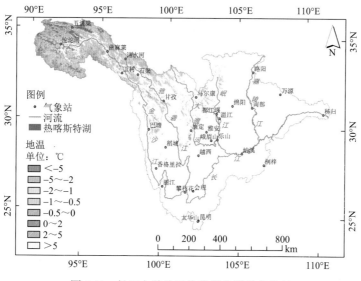

图 6.10　长江上游地区热喀斯特湖发育状况

五道梁一带的连续多年冻土区。经统计，长江上游地区共发育热喀斯特湖 24947 个，总面积为 1032.08km²，区域热喀斯特湖点密度为 0.028 个/km²，面密度为 0.0011。

对长江上游地区热喀斯特湖的分布与 TTOP 模型计算得到的地温进行了统计分析，显示地温为−3～−2℃时，热喀斯特湖最发育，发育有 21120 个，占长江上游地区热喀斯特湖总个数的 84.66%；地温在−4～−3℃时，发育有热喀斯特湖 2881 个，占总数的 11.55%；地温＞−1℃时，基本没有热喀斯特湖发育。当海拔在 4000～5000m 时，热喀斯特湖最发育，发育有 18730 个，占总个数的 75.08%，实际上这也在另一个方面显示了其与多年冻土间的关系。此外，长江上游地区 94.70%的热喀斯特湖都发育在坡度＜3°的区域，发育有热喀斯特湖 23624 个，占据了绝对优势。

图 6.11 显示了长江上游地区热喀斯特湖与多年冻土活动层厚度之间的统计关系，活动层厚度在 1.2～1.5m 的区域内热喀斯特湖最发育，共发育有 14167 个热喀斯特湖，占总个数的 56.79%；活动层厚度为 0.8～1.2m 时，发育有热喀斯特湖 7454 个，占总数的 29.88%；活动层厚度为 1.5～2m 时，发育有热喀斯特湖 3018 个，占总数的 12.10%。

热喀斯特湖与地貌类型之间的统计关系如图 6.12 所示，长江上游地区的热喀斯特湖有 12623 个分布在高平原区，占总数的 50.60%；台地上发育有热喀斯特湖 7070 个，占总数的 28.34%；丘陵区发育有热喀斯特湖 4071 个，占总数的 16.32%；其余地貌类型区域占据了少量，尤其极大起伏山地上热喀斯特湖基本不发育。

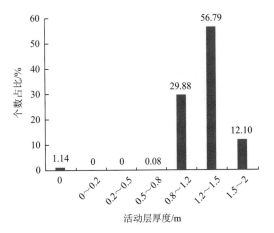

图 6.11　长江上游地区热喀斯特湖与活动层厚度关系图

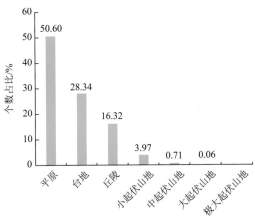

图 6.12　长江上游地区热喀斯特湖与地貌类型关系图

图 6.13 显示了长江上游地区热喀斯特湖与植被类型之间的统计关系，热喀斯特湖基本上全部发育在高寒草原和草甸区，其分别发育有热喀斯特湖 12281 个和 12004 个，分别占总数的 49.23%和 48.12%。

因热喀斯特湖发育在多年冻土区，且与土体含冰量关系密切，而含冰量受土质类型影响显著，因此，热喀斯特湖与土壤类型之间存在着一定关系。图 6.14 显示了热喀斯特湖与细粒土含量之间的关系，显然热喀斯特湖主要集中在细粒土含量为 0.5～0.6 的区域，该区域内发育有热喀斯特湖 18466 个，占长江上游热喀斯特湖总数的 74.02%。

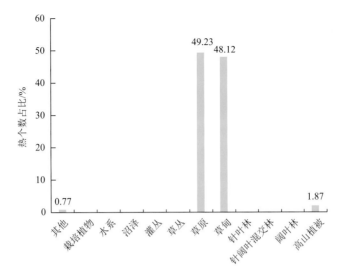

图 6.13　长江上游地区热喀斯特湖与植被类型关系图（图中数据有四舍五入）

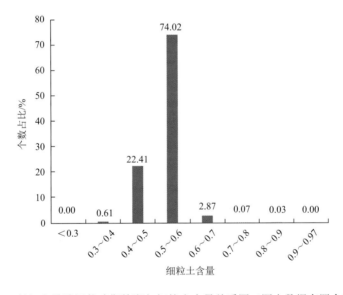

图 6.14　长江上游地区热喀斯特湖与细粒土含量关系图（图中数据有四舍五入）

　　热喀斯特湖是多年冻土退化最为显著的表现，其演化过程必然导致区域性冻土环境的改变。根据在北麓河盆地开展的热喀斯特湖调查及历史遥感资料分析，多年冻土区热喀斯特湖呈现出数量和面积明显增加趋势（Luo et al., 2015），该盆地中热喀斯特湖 1969～2010 年数量由 761 个增加到了 1295 个，增加了 0.7 倍，而面积增加了 0.13 倍。其中，小型湖塘（0.1～0.8hm²）增加幅度最为显著，其数量和面积分别增加了 1.5 倍和 1.39 倍，中型湖塘（0.8～2.0hm²）数量和面积分别增加了 0.62 倍和 0.77 倍。因热喀斯特湖一般以中小型湖塘为主，显然，处于长江源区靠近五道梁一带的北麓河盆地，在过去几十年中热喀斯特湖呈现急剧增加的趋势。

6.3　长江上游雪灾

雪灾是因长时间大量降雪造成大范围积雪成灾的自然现象。按其成因，它有别于雪崩灾害、风吹雪灾害和融雪洪水灾害。按影响范围，可分为城区雪灾、农区雪灾和牧区雪灾。长江上游以牧区雪灾为主。牧区雪灾的发生不仅受降雪量、气温、积雪日数、坡度、坡向、草地类型、牧草高度等自然因素的影响，而且与畜群结构、饲草料储备、雪灾准备金、区域经济发展水平等社会因素息息相关。牧区雪灾及其突发性融雪洪水还会影响承灾区交通、通信、输电线路等基础设施安全，甚至对牧民生命、生计生活和畜牧业可持续发展造成潜在威胁。

6.3.1　雪灾

雪灾是一种因自然与人为因素综合作用而形成、发展的冰冻圈灾害。21 世纪初，青海省雪灾发生次数相对较少，但是受全球变化影响，三江源区暖湿化趋势明显，地处高寒的三江源牧区发生雪灾的可能性变大（邵全琴等，2019）。事实上，三江源的大部分区域是特大雪灾的高发区（李红梅等，2013）。2018~2019 年冬春以来，青海三江源区出现频繁降雪和极端低温天气，使得这里的草原长时间被冰雪覆盖，导致大批量牛羊冻死或饿死，对当地牧民收入和草原畜牧业造成严重影响（Wei et al.，2017；Wang et al.，2019b）。在空间分布上，长江源区玉树州巴颜喀拉山南缘地带是中国雪灾最为频发的区域之一。2019 年，玉树州因灾死亡家畜数量为 10.89 万羊单位。其中，称多县、玉树市和治多县，因灾死亡家畜数量分别约为 2.68 万羊单位、2.40 万羊单位和 1.05 万羊单位（邵全琴等，2019）（表 6.1）。在县域尺度上，玉树州称多县为三江源雪灾的高频区，重现率介于 25%~32%，出现概率接近三年一遇，低频区则地处唐古拉山镇，重现率介于 15%~20%。玉树州称多县高值区雪灾次数占所有已发雪灾次数的 30% 以上，所以长江源区是青海省南部乃至青藏高原雪灾发生的重点区域，应给予高度关注，其防灾减灾物资储备应抵抗三年一遇重大雪灾。

表 6.1　2019 年春季雪灾玉树州部分县市灾损状况

县市	因灾死亡家畜数量		中度及以上受灾家畜数			因灾死亡家畜占中度及以上受灾家畜羊单位比例/%
	头/只数	羊单位	牛/头	羊/只	羊单位	
玉树市	6100	23953	77594	11918	322294	7.43
称多县	7200	26841	44399	12615	190211	14.11
治多县	3000	10500	4498	2513	20505	51.21
曲麻莱县	3600	9675	17661	13351	83995	11.52
合计	19900	70969	144152	40397	617005	21.07

雪灾不仅影响三江源牧区牲畜，还对牧民及其生活带来一定影响。因为暴雪常常伴随着低温、大风、冰冻等天气，这些会引起道路结冰、通信中断，从而对牧民的日常生活产生影响。牧民在雪天行走，容易摔跤，从而影响了牧民出行。洁净积雪还可能导致人出现雪盲症，这通常发生在雪后天晴、气温较低的白天。太阳光中紫外线经雪地反射至人眼角膜，易导致眼角膜受损，从而对牧民身体健康产生影响。另外，暴雪还可能引发雪崩等事件，威胁牧民的生命安全。

6.3.2　雪灾风险评估体系

风险评估是对风险发生强度和形式进行的评定和估计，雪灾综合风险评估是危险性降雪事件与孕灾环境对承灾体脆弱性、暴露性和承灾区适应性经济社会系统造成损失的可能性评定和估计。其中，致灾体降雪事件、孕灾环境危险性，以及承灾体暴露性、脆弱性和适应性各因素相互影响、相互作用，共同构成雪灾综合风险系统。本书根据科学合理性、可获得性等主要筛选原则，选取平均雪深、积雪日数、坡度、雪灾重现率（频率）、牲畜密度、冬春超载率、产草量、地区 GDP 和农牧民纯收入 9 项指标作为雪灾风险因子（表 6.2）。在不同等级下，风险因子对雪灾影响程度不同。因此，有必要对每个影响因子进一步细化等级。参考相关文献（李海红等，2006；张国胜等，2009）与青海省质量技术监督局《气象灾害标准》（青海省质量技术监督局，2001）对其 9 项风险因子进行了指标量化分级（表 6.2）。同时，利用标准分数（又称 Z-score 或标准化值）对其初始值进行归一化处理。

表 6.2　雪灾风险因子分级及其量化值

风险构成	评价因子	极低风险	低风险	一般风险	高风险	极高风险
危险性	平均雪深/cm	≤2	2~5	5~10	10~20	≥20
	积雪日数/%	≤5	5~10	10~20	20~35	≥35
	雪灾重现率/%	≤10	10~20	20~30	30~40	≥40
	坡度/(°)	≥20	15~20	10~15	5~10	≤5
暴露性	牲畜密度/(No./km^2)	≤10	10~40	40~70	70~100	≥100
	冬春超载率/%	≤5	5~30	30~50	50~100	≥100
脆弱性	产草量/(kg/hm^2)	≥1100	800~1100	500~800	200~500	≤200
适应性	地区 GDP/亿元	≥7	5~7	3~5	1.5~3	≤1.5
	农牧民人均纯收入/万元	≥0.35	0.30~0.35	0.25~0.30	0.25~0.20	≤0.20

在 ArcGIS 中，将 9 项雪灾风险因子全部转换成栅格格式，并按照风险划分标准将各类因子进行等级划分（表 6.2）。每个图层都包含每一个因子的单一条件分组。利用 ArcGIS

提供的采样功能，分别从每个栅格图层中提取采样点所在栅格像元的像元值，从而每个采样点都包括了 9 项评价因子的像元值，构成回归分析的样本数据。采样点所在位置雪灾发生与否，由平均雪深是否大于 2cm 来决定（平均雪深的存在是雪灾发生的必要条件），雪灾综合风险则由 9 项评价因子共同决定。因此，二值逻辑斯谛（Logistic）回归分析方法适用于此类问题的研究（许湘华，2010）。Logistic 回归分析结果显示，除农牧民人均纯收入系数所对应的显著水平值略大于 0.05 外，其余均小于 0.05，可以认为回归结果通过 5%的显著性水平检验。根据回归分析结果中的各因子系数值，建立雪灾综合风险评估 Logistic 回归模型：

$$\log\left(\frac{P}{1-P}\right) = -24.562 + 1.272 \times x_1 + 1.381 \times x_2 + 0.721 \times x_3$$
$$+ 0.598 \times x_4 + 0.823 \times x_5 + 0.295 \times x_6 + 2.172 \times x_7 + 0.918 \times x_8 + 0.443 \times x_9$$

$$(6-1)$$

式中，P 为雪灾风险概率值；$x_1, x_2, \cdots, x_9$ 分别为产草量、雪灾重现率、地区 GDP、冬春超载率、积雪日数、农牧民人均纯收入、平均雪深、牲畜密度、坡度（表 6.2）。由此可见，平均雪深、雪灾重现率、产草量和牲畜密度的影响程度占有绝对权重，其回归系数分别为 2.172、1.381、1.272 和 0.918，分列前四位，其中，既包括平均雪深、产草量、雪灾重现率自然风险因子，也包括牲畜密度社会风险因子。同时，积雪日数、地区 GDP 影响程度也较为重要，其回归系数分别占到了 0.823 和 0.721。另外，农牧民人均纯收入的影响程度则较低，其回归系数分别为 0.295，说明面对雪灾，个人适应能力作用甚微。

6.3.3　综合风险评估

评估得到的雪灾综合风险区划如图 6.15 所示。青藏高原雪灾高风险区主要集中在中东部大片区域，该区域植被条件优越，生物量高，但牲畜密度大，超载率严重，导致其存在雪灾高风险。在青藏高原，长江上游雪灾综合风险总体上处于中高风险程度，高值区主要集中在三江源地区东部。其中，雪灾极高风险区则主要集中在巴颜喀拉山南部的玉树州、昌都东北部，以及川西高原。例如，1985 年 10 月，玉树、果洛等州约 25 万 km^2 的区域突降暴雪，积雪达 0.4~1m，气温急剧下降到–42~–24℃。这次雪灾持续时间长，牲畜无草可食，共损失牲畜 193 万头，减损 43.70%，直接经济损失 1.2 亿元，有 3000 多户成了无畜户（温克刚，2005）。1995 年 10 月至 1996 年 4 月底，玉树境内连续 5 次出现大的降雪天气，降雪区累积积雪厚度达 60cm，大部分地区平均气温在–26.5~–15.8℃，致使大面积草场被积雪覆盖，造成了"40 年罕见的特大雪灾"，全州 119321 人、270.7 万头牲畜遭受雪灾，因灾死亡牲畜 63 万头，死亡率为 23.27%，直接经济损失达 2.87 亿元（青海省农牧厅，2012）。川西高原雪灾风险也很严重。雪灾是川西高原冬春季节最主要的、影响最广、破坏力最大的气象灾害，是川西牧区畜牧业发展的主要制约因素。1995 年 10 月至次年 3 月底，川西高原发生重大雪灾，给当地人民带来严重影响，致使 53.94 万头牲畜死亡，造成的直接经济损失达 3.4 亿元（詹兆渝等，2005）。川西高原经济相对落后，一旦发生雪灾，往往会造成牲畜死亡、交通受阻，造成一定的经济损失。

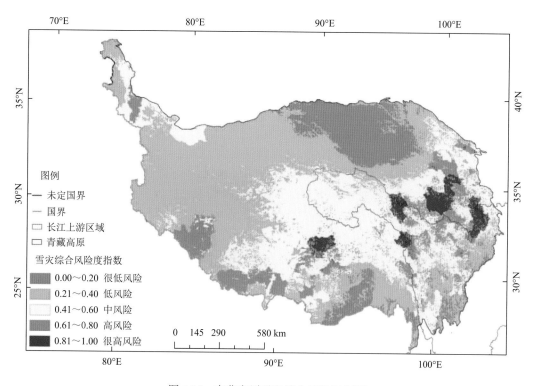

图 6.15　青藏高原雪灾综合风险区划图

在时间尺度上，雪灾主要发生在 10 月下旬至次年 5 月上旬。该时期，牧草枯萎，但这期间却是产羔哺乳期，在低温、积雪背景下，年幼和老弱病残羊只极易死亡。该区域平均雪深介于 0～12.78cm，其中，玉树州玉树市和称多县东南部雪深均超过 5.00cm。同时，这些地区重现率均达到 20% 以上。另外，玉树市、称多县冬春季超载率均超过 20%。由于较高的危险性风险、暴露性风险（牲畜密度、超载率）和适应性风险，该区域雪灾综合风险水平极高。长江源区积雪日数较多、雪深较厚，但牲畜密度较小，而青藏高原东缘以森林覆盖为主，故这两个区域总体上雪灾综合风险处于中低风险程度。雪灾极低风险区则地处长江源无人区治多县的可可西里、格尔木市唐古拉山镇西北部（王世金等，2014；Wang et al.，2019a）。

总体上，长江上游区域雪灾综合风险评估结果与历史上雪灾空间分布基本吻合，区划结果可以用来指导牧区雪灾的防御工作。长江上游雪灾综合风险较高，应引起高度重视，当然也不能忽视小概率极端天气事件的影响，如 2019 年 3 月发生在长江源区和澜沧江源区的较大规模的雪灾（Wang et al.，2019b）。在防灾减灾过程中，应对极高风险区域高风险区给予高度重视，但也不能忽视中低风险区的防灾减灾工作。

6.3.4　适应性管理措施

从雪灾综合风险指数高风险区的分布来看，这些地区基本集中在畜牧业较为集中、牲畜和人口较为稠密的牧区，而这些地区由于游牧等传统牧养方式的限制，其对雪灾抵御能力较弱，加上总体上经济实力较小，在连通性上受复杂地理环境的影响与外界的连通性较差。加上灾害频发，历史上这些地区的雪灾曾造成过频繁而严重的牲畜死亡及人员伤亡事件，对畜牧业发展造成了破坏性的影响。综合风险管理主要立足于危险性风险预测、暴露性风险减少、脆弱性风险降低和适应性能力提升四大方面（王世金等，2014）。例如，可以通过降雪预报和积雪监测，确定牧区雪灾致灾临界气象条件，并通过雪灾气象要素预警，提高牧民和当地政府对雪灾潜在风险的关注意识。牲畜是牧区雪灾最大的承灾体，而草地资源却是重要的孕灾环境，其雪灾风险源于较高的牲畜密度和畜群结构，以及草地资源不足。因此，平衡草畜理应成为牧区雪灾风险管理的重要对象。草地资源是牧区牲畜极为重要的饲料来源，其牧草优劣与产量多寡，严重影响至雪灾脆弱性和适应性风险程度。因此，需要加大人工草地建植，提高饲草料储备水平。另外，棚圈作为冬春季牧区防灾保畜的重要设施，对畜牧业可持续发展发挥了重要作用。棚圈不仅可以防风御寒，而且可以用于冬季庇护母、幼畜，以提高繁殖成活率，减少牲畜掉膘，使牲畜在冬春季保持较好体况以安全过冬，这是防御雪灾的一项重要措施。因此，暖棚建设也是一项重要的雪灾适应性措施。特别地，现行牧区雪灾灾后救助和重建主要依赖于政府救助，这与社会主义市场经济体制不相适应，应积极探索并逐步建立多种形式的救灾及其重建机制，特别是建立牧区雪灾保险机制。

6.4　长江流域冰川灾害

6.4.1　冰川灾害

在全球变化背景下，中国冰川整体处于快速退缩状态。基于我国两次冰川编目数据结果分析，20 世纪 70 年代至 21 世纪前 10 年，我国冰川面积减少了约 18%（刘时银等，2015；Guo et al.，2015；王宁练等，2019），伴生了相应的冰川灾害，如冰崩、冰川跃动、冰湖溃决洪水、冰川泥石流等（邬光剑等，2019）。2010 年以后的 10 年，青藏高原冰川灾害事件频发。2015 年 5 月 17 日，新疆阿克陶县境内公格尔九别峰发生冰川跃动和冰崩，导致草场被大面积淹没，牲畜大量死亡（Shangguan et al.，2016；李均力等，2016）。2016 年 7 月 17 日，西藏阿里地区的阿汝错流域的 53 号冰川发生大规模崩塌事件，冰崩物质甚至冲进了阿汝错，形成湖涌，紧接着 9 月 21 日，相邻的阿汝 50 号冰川再次发生冰崩事件，两次事件造成一定程度的人员伤亡（Tian et al.，2016）。2018 年 10 月 17 日和 29 日，藏东南地区雅鲁藏布江大拐弯处的色东普沟，连续发生冰崩堵江事件（刘传正等，2019）。

长江流域玉龙雪山曾于 2004 年 3 月 12 日发生剧烈崩塌（张宁宁等，2007），汤明高等（2022）综合气象数据、冰川表面高程和地震数据研究发现长江流域横断山脉为冰崩隐患区。同时，长江源区各拉丹冬峰地区发现多条跃动冰川（Xu et al.，2018，2021；Gao et al.，2021），暂未造成直接经济损失，但其潜在的灾害风险不容忽视。

6.4.2　玉龙雪山冰崩及灾害链

2004 年 3 月 12 日，玉龙雪山干河坝漾弓江冰川区（27°04′59.47″N，100°11′04.64″E）发生冰崩及其滑坡事件，其冰崩发生在漾弓江 5 号冰川，该冰川是小型冰斗冰川，1957 年冰川面积 0.72km²，平均厚度 37m（蒲健辰，1994）。此次冰崩乃至冻融引起的滑坡事件及其留下的固体堆积物可能触发冰川泥石流灾害（张宁宁等，2007）。2019 年 5 月 3 日，该冰川再次发生冰/岩崩-滑坡事件。此次事件是 2004 年以来的第二次较大规模事件，尽管远离居民聚居区，但依然有很大的警示意义。该冰川萎缩严重，至 2020 年已趋于消失（图 6.16）。此外，研究显示，极端强降水与冰川消融叠加，易诱发冰川泥石流。位于玉龙雪山正北方向的哈巴雪山西侧海巴洛沟上游发育现代海洋性冰川，沟内有丰富的松散冰碛物物源，泥石流频发[图 6.16（b）]。2019 年 7 月 28 日发生降雨-冰川泥石流混合型特大泥石流（赵鑫等，2020）。海巴洛沟泥石流冲毁一座便桥，施工便道及挡墙受毁或者淤埋，给工程施工及当地居民生产生活构成了一定威胁。

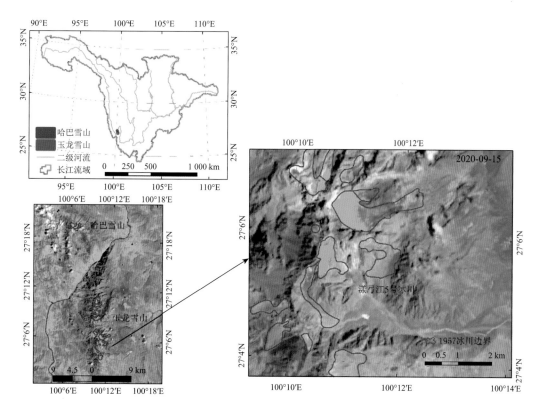

图 6.16　玉龙雪山和漾弓江 5 号冰川位置

6.4.3　长江源跃动冰川

对长江主要源头各拉丹冬峰地区冰川变化的研究显示（Xu et al.，2018），1973～2013 年该研究区冰川面积变化为(−7.5±3.4)%/a，冰川表面高程变化为(−0.3±0.12)%/a，同时，发现 14 条跃动/前进冰川。其中，长江源区 5K451F0012、5K451F0036、姜古迪如南支冰川（5K451F0030）、姜古迪如北支冰川（5K451F0033）、岗加曲巴冰川（5K444B0064）和切苏美曲冰川（5K451F0008）等 6 条冰川呈现跃动冰川特征（图 6.17）。

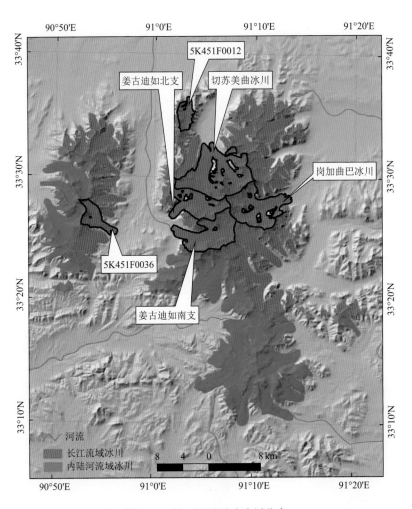

图 6.17　长江源区跃动冰川分布

5K451F0012 冰川面积为(8.84±0.27)km^2，1968～2000 年的冰川表面高程变化呈现冰量下移特征，伴随着末端前进(892±32.2)m（Xu et al.，2018），年平均冰川表面运动速度显示，跃动大约终止于 1992 年（Gao et al.，2021）。位于相同子流域的 5K451F0036

（11.03±0.32）km² 于 2003 年发生跃动，1968～2000 年和 2000～2005 年两期冰面高程数据呈现明显的冰量下移特征，与 5K451F0012 不同的是，该冰川前进不明显，但在跃动活跃期形成了明显的跃动前缘（图 6.17），并前进了 1000m。同样形成跃动前缘并前进了 1000m 的姜古迪如南支冰川，于 1987 年发生跃动（Gao et al.，2021），而姜古迪如北支冰川于 1998 年发生跃动，其跃动活跃期峰值速度达 4000m/a（Yan et al.，2019）。切苏美曲冰川仅东支冰川发生跃动，西支冰川 1973～2013 年一直处于退缩状态（Xu et al.，2018），其跃动速度峰值可达 3000m/a，发生于 2000 年（Yan et al.，2019）。

岗加曲巴冰川于 2013～2016 年发生跃动。该冰川在跃动前大幅度退缩，1973～2013 年，退缩了(3240±32)m（Xu et al.，2018），同时冰量向存储区缓慢转移，此时段冰川表面运动速度最大为 45m/a。2013 年后，冰川表面运动速度迅速增至 1100m/a，伴随着末端前进 500m 和冰量下移至接收区（Xu et al.，2021）。该冰川此次跃动仅涉及两个分支，其他两个分支仍在积累阶段。

整体上，各拉丹冬峰冰川跃动速度峰值和前进幅度远小于公格尔九别峰和喀喇昆仑山（Shangguan et al.，2016；Copland et al.，2011；Quincey et al.，2011），近期发生跃动的岗加曲巴冰川跃动峰值仅为 3m/d，是公格尔九别峰的 1/10，而各拉丹冬峰地区观测到的最大跃动峰值发生于 2004 年的姜古迪如南支冰川，其冰川表面速度峰值达到 9m/d（Yan et al.，2019）。可见，各拉丹冬峰地区的冰川跃动导致的直接危险性相对较弱。

6.5　长江上游冻融侵蚀灾害

6.5.1　冻融侵蚀

冻融侵蚀是高寒地区温度变化引起土壤孔隙或岩石裂缝中的水分冻结、融化，导致体积胀缩、裂隙随之加大增多，造成土体或岩石的机械破坏并在重力等作用下被搬运、迁移、堆积的整个过程（张建国和刘淑珍，2005）。冻融侵蚀多发生在高纬度、高海拔、气候寒冷的区域，在冬末春初时期，温度的频繁变化造成冻融交替所引起的岩石、土壤性质发生变化，成为冻融侵蚀最易发生的时期（范昊明和蔡强国，2003）。冻融侵蚀是土壤侵蚀的主要方式之一，是仅次于风蚀、水蚀的第三大土壤侵蚀类型，其中我国冻融侵蚀区域面积占陆地总面积的 17.97%（刘淑珍等，2013）冻融侵蚀作为青藏高原水土流失加剧的重要原因之一，一方面改变和破坏着土壤的物理性质，降低了耕地的生产能力；另一方面增加了河流的泥沙来源（李辉霞等，2005）。

长江源是冻融侵蚀剧烈发育区域，相关研究表明，青海省、四川省及西藏自治区交界的金沙江和雅砻江源区，区域 89% 的面积为冻融侵蚀区域（Lu et al.，2021）。而整个青藏高原，冻融侵蚀的面积占比也高达 64%（郭兵和姜琳，2017）。长江源是多年冻土分布区，主要的冻融侵蚀为融化季节发生的热融滑塌[图 6.18（a）]、热融坍塌[图 6.18（b）]，而在金沙江、雅砻江中上游零星多年冻土及深季节冻土分布区，以冻融崩塌[图 6.18（c）]、浅层冻融滑坡[图 6.18（d）]等为主。其发育程度受岩土体温度正负交替、冻融循环次数、岩土体强度劣化、重力作用联合影响，整体表现为岩土体破碎、向坡下运移、堆积，并与滑坡、泥石流形成链式灾害。

(a) 热融滑塌　　　　　　　　　　　　(b) 热融坍塌

(c) 冻融崩塌　　　　　　　　　　　　(d) 浅层冻融滑坡

图 6.18　长江上游源区冻融侵蚀现象

6.5.2　冻融侵蚀灾害风险

长江上游尤其源区处于青藏高原腹地及东南缘，其海拔高、气温低、温差大的气候特性为冻融侵蚀的发育提供了良好条件，冻融侵蚀是该区最主要的侵蚀类型，也是该区域所面临的主要生态环境问题之一（董瑞琨等，2000）。本节综合考虑导致冻融侵蚀的各项因素，介绍长江上游区域冻融侵蚀强度分级评价。

1）冻融侵蚀强度评价方法

严格来讲，冻融侵蚀强度的评价分级应以冻融侵蚀区单位时间内单位面积上土壤的流失量作为依据。然而，由于长江上游地区冻融侵蚀区气候环境恶劣，难以布置侵蚀小区进行实验研究，目前国内外也尚无冻融侵蚀流失量确定方法，因此对冻融侵蚀强度进行定量评价难度很大。但事实上在冻融侵蚀区确实存在着侵蚀强度的差异，而造成这种差异的原因是影响冻融过程以及冻融产物搬运条件的因子的差异。为此本节从影响冻融侵蚀发生发展的因子出发，选取适当的影响因子来对长江上游地区冻融侵蚀强度进行综合评价。

采取标准化值赋权重加权求和的方法计算冻融侵蚀强度指数，标准化方法为

$$I_i = (I - I_{min}) / (I_{max} - I_{min}) \qquad (6\text{-}2)$$

式中，I_i 为各单因子的标准化值；I 为各单因子的值；I_{min} 为 I 因子的最小值；I_{max} 为 I 因子的最大值。

冻融侵蚀强度指数计算式为

$$F = \sum_{i=1}^{n} W_i I_i / \sum_{i=1}^{n} W_i \qquad (6\text{-}3)$$

式中，W_i 为各单因子评价指数对应的权重；I_i 为各单因子的标准化值；n 为冻融侵蚀评价因子的数量；F 为冻融侵蚀综合评价指数，综合评价指数越大，表示冻融侵蚀越强烈。

2）评价指标及数据获取

冻融侵蚀是一个复杂的过程，其影响因子很多，因此，分级评价因子的选择就显得极为重要。为此，需从诸多影响因子中选出最为主要的、又便于获得的因素作为分级评价因子。冻融区确实存在着侵蚀强度的差异，而造成这种差异的原因是影响冻融过程以及冻融产物搬运条件的差异。本节根据研究区冻融侵蚀及其主要影响因子的侵蚀特性，选取影响冻融侵蚀的因子，包括气温年较差、年降水量、植被盖度、坡度、坡向、高程、细粒土含量、活动层厚度、最大冻结深度。

温度是影响冻融侵蚀的首要因子，主要包括区域内年平均地温、地面年温较差等。岩土体温度的变化，尤其是 0℃上下温度的变化幅度与变化频率，直接影响着土壤冻结与融化过程，进而影响土壤的物理性质与土壤抗蚀稳定性，以及解冻期土壤侵蚀的发生与发展过程。土壤温度的变化往往需要长期观测数据，目前研究区内缺乏这类数据，但土壤温度与气温具有极强的相关性，因此可以利用气温变化数据来反映土壤温度变化剧烈程度。本书中采用气温年较差表现气温变化，用于冻融侵蚀评价研究。气温年较差是指一年中最高月平均气温与最低月平均气温之差。气温年较差的数据可以通过国家气象科学数据中心获取。

坡度是反映地形对冻融侵蚀影响程度的一个指标。坡度直接决定着冻融侵蚀产物输送距离的远近和输送的多少，一般情况下，坡度越大，冻融侵蚀物质输移的距离越远，输移的物质也越多。

坡向是反映地形对冻融侵蚀影响程度的一个指标。坡向的不同也影响着冻融侵蚀的强度，尽管有研究认为阳坡太阳辐射强于阴坡，使得阳坡的蒸发量远大于阴坡，其温差变化也远大于阴坡，因此阳坡的冻融侵蚀作用要强于阴坡（李成六等，2011）。但在可可西里丘陵山地热融滑塌的调查显示，坡向朝北、东北向冻土斜坡热融滑塌占据了优势，且通过川藏铁路沿线的冻融风化堆积体的调查，发现朝北斜坡上的堆积体占绝大优势，为此按照表 6.3 的方式给出了斜坡坡向赋值。

表 6.3　坡向各角度归一化赋值

角度	0°~45°	45°~90°	90°~135°	135°~180°	180°~225°	225°~270°	270°~315°	315°~360°
赋值	0.75	0.75	0.25	0.2	0	0.3	0.5	0.6

降水是影响冻融侵蚀的另一主要因素，降水主要通过影响土壤和岩石中水分含量来影响冻融作用的。在冻结过程中，降水量越大使得土体中含水量越大，水体液固态转化对土体的破坏作用就越大；在融化过程中，降水量大不仅会加快坡面水流对土壤的搬运作用，而且可以通过改变土体的物理性质从而改变土壤的抗蚀性。

植被是影响冻融侵蚀的几大因子之一，它对冻融侵蚀具有明显的抑制作用。主要表现在植被的地上部分对地表的保护作用、植被的根系提高土壤的稳定性以及植被的存在减少了土温的较差。一般来说，植被覆盖度越高，则说明该区域植被的郁闭性越高，从而减少了土壤的水分蒸发，加强了土壤的团聚力，在很大程度上缓解了冻融侵蚀。

土质特征也影响冻融侵蚀，通常将粗粒含量（大于 0.075mm）不到 50% 的土称为细粒土，其也指颗粒最大粒径不大于 4.75mm 的土，包括各种黏质土、粉质土、砂和石屑等。其中，颗粒的最大粒径小于 9.5mm，且小于 2.36mm 的颗粒含量不少于 90%。细粒土含量对冻融侵蚀的影响主要为细粒土含量越多，冻融侵蚀越强烈。

此外，在多年冻土区（长江源区），活动层厚度越大，表明多年冻土稳定性越差，参与冻融的活动层土体深度越大，表现为冻融侵蚀作用越强烈；在季节冻土区，最大冻结深度与冻融侵蚀强度呈正相关，即最大冻结深度越大，冻融侵蚀越强烈。

3）冻融侵蚀强度评价结果

选取气温年较差、年降水量、植被盖度、坡度、坡向、高程、细粒土含量、活动层厚度、最大冻结深度 9 个指标作为研究区冻融侵蚀强度评价指标，根据各评价指标对冻融侵蚀强度的相对重要性结合专家打分，获取各指标权重，如表 6.4 所示。

表 6.4　各评价指标权重

指标	气温年较差	最大冻结深度	活动层厚度	高程	年降水量	坡度	细粒土含量	植被盖度	坡向
权重	0.16	0.14	0.12	0.12	0.1	0.1	0.1	0.09	0.07

根据以上各评价指标的权重和式（6-3）计算得到岷江以西的长江上游及源区的冻融侵蚀强度（图 6.19），计算的冻融侵蚀强度介于 0.15～0.52，采用自然间断点法对计算结果进行分级，划分为 0.15～0.27、0.28～0.32、0.33～0.36、0.37～0.41、0.42～0.52 五个等级，分别对应微度、轻度、中度、强烈、极强烈侵蚀（表 6.5）。

表 6.5　长江上游冻融侵蚀的基本特征

侵蚀强度	像元点	面积/km²	面积比例/%	强度分级标准
微度	63210	65647.38	12	0.15～0.27
轻度	116251	120733.64	22	0.28～0.32
中度	64043	66512.5	12	0.33～0.36
强烈	160780	166979.68	30	0.37～0.41
极强烈	132999	138127.44	25	0.42～0.52

　　图 6.19 显示，长江上游土壤均为多年冻土或者季节性冻土，因此冻融侵蚀分布广泛，冻融侵蚀类型主要为强烈侵蚀和极强烈侵蚀，分别占冻融侵蚀总面积的 30%和 25%，此两个类型的冻融侵蚀主要分布在通天河上游的楚玛尔河、金沙江上游一带，以及雅砻江、大渡河中上游地区；长江源地区，尽管多年冻土广布，但地形相对平缓，主要为中度—轻度侵蚀区；中度侵蚀及以下分布较少，微度侵蚀分布最少，分布在丽江至越西一线以南地区，占研究区冻融侵蚀总面积的 12%。

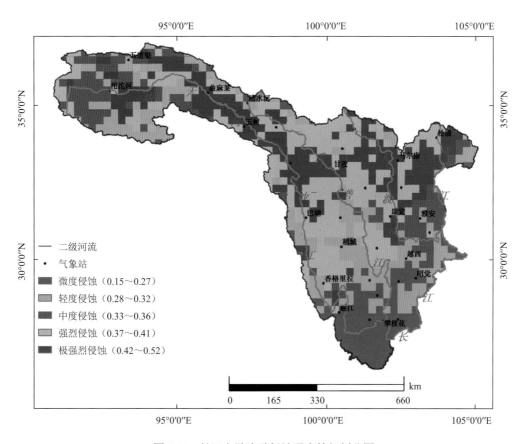

图 6.19　长江上游冻融侵蚀强度等级划分图

6.6　长江上游滑坡、泥石流灾害

6.6.1　冻融环境中的滑坡、泥石流

　　长江上游横跨青藏高原东南的高山峡谷区与藏北高原区，气候差异显著，地形地貌差异大，区内新构造运动频发，地震活动强烈。在这种复杂背景下，该区地质环境脆弱、地质灾害频发、灾害链特征显著。该区域主体上以高原多年冻土及深季节冻土分布区为主，岩石以灰岩、砂页岩、泥岩为主，部分岩层松散软弱，沟谷又发育有深厚坡积物，

为滑坡、泥石流提供了丰富的固体物质；强烈的冻融循环作用不但导致岩土体特性的劣化，同时冻融形成的裂隙、碎屑以及冻融界面水文及力学性能差异，经常成为诱发滑坡、泥石流灾害的主要因素之一。

高寒地区发生的滑坡基本上都与强烈的冻融作用有着直接或间接的关系，一方面，斜坡表面土体被冻结时，将导致边坡内地下水的富集和扩展，边坡岩土体强度降低、静水压力和动水压力增大等冻结滞水效应，降低了边坡的整体稳定性，加速了变形破坏进程，从而促进滑坡形成；另一方面，冻结土体在融化过程中结构遭到破坏，上部融化土与下部的冻土界面易成为滑动面，饱和融土在自重作用下顺坡向下滑动（牛富俊等，2004）。在地形地貌方面，滑坡区域一般具有山高坡陡、相对高差大且滑体前缘临空条件好等特点；在地质构造方面，滑坡区域岩体节理裂隙发育，便于受到风化作用的影响；在气候条件方面，滑坡区域昼夜温差大，冻融作用强烈。除以上三个因素外，一些大型冻融滑坡发生的区域，其滑坡滑源区上部存在常年积雪，这些积雪为冻融作用提供了源源不断的水力条件，并且春季的融水进入岩土体也会加速坡体的失稳。

高寒地区泥石流的发育也与复杂的冻融环境关系密切，严寒的气候、裸露的地表、多频次的冻融循环造就的风化堆积物为泥石流形成创造了丰富的松散固体物质（成玉祥等，2015）。而长江上游地区跨越了我国三级地势阶梯的第一级、第二级阶梯及向第三级阶梯的过渡带，无论从地质构造，还是从地貌、气候、水文、土壤、植被等条件来说，均为泥石流的发育提供了强大的动力条件、丰富的松散碎屑物源条件和优越的激发条件（邹强等，2012）。因此，长江上游地区成为我国滑坡、泥石流灾害最为严重的地区。

6.6.2 滑坡灾害发育状况

根据夏金梧和郭厚桢（1997）的研究，1997年长江上游地区100km²范围内，普查发现的滑坡有1736处，总体积为133.97亿m³，滑坡平均密度为17.36个/km²，平均面变形率为1333.03万m³/1000km²。其中，以水土保持重点治理区的三大片，即陇南陕南片、金沙江下游片及长江三峡库区片分布最为密集，并具有规模大、活动性高、危害严重的特点。按物质成分分类可分为堆积层滑坡（包括堆积层内滑坡和堆积层-基岩接触面滑坡）和基岩滑坡，分别占滑坡总数的64%和36%。

戴福初和邓建辉（2020）利用 GoogleEarth 对研究区部分区域的滑坡灾害进行了初步解译，然后结合现场调查成果，进一步完善解译标志，并进行了系统的解译。本节采用其相关解译结果，以阐述长江上游滑坡灾害发育状况。

因区域范围大，且缺乏准确调查资料，本节根据对长江上游部分地区滑坡的遥感解译以及现场调查、验证（戴福初和邓建辉，2020），获得了长江上游部分地区（主要为上游地区金沙江流域）滑坡的分布状况图（图6.20）。据统计，调查区域面积为 $30.75 \times 10^4 km^2$，其中滑坡共有31774处，总面积为2502.72km²，数量密度为0.10处/km²。

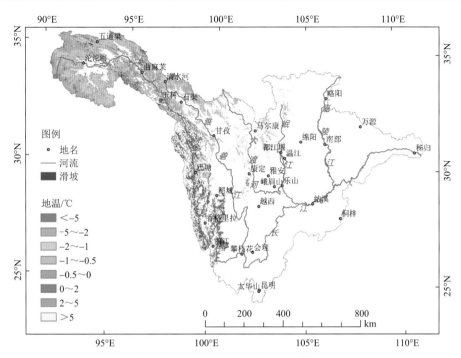

图 6.20 长江上游地区金沙江流域滑坡分布状况（戴福初和邓建辉，2020）

根据遥感解译并结合现场调查成果，按滑坡物质组成、滑动模式，研究区的滑坡主要包括：

（1）堆积层滑坡。区域崩塌堆积、冲洪积、冰碛，以及坡残积分布广泛，为堆积层滑坡的发生提供了物质基础，这些物质在强降水作用下发生高位滑动形成堆积层滑坡。

（2）冻融泥流/蠕滑。长江上游总体海拔高，冻融作用显著，这为山地型和高原型冻融泥流/蠕滑的发育创造了有利条件。高原型冻融泥流/蠕滑一般指在海拔超过 4300m 的低缓高原面上，多年冻土上部 1~3m 深度内受气候变暖、降水增加的影响土壤含水量增加、冻土融化后沿下伏多年冻土顶部发生泥流或蠕滑变形。山地型冻融泥流/蠕滑一般发生在山区海拔超过 3800m 的斜坡或地形低洼地带，该区域季节冻融作用显著，在冻融作用下高含水量的坡残积、崩塌堆积体顺坡发生泥流/蠕滑变形。

（3）岩质滑坡。岩质滑坡是该区域最普遍的滑坡类型。研究区高山峡谷地带的高陡斜坡为该类滑坡形成提供了有利的地形地貌条件。根据斜坡的岩体结构特征，岩质滑坡主要包括碎裂结构岩质滑坡、顺层滑坡、溃屈破坏、倾倒破坏。

长江上游地区滑坡灾害的发生与地形地貌、地表条件等关系十分密切，其是滑坡灾害发生的主控因素之一。根据区域内解译及调查验证得到的滑坡资料，其与地貌地形等要素的相关性分析如下。

地形坡度影响滑坡灾害发生的动力条件。一般而言，较陡的地形坡度有利于滑坡灾害的发生。但是，过陡的地形坡度不仅不利于松散堆积物等滑坡灾害物源的积累，而且表明坡体岩体强度较高，故而不易产生滑坡灾害。根据图 6.21 长江上游地区滑坡分布与坡度关系图以及统计数据，调查区坡度小于 3° 的地区共有滑坡 869 处，占研究区滑坡总处数的 2.73%；坡度在 3°～10°的地区共有滑坡 4682 处，占研究区滑坡总处数的 14.74%；坡度在 10°～20°的地区共有滑坡 9933 处，占研究区滑坡总处数的 31.26%；坡度在 20°～30°的地区共有滑坡 10773 处，占研究区滑坡总处数的 33.91%；坡度＞30°的地区共有滑坡 5517 处，占研究区滑坡总处数的 17.36%。研究区内滑坡在坡度为 20°～30°时最发育，坡度小于 3°时滑坡最不发育。

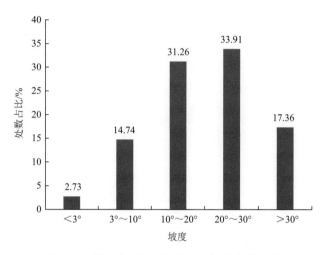

图 6.21　长江上游地区滑坡分布与坡度关系图

　　图 6.22 显示了长江上游地区滑坡分布与地貌类型之间的关系。调查区内平原地区有 404 处滑坡，占研究区滑坡总处数的 1.27%；台地有 670 处滑坡，占研究区滑坡总处数的 2.11%；丘陵有 1500 处滑坡，占研究区滑坡总处数的 4.72%；小起伏山地有 4674 处滑坡，占研究区滑坡总处数的 14.71%；中起伏山地有 13745 处滑坡，占研究区滑坡总处数的 43.26%；大起伏山地有 10416 处滑坡，占研究区滑坡总处数的 32.78%；极大起伏山地有 365 处滑坡，占研究区滑坡总处数的 1.15%。研究区内滑坡在中起伏山地最发育，在极大起伏山地最不发育。

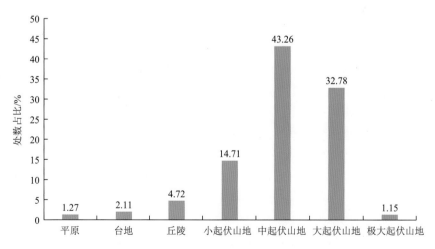

图 6.22　长江上游地区滑坡分布与地貌类型关系图

经过对研究区内的滑坡与土壤类型对比分析（图 6.23）发现：岩性土区域滑坡最发育，有滑坡 11785 处，占滑坡总处数的 37.09%；棕壤土区域有滑坡 8627 处，占总处数的 27.15%；褐土区域有滑坡 5554 处，占总处数的 17.48%；红壤区域有滑坡 3184 处，占总处数 10.02%；其余粗骨土区域有滑坡 778 处，占总处数的 2.45%，漠土区域有滑坡 477 处（1.50%），泥炭土区域有滑坡 626 处（1.97%），盐壳区域有滑坡 299 处（0.94%），初育土区域滑坡 6 处（0.02%）其他区域有滑坡 439 处，占总处数的 1.38%。

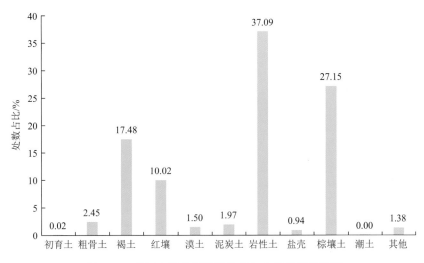

图 6.23　长江上游地区滑坡分布与土壤类型关系图

6.6.3　泥石流灾害发育状况

长江上游泥石流在青藏高原和四川盆地两个地貌转折带最为发育，且集中发育在大型断裂带和地震带内，岩石冻融风化、地表裸露、松散堆积物大量分布为泥石流发育提供了丰富的物源，也是泥石流形成的主要因素。在区域分布方面，众多资料分析统计表明（谢洪等，1994），长江上游流域泥石流沟大体分布如下：金沙江巴曲河口—奔子栏段有泥石流沟 300 余条，金沙江下游有 768 条；雅砻江流域有泥石流沟 721 条；岷江流域有泥石流沟 1422 条，其中，大渡河流域发育泥石流沟 786 条。长江上游泥石流发育与岩性及地表条件关系密切，根据邹强等（2012）完成的模型计算结果，坡度 10°～40°，特别是 20°～30°山地，泥石流发育敏感性最高；长江上游相对高差大于 1000m 的地区面积大于 30%，相对高差越大势能越大，产生泥石流的动力条件越充足，该区域泥石流发生在相对高差在 600m 以上的区域。从历史泥石流分布情况看，相对高差越大，泥石流分布越密集（图 6.24）；地层岩性对泥石流发育影响明显，砂岩、泥岩、页岩等抗冻融风化能力差以及结构面发育的堆积体最易发生泥石流；降水量分布与泥石流灾害敏感性相一致，降水量越大越易发生泥石流，年降水量大于 600mm 的区域敏感性较高；泥石流与地震烈度关系表明了与实际一致的特征，地震烈度≥Ⅶ地带敏感性最高。

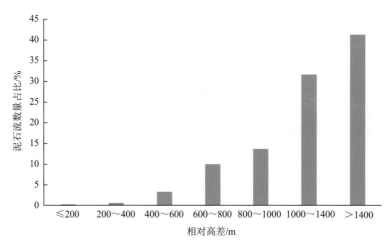

图 6.24　长江上游地区地形相对高差与泥石流分布关系（邹强等，2012）

6.6.4　滑坡、泥石流灾害影响

1）滑坡灾害影响评估

长江上游地貌类型以高原、山地为主，地形破碎、山高坡陡，区域地质构造复杂，地层岩类齐全，新构造运动和地震活动强烈，加之气候条件复杂多样，时空分布差异大，雨量丰沛，分布多个暴雨中心，导致区域内滑坡、泥石流发育强烈，成为我国滑坡分布最为集中、危害最为严重的地区之一。

2004 年在长江上游水土保持重点防治区 202 个县级区划的调查统计资料显示，体积在 $1×10^4 m^3$ 以上、危及一户居民以上的滑坡有 13000 余处（包括危岩体），其中，体积在 $10×10^4 m^3$ 以上、危及 1 人以上且活跃的滑坡共 68 处（肖翔和畅益锋，2010）。根据长江上游有限区域内滑坡易发性研究（刘渊博等，2018），在易发性分区图中，高易发区占 11.6%，主要分布在人类活动密集区、长江上游及支流两岸；不易发区占 45.6%，主要分布在人类工程活动低、植被覆盖度高的区域。而对整个长江源及上游区域，在综合考虑环境条件和滑坡危害的前提下，所开展的滑坡危险度区划研究结果（图 6.25）表明（崔鹏，2015）：高度危险区占区域面积的 9%，主要分布在金沙江、雅砻江、大渡河下游地区。金沙江下游左岸有 260 多处滑坡，平均密度为 1.44 处/100km^2，区内特大型滑坡居多，上亿立方米的滑坡就有 4 个；右岸约 $3×10^4 km^2$ 的区域分布滑坡 370 处，平均密度为 1.23 处/100km^2（乔建平等，1994）；雅砻江下游的 175 处大型滑坡分布在面积 $2.5×10^4 km^2$ 的流域内，平均密度为 0.7 处/100km^2，但该区人口分布较稀疏，许多大型、特大型滑坡危害较小。中度危险区占全区面积的 32%，集中在金沙江、雅砻江、大渡河中游地区，尽管区域较大，但相对地形开阔，滑坡直接危害较小。但是，如前所述的 2018 年 10 月 11 日西藏江达县波罗乡白格滑坡，该滑坡堵塞金沙江形成堰塞坝冲开后，导致金沙江下游地区桥梁被冲垮、多地被淹，损失惨重（许强等，2018；邓建辉等，2019）。低度危险区占全区面积的 35%，包括金沙江、雅砻江、大渡河上游区域，该区域河流切割较浅，一般不易发生大型滑坡。微度与非危险区占 24%，主要为长江源区和四川盆地，以及部分支流的源区区域。

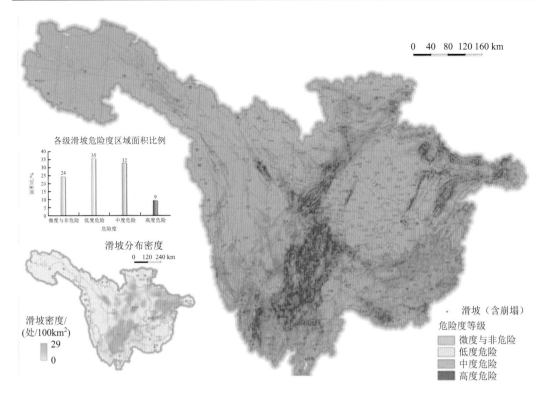

图 6.25 长江上游滑坡及其危险度区划（崔鹏，2015）

2）泥石流灾害影响评估

长江上游地区是我国泥石流活动最强烈的区域，如 1950～1990 年，金沙江下游的四川省宜宾、屏山、雷波、金阳、会东、会理等 7 个地区，泥石流造成的财产损失在 10 万元以上或死亡人数达到 5 人以上的重大灾害点有 52 个，而损失小于上述数量的灾害点数量巨大（谢洪等，1994）。长江上游流域面积在 1km^2 以上、危及居民 1 户以上的泥石流沟总计 3288 条，其中，流域面积在 1km^2 以上、直接危害 30 人以上的泥石流沟近 1500 条，以上灾害点每年暴发的重大灾害高达数十次，直接经济损失约 1 亿元，已成为影响这一地区经济社会发展及社会稳定的因素之一，而且泥石流产生的水土流失量成为长江泥沙的主要来源之一。近年来长江上游泥石流灾害严重，而且人为灾害呈加剧之势。据统计，近 10 年来长江上游发生的泥石流灾害七成是由人为活动造成的。

在长江上游流域泥石流易发敏感性评价方面，邹强等（2012）选择坡度、相对高差、地层岩性、年降水量和地震烈度 5 个评价因子，量化评价了长江上游泥石流敏感性并形成了分区图。根据他们的计算，按照泥石流敏感性程度，将研究区分为高度敏感区（面积为 77952.6km^2，占全区总面积的 9.2%）、中度敏感区（面积为 199540.8km^2，占全区总面积的 23.56%）、轻度敏感区（面积为 221358.6km^2，占全区总面积的 26.13%）和不敏感区（面积为 59148.0km^2，占全区总面积的 6.98%）4 类区域。各分布区域及孕灾环境特征见表 6.6。长江上游地区泥石流敏感性区域具有一定的规律性，高度敏感区主要分布在第一级阶梯与第二级阶梯的过渡地带，并处于金沙江、雅砻江、大渡河等大江大河中下游，以及其他干支流 5～10km 范围内；中度敏感区主要分布在高度敏感区外围 10～30km 范围内；轻度敏感区和不敏感区主要分布在中度和高度敏感区外围，地貌为高平原、河谷平坝、浅丘地区等。

表 6.6　长江上游地区泥石流发育敏感性分区特征（邹强等，2012）

等级划分	计算值	分布区域	孕灾环境特征
不敏感区	<8	主要分布于高原平地、河谷平坝地区	硬岩分布较广，地势平坦，相对高差小于 200m，坡度小于 10°，年降水量小于 400mm，地震烈度小于 V 度，不易发生泥石流灾害
轻度敏感区	8～12	中度敏感区与不敏感区之间的大部区域，主要包括长江源头丘陵地形区、四川中浅丘陵、部分高原地区	坚硬岩层为主，相对高差 200～400m，坡度在 10°～20°、>50°的范围，年降水量 400～600mm，地震烈度小于Ⅵ度，较易发生泥石流
中度敏感区	12～16	主要分布在高度敏感区外围 10～30km 范围内	软岩、软硬相间岩层为主，地势起伏较大，相对高差 400～800m，坡度范围在 20°～30°、40°～50°，年降水量 600～900mm，地震烈度小于Ⅶ度，易发生泥石流
高度敏感区	>16	第一级阶梯与第二级阶梯的过渡地带，比较集中的包括雅砻江中下游、大渡河中下游、理塘河、岷江上游等干支流的 5～10km 范围内	较软岩层，软硬相间岩层为主，地势起伏大，相对高差大于 800m，坡度在 30°～40°，年降水量大于 900mm，地震烈度大于Ⅶ度，极易发生泥石流

　　从泥石流危险度的角度，崔鹏（2015）的研究结果表明（图 6.26）：长江上游泥石流高度危险区占区域面积的 10%，主要分布在雅砻江下游、大渡河中下游、岷江上游

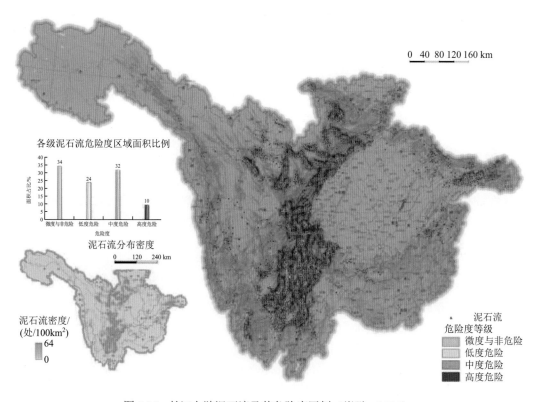

图 6.26　长江上游泥石流及其危险度区划（崔鹏，2015）

以及长江上游四川接壤湖北段等区域，最高面密度达 64 条/100km²。中度危险区占 32%，主要分布在高度危险区周边，以及长江各支流中下游流域。其余低度危险区占 24%，微度与非危险区占 34%，主要为长江源区及四川盆地。

参 考 文 献

成玉祥，段玉贵，李格烨，等.2015. 岩石冻融风化作用积累泥石流物源试验研究[J]. 灾害学，30（2）：46-50.

崔鹏.2015. 长江上游山地灾害与水土流失地图集[J]. 北京：科学出版社.

崔鹏，郭晓军，姜天海，等.2019. "亚洲水塔"变化的灾害效应与减灾对策[J]. 中国科学院院刊，34（11）：1313-1321.

戴福初，邓建辉.2020. 青藏高原东南三江流域滑坡灾害发育特征[J]. 工程科学与技术，52（5）：3-15.

邓建辉，高云建，余志球，等.2019. 堰塞金沙江上游的白格滑坡形成机制与过程分析[J]. 工程科学与技术，51（1）：9-16.

董瑞琨，许兆义，杨成永.2000. 青藏高原的冻融侵蚀问题[J]. 人民长江，31（9）：39-41.

范昊明，蔡强国.2003. 冻融侵蚀研究进展[J]. 中国水土保持科学，1（4）：50-55.

郭兵，姜琳.2017. 基于多源地空耦合数据的青藏高原冻融侵蚀强度评价[J]. 水土保持通报，37（4）：12-19.

李成六，马金辉，唐志光，等.2011. 基于 GIS 的三江源区冻融侵蚀强度评价[J]. 中国水土保持（4）：41-43，69.

李海红，李锡福，张海珍，等.2006. 中国牧区雪灾等级指标研究[J]. 青海气象（1）：24-27.

李红梅，李林，高歌，等.2013. 青海高原雪灾风险区划及对策建议[J]. 冰川冻土（3）：148-153.

李辉霞，刘淑珍，钟祥浩，等.2005. 基于 GIS 的西藏自治区冻融侵蚀敏感性评价[J]. 中国水土保持（7）：44-46.

李均力，陈曦，包安明，等.2016. 公格尔九别峰冰川跃动无人机灾害监测与评估[J]. 干旱区地理，39（2）：378-386.

刘传正，吕杰堂，童立强，等.2019. 雅鲁藏布江色东普沟崩滑碎屑流堵江灾害初步研究[J]. 中国地质，46（2）：219-234.

刘时银，姚晓军，郭万钦.2015. 基于第二次冰川编目的中国冰川现状[J]. 地理学报，70（1）：3-16.

刘淑珍，刘斌涛，陶和平，等.2013. 我国冻融侵蚀现状及防治对策[J]. 中国水土保持（10）：41-44.

刘渊博，牛瑞卿，于宪煜，等.2018. 旋转森林模型在滑坡易发性评价中的应用研究[J].武汉大学学报（信息科学版），43（6）：959-964.

牟翠翠.2020. 热喀斯特改变多年冻土区景观和地表过程[J]. 自然杂志，42（5）：386-392.

牛富俊，程国栋，赖远明，等.2004. 青藏高原多年冻土区热融滑塌型斜坡失稳研究[J]. 岩土工程学报，26（3）：402-406.

蒲健辰.1994. 中国冰川目录Ⅷ——长江水系[M]. 兰州：甘肃文化出版社.

乔建平，张小刚，林立相.1994. 长江上游滑坡危险度区划[J]. 水土保持学报（1）：39-44.

青海省农牧厅.2012. 青海省畜牧志 [M]. 西宁：青海统计出版社.

青海省质量技术监督局.2001. 气象灾害标准（DB63/T372—2001）[S].

邵全琴，刘国波，李晓东，等.2019. 三江源区 2019 年春季雪灾及草地畜牧业雪灾防御能力评估[J]. 草业学报，27（5）：1317-1327.

汤明高，王李娜，刘昕昕，等.2022. 青藏高原冰崩隐患发育分布规律及危险性[J]. 地球科学（12）：4647-4662.

王宁练，姚檀栋，徐柏青，等.2019. 全球变暖背景下青藏高原及周边地区冰川变化的时空格局与趋势及影响[J]. 中国科学院院刊，34（11）：1220-1232.

王世金，魏彦强，方苗.2014. 青海省三江源牧区雪灾综合风险评估 [J]. 草业学报，23（2）：108-116.

温克刚.2005. 中国气象灾害大典（青海卷）[M]. 北京：气象出版社.

邬光剑，姚檀栋，王伟财，等.2019. 青藏高原及周边地区的冰川灾害[J]. 中国科学院院刊，34（11）：1285-1292.

夏金梧，郭厚桢.1997. 长江上游地区滑坡分布特征及主要控制因素探讨[J]. 水文地质工程地质，24（1）：19-22，32.

肖翔，畅益锋.2010. 长江上游滑坡泥石流预警系统建设及运行模式[J]. 人民长江，41（13）：85-87.

谢洪，钟敦伦，韦方强.1994. 长江上游泥石流的灾害及分布[J]. 山地研究，12（2）：71-77.

许强，郑光，李为乐，等.2018. 2018 年 10 月和 11 月金沙江白格两次滑坡-堰塞堵江事件分析研究[J]. 工程地质学报，26（6）：1534-1551.

许湘华.2010. 用 Logistic 回归模型编制滑坡灾害敏感性区划图的方法研究[J]. 铁道科学与工程学报，7（5）：87-91.

詹兆渝，刘庆，陈文秀，等. 2005. 气象灾害大典（四川卷）[M]. 北京：气象出版社.

张国胜，伏洋，杨琼，等. 2009. 青海省天然草地类型空间分布特征及气候分区[J]. 草业科学，26（1）：23-29.

张建国，刘淑珍. 2005. 界定西藏冻融侵蚀区分布的一种新方法[J]. 地理与地理信息科学（2）：32-34，47.

张宁宁，何元庆，和献中，等. 2007. 玉龙雪山冰川崩塌成因分析[J]. 山地学报，25（4）：412-418.

张中琼，吴青柏，周兆叶. 2012. 多年冻土区冻融灾害风险性评价[J]. 自然灾害学报，21（2）：142-149.

赵鑫，张海太，赵志芳，等. 2020. 滇西北海巴洛沟 "7·28" 降雨-冰川融水混合型泥石流成因研究[J]. 工程地质学报，28（6）：1339-1349.

邹强，崔鹏，张建强，等. 2012. 长江上游地区泥石流灾害敏感性量化评价研究[J]. 环境科学与技术，35（3）：159-163，167.

Akgun A. 2012. A comparison of landslide susceptibility maps produced by logistic regression，multi-criteria decision，and likelihood ratio methods：A case study at İzmir，Turkey[J]. Landslides，9（1）：93-106.

Burn C R，Lewkowicz A G. 1990. Retrogressive thaw slumps[J]. The Canadian Geographer，34：273-276.

Copland L，Sylvestre T，Bishop M P，et al. 2011. Expanded and Recently Increased Glacier Surging in the Karakoram[J]. Arctic，Antarctic，and Alpine Research，43（4）：503-516.

Dai F C，Lee C F，Li J，et al. 2001. Assessment of landslide susceptibility on the natural terrain of Lantau Island，Hong Kong[J]. Environmental Geology，40（3）：381-391.

French H M. 2018. The periglaical environment[M]. 4th ed. Hoboken：John Wiley & Sons.

Gao Y P，Liu S Y，Qi M M，et al. 2021. Characterizing the behaviour of surge-type glaciers in the Geladandong Mountain Region，Inner Tibetan Plateau，from 1986 to 2020[J]. Geomorphology，389：107806.

Guo W，Liu S，Xu J，et al. 2015. The second Chinese glacier inventory：data，methods，and results[J]. Journal of Glaciology，61（226）：357-372.

Lacelle D，Bjornson J，Lauriol B. 2010. Climatic and geomorphic factors affecting contemporary（1950—2004）activity of retrogressive thaw slumps on the Aklavik Plateau，Richardson Mountains，NWT，Canada[J]. Permafrost and Periglacial Processes，21（1）：1-15.

Lewkowicz A G，Way R G. 2019. Extremes of summer climate trigger thousands of thermokarst landslides in a high arctic environment[J]. Nature Communications，10（1）：1329.

Lin Z J，Niu F J，Xu Z Y，et al. 2010. Thermal regime of a thermokarst lake and its influence on permafrost，Beiluhe Basin，Qinghai-Tibet Plateau[J]. Permafrost and Periglacial Processes，21（4）：315-324.

Lu Y F，Liu C，Ge Y，et al. 2021. Spatiotemporal characteristics of freeze-thawing erosion in the source regions of the Chin-Sha，Ya-Lung and Lantsang Rivers on the basis of GIS[J]. Remote Sensing，13（2）：309.

Lulseged A，Hiromitsu Y. 2005. The application of GIS-based logistic regression for landslide susceptibility mapping in Kakuda-Yahiko Mountains，central Japan[J]. Geomorphology，65（1-2）：15-31.

Luo J，Niu F J，Lin Z J，et al. 2015. Thermokarst lake changes between 1969 and 2010 in the Beilu River Basin，Qinghai-Tibet Plateau，China[J]. Science Bulletin，60（5）：556-564.

Jing L，Niu F，Lin Z，et al. 2019. Recent acceleration of thaw slumping in permafrost terrain of Qinghai-Tibet Plateau：an example from the Beiluhe Region[J]. Geomorphology，341：79-85.

Niu F J，Cheng G D，Ni W K，et al. 2005. Engineering-related slope failure inpermafrost regions of the Qinghai-Tibet Plateau [J]. Cold Regions Science and Technology，42：215-225.

Niu F J，Luo J，Lin Z J，et al. 2016. Thaw-induced slope failures and stability analyses in permafrost regions of the Qinghai-Tibet Plateau，China[J]. Landslides，13（1）：55-65.

Peter V，Paul G，Randy B. 2000. Spatial prediction of Landslide Hazard Using Logistic Regression and GIS[C]. Banff，Alberta：4th International Conference on Integrating GIS and Environmental Modeling（GIS/EM4）：Problems，Prospects and Research Needs.

Quincey D J，Braun M，Glasser N F，et al. 2011. Karakoram glacier surge dynamics[J]. Geophysical Research Letters，38：18504.

Shangguan D，Liu S，Ding Y，et al. 2016. Characterizing the May 2015 Karayaylak Glacier surge in the eastern Pamir Plateau using remote sensing[J]. Journal of Glaciology，62（235）：944-953.

Tian L，Yao T，Gao Y，et al. 2016. Two glaciers collapse in western Tibet[J]. Journal of Glaciology，63（237）：194-197.

Wang S J，Zhou L Y，Wei Y Q. 2019a. Integrated Risk Assessment of Snow Disaster（SD）over the Qinghai-Tibetan Plateau（QTP）[J]. Geomatics Natural Hazards & Risk，10（1）：740-757.

Wang S J，Chen S Y，Wei Y Q，et al. 2019b. Risk prevention and control strategies for the severely affected areas of snow disaster in the Three Rivers Source Region（TRSR），China [J]. Sciences in Cold and Arid Regions，11（3）：248-253.

Wei Y Q，Wang S J，Fang Y P，et al. 2017. Integrated assessment of the vulnerability of animal husbandry from snow disaster perspective under climate change on the Qinghai-Tibetan Plateau[J]. Global and Planetary Change，157：139-152.

Xu J，Shangguan D，Wang J. 2018. Three-dimensional glacier changes in geladandong peak region in the central Tibetan Plateau[J]. Water，10（12）：1749.

Xu J，Shangguan D，Wang J. 2021. Recent surging event of a glacier on Geladandong peak on the central Tibetan plateau[J]. Journal of Glaciology，67（265）：967-973.

Yan J，Lv M，Ruan Z，et al. 2019. Evolution of surge-type glaciers in the Yangtze River headwater using multi-source remote sensing data[J]. Remote Sensing，11（24）：2991.

第7章 冰冻圈变化对工程的影响

长江上游地区的工程包括交通、能源、水利等,这些工程对区域社会生产、生活有重要影响,但是此类工程的建设与运营也在不同程度上受到了冰冻圈变化的影响。本章将阐述冰冻圈变化对上述工程的影响,可望为该区域工程的建设和运营提供指导。

7.1 冻土变化对工程的影响

7.1.1 长江上游冻土区的重大工程

近年来,为适应区域社会经济均衡发展的需求,长江上游地区的工程建设日益增多,并主要集中于青藏工程走廊带、青康工程走廊带、川藏工程走廊带、川西以及云南北部(图7.1)。

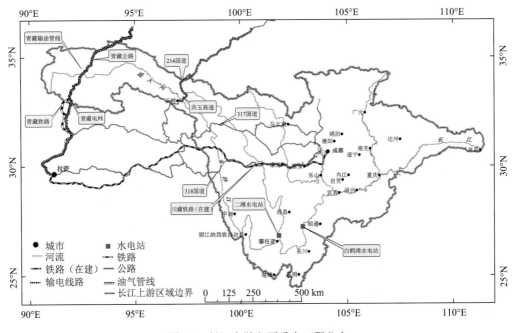

图 7.1 长江上游主要重大工程分布

在青藏工程走廊带,密集分布着青藏公路、青藏铁路、格尔木—拉萨(简称格拉)输油管道、格拉输气管道、兰西拉光缆、青藏输变电线路等重大工程;在青康工程走廊带,主要有 214 国道、共和—玉树高速公路、共和—玉树输变电线路;在川藏工程走廊带,分布着 317、318 国道以及正在建设中的川藏铁路；在川西和云南北部则密集分布着京昆、银昆和大丽等近 10 条高速公路，以及白鹤滩、两河口和锦屏等十余座大型水库。当前，正在建设的三江源国家公园有约 73% 的面积位于长江源区，面积约 9 万 km²。除了上述已有的重大工程，规划中的青藏高速公路、南水北调西线工程也穿过长江上游地区。

长江上游地区分布着大片连续多年冻土和季节冻土，受气候变暖和人类工程活动的强烈影响，冻土环境及稳定性也发生着显著变化。冻土中发育着厚度不等、形态各异的地下冰。与非冻土相比，冻土具有如下几个方面的特殊性质：一是冻土特殊的物理力学性质，如冻胀、融化下沉、蠕变以及冻土强度随温度升高而降低的工程特性；二是冻土地基的承载性能容易受到外界因素的影响，气候、地基周围的植被和水文条件的变化等都可能直接导致承载力的降低；三是冻土工程周边的冷生现象能影响冻土工程的稳定性，如冻土滑坡、热融滑塌、热融湖塘、冻胀丘、冰锥等。因此，当工程以冻土作为地基时，工程的稳定性就会随着冻土的退化而下降。冻土升温，冻土强度下降，冻土地基蠕变变形加剧；冻土融化，地基土就完全丧失其强度（徐敩祖等，2001）。

在多年冻土区开展工程建设时，工程构筑物改变了场地地表状况，引起了地表辐射和能量平衡的变化，改变了地气之间的热交换过程。因而，工程在建设期和运营期对冻土热状态将产生显著的放大效应，易于引起冻土地下冰融化和工程稳定性变化。在气候转暖和工程热影响叠加作用下，长江源区的重大工程普遍面临着冻土退化所带来的挑战。只是由于各工程的类型和措施不同，冻土退化所带来的影响也有较大差异。

7.1.2　多年冻土退化对交通工程的影响

1）青藏公路

青藏公路包括西宁—格尔木段和格尔木—拉萨段，其中格拉段主要位于多年冻土区。监测资料显示，在气候和工程作用的长期影响下，青藏公路 85% 的病害路基是冻土融化下沉引起的，且冻土融化与下沉变形呈正相关关系。年平均地温低于 -1.5℃ 的多年冻土区，路基变形相对较小，沉降速率小于 4cm/a；在年平均地温高于 -1.5℃ 的多年冻土，路基沉降速率可达 4～10cm/a。以青藏工程走廊西大滩至安多多年冻土区为研究对象，对地表变形与年平均地温等因素的相关性研究表明，在年平均地温高于 -1℃ 的区域，地表变形与年平均地温关系密切，相关系数大于 0.8，置信度水平小于 0.05。在年平均地温低于 -1℃ 的区域，地表变形与年平均地温相关不显著，二者间的相关系数介于 0.2～0.6，置信度水平均大于 0.05（表 7.1）。青藏公路冻土区路基变形除冻土融化下沉外，也存在高温冻土压缩和蠕变变形。此外，路基下多年冻土的融沉还将导致路基横向倾斜变形、纵（横）向裂缝与路基开裂、路肩（边坡）倾斜及滑移、纵向凹陷与波浪沉陷等问题（图 7.2）。

表 7.1　地表沉降与年平均地温关系（赵韬等，2021）

年平均地温	$T \leqslant -2$℃	-2℃$< T \leqslant -1$℃	-1℃$< T \leqslant -0.5$℃	-0.5℃$< T \leqslant 0.0$℃
相关系数	0.35	0.45	0.90	0.84
置信度水平	0.17	0.06	8.37×10^{-21}	4.54×10^{-6}

(a) 路基中心局部下沉　　　　　　　　　　(b) 侧倾开裂

(c) 路基整体下沉　　　　　　　　　　(d) 波浪

图 7.2　青藏公路典型病害

　　依据长江源区青藏公路沿线目前的冻土温度状况、未来变化预估并结合多年冻土稳定性，可以将沿线多年冻土划分为以下四种典型路段：①基本稳定路段，主要分布于公路沿线的昆仑山、风火山和唐古拉山垭口附近，占全线多年冻土路段总长度的 6%以下，在未来气候变暖的背景下，此类多年冻土大多将由基本稳定型转化为准稳定型，但多年冻土温度将仍然低于−1.5℃，多年冻土活动层厚度可能略有增厚，路基的融沉现象可能略有增大。②准稳定路段，主要分布于五道梁到雅玛尔河一带，累积长度 100～120km。未来气候变暖将可能导致此类冻土大部分退化为不稳定型多年冻土，多年冻土温度将上升到−1.5℃以上，路基的融沉病害将明显增加。③不稳定型路段，主要分布于清水河到楚玛尔河一带，分布长度 100～130km。在今后的 50 年中，此类冻土大部分将转化为极不稳定型多年冻土，路基的稳定性极差。④极不稳定路段，主要分布于沱沱河和通天河谷地，分布长度超 200km。未来 50 年内，这类冻土大多将消失，退化成为季节性冻土区（赵林等，2010）。

　　伴随着冻土退化，热融湖塘、热融滑塌和冻土滑坡等冻融灾害显著增加。根据近年来地面和遥感调查，青藏公路沿线分布着 250 余个热融湖塘，总面积大约 $139 \times 10^4 m^2$，平均热融湖塘面积约为 $5580 m^2$，热融湖塘集中分布在高平原和沟谷盆地（Niu et al.,2011）。气候转暖下，热融湖塘数量有所增加，面积有所扩大。热融湖塘的形成和发育对寒区工程、水文水资源、寒区环境演化均有较大影响。同时，热融滑塌或冻土滑坡也显著增加。最新的遥感数据显示，青藏公路沿线五道梁到风火山有 42 个热融滑塌，这些多年冻土区斜坡的热喀斯特过程与冻土退化密切相关，因远离工程构筑物，当前尚未对青藏公路工程产生显著影响。

在气候变化背景下，工程活动易于诱发热融滑塌和冻土活动层滑坡。青藏公路 K3035 处工程取土导致地下冰暴露，对青藏公路安全运营造成了威胁。风火山地区修筑路基导致平缓斜坡后缘产生蠕滑拉张裂缝，后期异常降水作用导致冻土活动层滑坡，对公路安全运营构成了一定的威胁。基于现有地温分布、活动层厚度的监测数据，通过多元回归模型并采用开放系统地气耦合模型获得了未来 20 年和 50 年青藏工程走廊带多年冻土热融蚀敏感性分布（崔福庆等，2020）。如表 7.2 所示，随着气候不断变暖，青藏工程走廊带内冻土的热融蚀敏感型冻土比例将大幅增加。至 2036 年，不敏感型、弱敏感型、敏感型和极敏感型 4 类冻土比例将分别为 14.80%、14.43%、25.18% 和 19.22%；至 2066 年，极敏感型冻土比例将增长 1 倍以上，由当前的 16.53% 上升到 36.73%，且敏感型和极敏感型冻土将占整个走廊带内多年冻土区的 78% 以上，而不敏感型冻土将下降为不足当前的一半。

表 7.2　青藏公路沿线热融蚀敏感性评价（%）

类别	2016 年	2036 年	2066 年
不敏感型	22.23	14.80	8.01
弱敏感性	13.76	14.43	8.08
敏感型	21.11	25.18	20.81
极敏感型	16.53	19.22	36.73

2）青藏铁路

作为世界上海拔最高、高原线路里程最长、沿线环境最恶劣的铁路，青藏铁路被誉为"天路""世界屋脊上的钢铁大道"。青藏铁路分两期建成：一期工程东起青海省西宁市，西至格尔木市，于 1958 年开工建设，1984 年 5 月建成通车；二期工程，东起青海省格尔木市，西至西藏自治区拉萨市，于 2001 年 6 月 29 日开工，2006 年 7 月 1 日全线通车。青藏铁路与青藏公路有较大差异，公路沥青路面相对封闭不透气，铁路道砟是个开放体系、可以透气，因而青藏铁路工程对其下部多年冻土热力稳定性的影响不同于青藏公路。虽然公路和铁路都要面临高温高含冰量冻土对工程作用和气候变化影响的高敏感性问题，但由于工程构筑物使用寿命和服役性能不同，对冻土影响的关注角度也有较大差异（吴青柏和牛富俊，2013）。

青藏铁路格拉段穿过海拔 4400m 以上的 550km 多年冻土区，必须考虑路基的长期热状况。自 2006 年青藏铁路运营以来，长江源区内铁路沿线多年冻土上限和冻土温度发生了很大变化。由于路基填筑以及各种保护路基稳定的工程措施的应用，多年冻土区路基工程的人为上限大多有所抬升。在运营初期，路基人为上限抬升的占 81%。受气候及工程的影响，这一比例在 2015 年降至 75%（孟超等，2018）。

在路基下部冻土上限下降、冻土温度升高以及冻土融化的状态下，路基稳定性发生了显著的变化（图 7.3），引起了冻土路基融化下沉、不均匀沉降、路基裂缝等工程病害。为监测和分析青藏铁路运营阶段冻土路基热力稳定性，在沿线布设了多年冻土和路基稳定性长期监测系统，通过监测数据开展了路基下部冻土热力稳定性的动态变化、路基阴阳坡辐射影响的差异分析等工作，全面掌握了冻土变化和路基稳定性的动态过程。

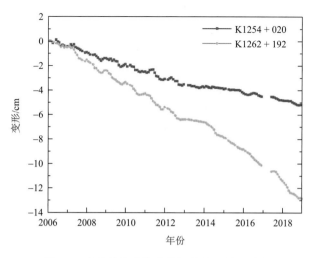

图 7.3　青藏铁路冻土路基沉降变形发展过程

　　监测资料表明，对于年平均地温低于−2.0℃的多年冻土，青藏铁路路基变形主要以冻胀为主，2006～2010 年总冻胀量小于 5cm；对于年平均地温为−1.0～−2.0℃的多年冻土，路基变形以沉降变形为主，总沉降量小于 5cm；对于年平均地温大于−1.0℃的多年冻土，路基变形较大，路基变形主要是冻土融化引起的（Ma et al.，2011）。高温多年冻土区，多年冻土自身热稳定性较差，天然地表下多年冻土多处于吸热状态，因此对于外界的热扰动特别敏感。在青藏高原腹地的开心岭山区，两个年平均地温分别为−0.6℃和−0.8℃的路基断面 2006～2018 年累积变形分别达到了 5.2cm 和 12.9cm（图 7.3）。

　　对于年平均地温高于−1.0℃高温不稳定和极不稳定多年冻土来说，块石基底路基下部土体温度随时间逐渐降低，具有明显的降温趋势，但降温幅度比低温多年冻土要小（吴青柏和牛富俊，2013）。由于高温不稳定多年冻土本身热稳定性较差，块石基底路基随着时间发展逐渐发挥保护多年冻土的作用，冻土未出现显著升温趋势。路基变形相对是稳定的，且路基差异性变形较小。对于普通路基来说，相同深度的土体温度比块石基底路基下的温度高 2℃左右，且具有显著的升高趋势。路基下部土体在工程热扰动和路堤土体热阻影响下改变了原有土体的热平衡状态，导致下部土体温度逐渐升高，多年冻土上限下降。路基下部冻土融化导致普通路基变形较大，路基变形普遍超过 5cm，5 个监测断面路基变形已超过 10cm。从不到 10 年的铁路运营数据来看，块石基底结构能有效地降低路基下部冻土温度，抬升多年冻土上限，保证路基的总体稳定。普通路基下低温多年冻土因自身冷储量大，可抬升冻土上限。对于高温多年冻土来说，冻土热稳定性较差，路基下冻土上限下降，路基变形较大，且路基差异性变形较大，严重影响路基稳定性。青藏铁路长期观测系统 2008～2014 年累积变形观测结果显示，其间累积变形量小于 20mm 的断面占监测断面的 90%以上；累积变形量介于 20～50mm 的断面所占比例 2008 年为 3.03%，2010 年达到最大值 6.81%；2008～2010 年，累积变形量介于 50～100mm 的断面所占比例为 1.52%，2011～2014 年没有新增（表 7.3）。对变形稳定性不足的断面，应考虑及时采取补强措施以提高路基稳定性。青藏铁路 K1496 + 750 断面，通车后多年冻土退化严重，路基产生显著沉降变形。通过块石护坡和热管复合措施补强加固后，路基下伏多年冻土温度下降显著（图 7.4）（Mei et al.，2021）。

表 7.3　青藏铁路冻土路基不同沉降所占百分比统计表（王忠玉等，2016）

年份	累积变形量<20mm	20mm<累积变形量<50mm	50mm<累积变形量<100mm
2008	95.45	3.03	1.52
2009	93.93	4.55	1.52
2010	91.67	6.81	1.52
2011	93.94	6.06	0.00
2012	94.70	5.30	0.00
2013	95.45	4.55	0.00
2014	96.97	3.03	0.00

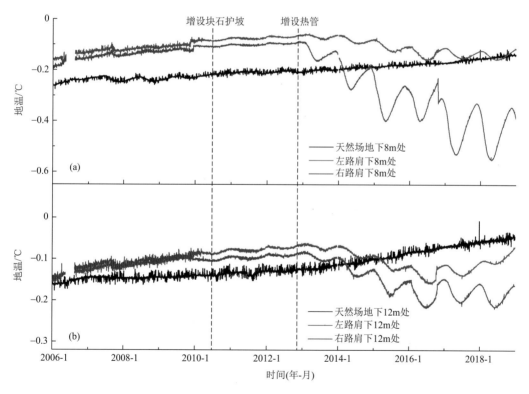

图 7.4　青藏铁路补强前后多年冻土温度变化

此外，阴阳坡效应是青藏高原路基工程典型问题，是指左右路肩下部多年冻土上限和冻土温度差异，并引起路基不均匀下沉和纵向裂缝，这一效应主要是路基边坡太阳辐射差异引起的路基边坡表面温度差异所致。采取适当工程措施会减弱这一效应，但是气候转暖影响会加剧阴阳坡效应（图 7.4）。

3）川藏铁路

川藏铁路是中国境内一条连接四川省与西藏自治区的国家干线铁路，线路全长1838km，呈东西走向，东起四川省成都市，西至西藏自治区拉萨市，是中国第二条进藏铁路，也是中国西南地区的干线铁路之一。

川藏铁路在西藏昌都东侧穿过金沙江，其后又穿越雅砻江、鲜水河、大渡河等长江上游主要支流。沿途由东至西分别穿越康定（2600m）、雅安（1500m）、理塘（4014m）、毛垭坝（3800～4300m）到芒康（3850～4100m）。根据该地多年冻土与海拔的关系，一般认为该地区的冻土下界在4600m左右。仅从线位来看，川藏铁路在穿过长江上游时并没有经过多年冻土区。考虑线位两侧各10km的缓冲区，可能分布有多年冻土的线路长度将有约75km，主要分布于邦达草原、毛垭草原、芒康山、折多山、伯舒拉岭等高山区。从现有线位来看，影响长江上游区川藏铁路的冻土主要为深季节冻土，并主要分布于理塘—毛垭坝段和贡觉高原盆地段，最大季节冻结深度在1.2～1.5m，深季节冻土区的累积长度在39km左右。

理塘—毛垭坝段因地下水位浅，容易在部分表层土为粉土、粉质黏土的路段形成冻胀和翻浆病害，对冻土路基的稳定性有一定危害。考虑近期高原暖湿化的变化趋势，表土层含水量增加，冬季冻结膨胀和夏季融化翻浆问题更为突出，季节冻土的危害加剧。在铁路穿过上述区域时，桥梁桩基需做好抗冻拔预防措施，路基工程需做好天然地基冻胀敏感性土的换填，并控制路基填料中细颗粒土的含量不宜超过10%，路基设计高度不宜小于2倍最大季节冻结深度。

与路基、桥梁相比，川藏铁路隧道约80座，累积长度800余千米，占线路总长的82.8%。其中，该线路特长隧道近30座，长度超过600km。折多山隧道和色季拉山隧道是最长的两座隧道，长度均超过30km。受设计线位海拔控制，川藏铁路长江上游段有90%以上的线位处于季节冻土区，具有发生冻害的温度条件。同时，川藏铁路基本位于半湿润—湿润气候区，年降水量较大，大大增加了沿线隧道渗漏水的可能性。现有工程实践和研究结果表明，寒区隧道冻害问题较多。寒区隧道冻融病害主要包括衬砌破裂、酥碎、剥落，衬砌漏水、挂冰、隧底冒水积冰、洞门墙开裂，以及隧道口路堑春融水结冰。上述冻融病害严重威胁了行车安全，甚至可能导致部分隧道冬季停运或永久废弃。川藏铁路已有线路，目前运行状况良好。雅安—林芝段仍在勘察、设计、施工中，由于该路段海拔较高，可以对沿线潜在隧道病害采用围岩注浆、防寒泄水洞、衬砌结构保温、防寒门保温等措施予以综合防治。

7.1.3　多年冻土退化对能源工程的影响

不考虑季节冻土冻融变化的影响，长江上游地区能源工程受冻土变化影响的区域主要集中在玉树巴塘镇以西的多年冻土区，受到影响的重大能源工程主要包括青藏直流联网工程、格拉输油管线等。

1）青藏直流联网工程

输电线路工程作为冻土工程中的重要组成部分，在我国基础设施建设中占有举足轻重的地位。该工程北起格尔木换流站，南至拉萨换流站，输电距离约 1100km，线路跨越青藏高原约 632km 多年冻土地段（图 7.5），其中大片连续多年冻土区占 83.6%，岛状多年冻土区占 16.4%。该工程是世界上首次在海拔 4000～5000m 以上建设高压直流线路，首次在海拔 3000m 上建设直流换流站（俞祁浩等，2009）。

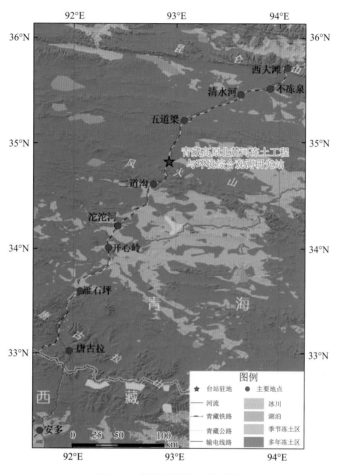

图 7.5　青藏直流输电线路图

在该线路穿越的多年冻土区中，共有杆塔 1207 基，占全线基础总量的 51%，面临海拔高、气候严寒、日温差大、紫外线辐射强以及多年冻土等问题，其中，冻土的类型、分布规律、物理力学特性等对线路路径优化、塔基稳定性的影响以及不良冻土现象引起的地质灾害等问题尤为突出。考虑气候转暖所导致的冻土退化，冻土的影响更为剧烈（钱进等，2009）。

对于穿越青藏高原多年冻土区的输电线路，高比例的高温、高含冰量冻土，工程活动所引起的地下冰融化、基础下沉问题等，严重威胁着该工程的安全运营。输电线路对塔基沉降变形控制要求严格。随着气候的不断转暖，冻土、地下冰的不断融化，导致塔基冻土地基承载力会趋于降低，工程设计中应通过提高工程安全系数或增加主动冷却工程措施确保工程稳定。

　　通过 2007 年、2008 年两次对输电线路的调查发现，沿线有大小冰锥约 30 余处，其类型主要为泉冰锥，最大规模为西大滩青藏铁路南侧的泉冰锥，其延展范围约 300m（钱进等，2009）。上述不良冻土现象伴随着地表微地貌的变化对输电线路稳定性危害极大，导致塔基产生变形失稳，因此在线路选择及塔基选点中尽量绕避或跨越。另外，由于工程建设破坏了冻土天然的热平衡、水文地质条件以及冻土工程地质条件，会形成一系列的次生不良冻土现象，需对其类型、分布及发育机理开展研究。

　　在高原升温增湿的背景下，长江源区冻土的活动层厚度加深、地下冰融化已经引发了多年冻土区大量的热融现象，代表性的现象为热融湖塘的形成[图 7.6（a）]（牛富俊等，2018）。此外，热融滑塌和冻土滑坡灾害也显著增加。遥感数据显示，沿线五道梁到风火山有 42 个热融滑塌（Niu et al.，2016）。这些因气候变暖而产生的冰缘现象因远离工程建筑尚没有产生实际病害，但是因工程活动诱发的冻融灾害将对设施的安全运营造成极大威胁。

图 7.6　青藏工程走廊带的积水和积冰

　　在输电线路跨越的多年冻土区中，多年冻土热稳定性差、水热活动强烈、厚层地下冰和高含冰量冻土所占比例大、对环境变化极为敏感。冻胀、融沉以及冻拔作用等对工程的设计、施工和安全运营等构成了严重威胁（Guo et al.，2015）。

　　与青藏公路、青藏铁路相比，青藏直流输电线路在工程结构、与冻土的相互作用、面临的冻土工程问题等方面存在区别（俞祁浩等，2012），特别是埋入式基础需要开挖基坑，其间冻土的暴露因太阳辐射发生融化以及冻结层上水的涌入等，对冻土地基稳定性造成直接影响[图 7.6（b）]。

青藏直流输电线路建设完成后，面对高比例的高温、高含冰量冻土，气候转暖以及工程与冻土的相互作用导致地下水文过程、冻土发育环境受到影响，产生冻胀、融沉病害，成为输电线路运营中需要面对的主要问题[图 7.6（c）]。输电线路大量采用桩式基础，经过高含水/冰量地段时，在季节冻融交替中易发生冻胀影响，若塔基设计深度不足、防冻胀措施不合理或是强度不够，冻融循环过程中将出现基础冻拔现象（王国尚等，2014）。此外，气候变暖及工程作用下导致的多年冻土退化和地下冰的融化会对塔基的稳定性构成威胁。同时，青藏直流联网工程沿线冻胀丘、冰锥、热融湖塘和热融滑塌等不良冻土现象发育，多处塔基出现冰锥、热融滑塌和热融湖塘等[图 7.6（b）]。

因此，需要重视气候变暖及输电线路工程的双重影响下多年冻土退化所导致的一系列工程病害，强化工程措施，保障基础设施长期稳定和安全（Guo et al.，2015）。

2）格拉输油管线

格拉成品油管线（以下简称格拉管线）北起青海省格尔木市，南至西藏自治区首府拉萨，基本沿青藏公路铺设（何瑞霞等，2010），途经长江源腹地。管线于 1977 年建成并投入运行，全长 1076km，埋深 1.2～1.4m，管道干线直径 159mm，壁厚 6mm。其修建工程十分艰巨复杂，全线穿越河流 108 条，公路 123 处，与青藏公路交叉多次。

管道沿线为高寒大陆性气候，空气稀薄、气压低，降水稀少、气候严寒、寒冷期漫长。极端最低气温达–30～–35℃；最高气温出现在 7 月，极端最高气温为 15～24℃。其中，有 900 多千米的管线处在海拔 4000m 以上严寒地区，560 多千米管线铺设在多年冻土区。昆仑山、风火山、唐古拉山等高山基岩区冻土温度很低，属于热稳定型多年冻土；五道梁、可可西里、开心岭等中低山区冻土温度较低，属于热稳定过渡型多年冻土，中高山区的山前缓坡地带发育着热不稳定型多年冻土。西大滩断陷谷地、楚玛尔河盆地、北麓河盆地、沱沱河盆地、通天河盆地等地段冻土温度较高，发育着热极不稳定型多年冻土。

格拉管线的铺设采取大规模机械化施工方法，因铲除地表植被，改变了天然地表性质，形成热融洼地、热融湖塘、热融滑塌、融冻泥流等。在高含冰量、坡度较大的地段，铲除植被和地表开挖会造成冻土环境的强烈破坏作用。在热侵蚀作用下冻土上限处地下冰层发生融化，往往沿融化界面发生土体滑塌。热融滑塌和融冻泥流的发展速度较快，在短短的几年可以从山脚发展到山顶，改变地下水渗流条件，产生一系列冻胀丘、泉水冰锥等。

在管道正温输油会造成管道周边形成融化圈，特别是在高含冰量多年冻土区段会形成严重的融沉。1997 年和 2005 年在昆仑山口的坑探表明，管道周围已形成直径为 140～150cm 的融化圈，而当时天然条件下土体融化深度只有 90cm（金会军等，2000）。此外，长期的冻融循环作用可导致管道的冻胀、翘曲。格拉管道曾多次被挤出地表而使管道变形，拱出地面约 0.7m，长 3.6m，因拱起而形成的弯曲应力，给管道的安全运行构成威胁。格拉管线乌丽附近发育冻胀丘，导致管道翘曲变形，该处地表以上管道最大翘曲高度大约 0.5m，且推算 25 年来最大翘曲可达到 1.9m。

相对于公路和铁路工程，格拉管线尽管在运营期出现了上述病害，但是管线的运营安全并没有受到多年冻土的显著影响。

7.2 冰川和积雪变化对工程的影响

7.2.1 冰川变化对工程的影响

受青藏高原气候暖湿化的影响，长江上游的大部分冰川在不同程度上退缩，冰川末端后退、面积减小、厚度减薄，部分冰川出现冰崩、跃动现象，并进一步诱发冰湖溃决洪水或冰川泥石流。

长江上游玉龙雪山、各拉丹冬等区域的冰川曾发生冰川崩塌或冰川跃动事件，但由于处于偏远山区，未曾有对工程和人类生产活动造成破坏的记录。然而，位于玉龙雪山正北方向的哈巴雪山西侧海巴洛沟上游曾发生冰川泥石流事件，泥石流冲毁一座便桥，给当地施工构成一定威胁。

在气候变暖背景下，冰川变化对工程和人类活动的影响日益加剧，如 1988 年 7 月 15 日深夜，雅鲁藏布江米堆冰川突然跃动，冰川末端断裂崩塌产生的巨大冰体冲入冰湖，冲溃湖坝，形成洪水，冲毁了 318 国道大小桥梁 18 座及 42km 的路基，使这条藏东南唯一的"生命线"中断达半年之久。

当前，在气候变化和人类活动的影响下，长江上游冰川崩塌、跃动、冰川泥石流、冰湖溃决时有发生，需加强冰川灾害监测、评估和预防对策研究。

7.2.2 积雪变化对工程的影响

积雪对人类活动和社会经济的影响具有两重性：一方面，积雪是重要的淡水资源和建筑材料，也是重要的旅游资源；另一方面，在农业生产中，积雪具有重要的保温、保墒作用，有利于改善作物越冬，提高作物的产量。但是，对于诸多工程而言，大范围和局地较厚的积雪则可能造成多种灾害（王中隆，2001）。

对 87 个地面站点积雪常规监测数据分析表明，青藏高原在最近 50 年中的低温冰冻风险指数中出现两个趋势（魏彦强和王世金，2020）：总体来看，1997 年似乎是一个风险度转折点，在此之前，其致灾因子中的降雪天数、降雪量和全年中降雪的比例均呈现出明显的增长趋势，即灾害的风险性在逐年增高；而在 1997 年之后，这一趋势又逐渐减缓，低温冰冻灾害的风险性趋于平稳发展。这一研究结果与 20 世纪 70 年代至 21 世纪前 10 年的降雪研究结论一致，其间青藏高原的降雪呈增加趋势（王中隆，2001）。

降雪频率和降雪量是致灾因子风险性的重要指标，从近 50 年的总体趋势来看，各指数也均呈现出增长态势，尤其是在 1997 年之前的近 40 年中，这一趋势非常明显。虽然其后灾害因子风险性趋于平缓，但总体上来看，青藏高原的低温冰冻灾害在趋于平稳中仍保持较高的风险水平（图 7.7）。与上述致灾因子相比，反映低温灾害发生频率的低温天数（气温低于 1℃ 的天数）则呈现出逐步的下降趋势 [图 7.8（a）]，这说明低温灾害在近年有较为明显的下降趋势，最近十几年中表现得更为显著。低温天数的减少应是气候全面暖化导致日平均温度增高的结果。青藏高原各个气象站点的年平均气温与各站点的低温日数相对应，各站点的年平均气温呈现出明显的上升趋势，且这一趋势较为显著，增温速度为 0.034℃/a（$r^2 = 0.715$，$p < 0.001$）[图 7.8（b）]。以上研究表明，近 50 多年来青藏高原经历了较快的暖化过程，这一过程在一定程度上减少了低温灾害风险，表现为反映低温灾害发生频率的低温日数随着气候的暖化在逐渐减少，大雪过后的冷冻天气在逐渐减少。

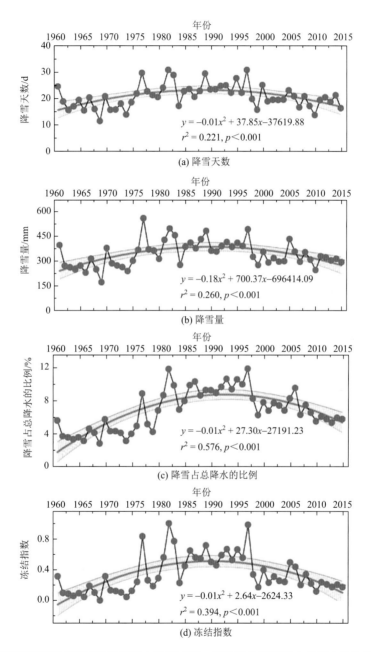

图 7.7　青藏高原低温冰冻灾害风险度指数中降雪天数、降雪量以及降雪占总降水的比例及冻结指数的逐年变化情况（魏彦强和王世金，2020）

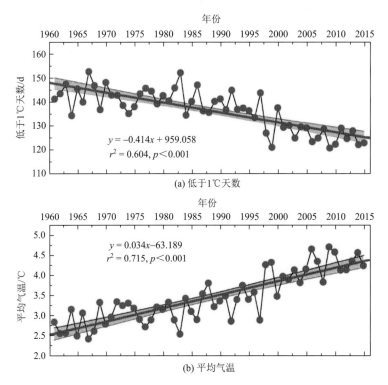

图 7.8　冰冻灾害风险度指数中低于 1℃ 的天数及年平均气温变化趋势（魏彦强和王世金，2020）

在致灾因子风险性指标中，降雪天数[图 7.7（a）]、降雪量[图 7.7（b）]以及降雪占总降水的比例[图 7.6（c）]在 1997 年前表现出较为明显的增长趋势，但近些年有下降并趋于稳定的态势；而随着气候变暖，反映低温灾害发生频率的指标——低温天数在逐渐减少，这与青藏高原经历的全面暖化过程密切相关，而低温日数的减少也在一定程度上缓解了其带来的低温灾害风险。从 1961～2015 年雪灾发生时间的统计来看（图 7.9），青藏高原绝大部分雪灾（65% 以上）集中在 1～4 月，且 3 月是雪灾发生的高峰时段，10 月和 11 月的初雪是雪灾较为容易发生的季节，从而在统计上出现了以 11 月为主的初雪小高峰和 3 月的春季雪灾高峰。

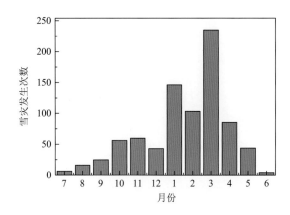

图 7.9　雪灾发生次数年内分布统计图（1961～2015 年）

灾情的统计数据来源于灾害年鉴，随着时间的久远，其记录可能越加不准确和不完整，近些年灾害事件的增加可能是灾害上报制度完备、统计数据精确的后果，但不可否认的是，近些年来青藏高原地区的冰雪灾害在逐渐增加。从发生的频次上来看，由 20 世纪 60 年代平均的 2～3 年一次，逐渐增加到几乎每年都发生。青藏高原的冰雪灾害主要发生在青海省，四川、甘肃、新疆和云南的灾害损失较小。其中，青海省海西地区的乌兰县发生次数最高，规模以上灾害有 15 次之多，青海省的玉树、达日、玛沁、那曲和西藏自治区的措美、隆子、错那等县都是雪灾的高发区。

1985 年/1986 年为北半球 20 世纪 80 年代最丰雪年，也是青藏高原积雪最丰富的一个冬季。这一异常大雪主要发生在唐古拉山、巴颜喀拉山地区，积雪深度达 100cm，是正常年份 10～20cm 的 5～10 倍，大于 8mm 降雪区的面积约为 55 万 km²，灾区平均降温 10～18℃，导致灾区长时间交通中断，救援物资不能及时送达。根据长江源村有关记录，这是一场百年不遇的大雪灾。

20 余年间，川藏线雪灾依然严重，其间有 8 次降雪严重影响了当地交通。1991 年 2 月 27 日至 5 月中旬，丁青、类乌齐、昌都、八宿、洛隆、江达等地先后连降中到大雪，仅 3 月 1 日 18 时至 2 日 09 时，昌都、类乌齐降雪量就达 7mm，3 月 21 日至 4 月 11 日，类乌齐共下了 7 场雪，其中，长毛岭乡、岗色乡积雪深度在 45cm 以上。类乌齐镇、卡玛多乡积雪深度在 30～50cm。江达县的生达乡、邦格寺等积雪深度在 30～50cm，一度危及国道 318、317 交通干线运行安全。2000 年 4 月 10 日，川藏公路西藏境内的八宿县以西至波密县以东 100km 路段，降了特大暴雪，积雪厚达 1m 多深，最深处达 2m，雪崩频繁发生，当地 500 多名居民和昌都到拉萨的一辆客车被暴雪困住。2006 年 2 月 27 日，甘孜州大部分地区出现明显的寒潮降雪天气，仅康定就降了 25.8mm 的暴雪，积雪深度 46cm，突破历史同期极值，国道 318 线康定—新都桥、省道 217 线理塘县境内兔儿山、海子山，乡城县境内的交通中断；省道 215 线九龙县境内鸡丑山行车极为困难。其中，国道 318 线康定—新都桥段被交通管制。2008 年 1 月 23 日，西藏出现大范围强降雪天气。23 日，山南地区错那县降了 24.8mm 的大暴雪，积雪深度 32cm，超过历史同期极值 7.3mm。24 日下午，因积雪造成国道 318 线交通阻断。23 日前后，川藏公路然乌沟段因此被大雪完全覆盖，暴发十余处小型雪崩，交通中断，90 多辆车、400 余人被困途中。2008 年 10 月 26 日，藏东南地区出现持续强降雪天气，川藏公路东达山至牛踏沟近 160km 路段完全被大雪覆盖。27 日上午，受灾路面积雪平均厚度近 40cm，东达山、业拉山、安久拉山等路面积雪最厚处达 1m，导致川藏公路断通，直至当月 30 日才正式恢复通车。2009 年 4 月 26 日，川藏公路八宿县然乌镇至波密县段连续发生 4 起大型雪崩，使得川藏公路交通全面陷入瘫痪，其中牛踏沟两处 130 余米的路段彻底中断。2016 年 2 月 20 日，暴雪导致川藏线瘫痪。此次降雪量已超过甘孜州历年同期极值，部分雪深 32cm。甘孜州康定市折多山地区强降雪，导致境内国道 318 线折多山路段交通堵塞，其中，康定县城至新都桥镇路段双向交通管制。二郎山路段仅限备有防滑链条的车辆进入。受数日大雪天气影响，昌都邦达机场跑道结冰，导致航班无法正常起降。2017 年 4 月 24 日，四川甘孜州康定市境内气温骤降，折多山地区开始陆续局地降大雪，4 月 26 日晚骤降大雪后，国道 318 线折多山路段部分路面积雪结冰，导致道路通行受阻。4 月 26 日晚，康定再发强降雪，最低气温低至零下

4℃，该市新城区至折多山顶路面全部积雪，国道 318 线折多山顶积雪厚度达 20cm，致使道路交通中断，折多山"大雪封山"。

相对于高纬度地区，长江上游的积雪受高原辐射影响显著，加上当前对道路维护工作投入较大，公路雪害案例虽多，但是影响时间普遍较短。与公路雪害频发相比，目前在青藏铁路等高原铁路、矿山等工程中还尚未有关于雪害的报道。

7.3 冰冻圈变化对水利工程的影响

7.3.1 冰冻圈变化对长江上游大型水利工程的影响

1）长江上游的大型水利工程

长江上游干流已建成的水利工程有葛洲坝和三峡水利枢纽，以及金沙江的乌东德、白鹤滩、溪洛渡和向家坝水电站。金沙江作为长江上游最主要的干流河段，其上游和下游也即将建设诸多大型水利水电工程。

金沙江上游指青海玉树（巴塘河口）至云南石鼓区间段，河段长 974km，流域面积 7.65 万 km²，落差约 1722m，河道平均比降 1.76%。上游流域规划范围上起巴塘河口下至奔子栏全长约 772km 的干流河段，天然落差 1516m，河道平均坡降 1.96%。主要支流左岸有赠曲、欧曲、巴楚河、松麦河，右岸有藏曲、热曲、丹达曲等。金沙江上游川藏段是指卓克沟口的果通至莫曲河口的昌波河段，是四川和西藏界河，全长 546km，落差约 1030m，多年平均流量为 520～1000m³/s，金沙江上游川藏段共布置 8 个梯级电站，分别为：岗托水电站（110 万 kW）、岩比水电站（30 万 kW）、波罗水电站（96 万 kW）、叶巴滩水电站（198 万 kW）、拉哇水电站（168 万 kW）、巴塘水电站（74 万 kW）、苏哇龙水电站（116 万 kW）和昌波水电站（106 万 kW），初步规划装机容量 898 万 kW。

金沙江中游西起云南丽江石鼓镇，东至攀枝花市的雅砻江口，长 564km，落差 838m。1999 年昆明勘测设计研究院和中南勘测设计研究院编写了《金沙江中游河段水电规划报告》。该报告推荐上虎跳峡、两家人、梨园、阿海、金安桥、龙开口、鲁地拉和观音岩水电站共八座巨型梯级水电站，相当于 1.1 个三峡水电站。

除上述金沙江干流的水利工程以外，其余全部分布在支流上，主要有雅砻江的两河口、二滩、锦屏一级水电站，岷江紫坪铺、大渡河瀑布沟水电站，嘉陵江的亭子口、白龙江的碧口、宝珠寺水电站，乌江的东风、乌江渡、构皮滩、彭水水电站。总调节库容为 655 亿 m³，总防洪库容为 478 亿 m³。

另外，在金沙江中游国家规划了滇中引水工程，即从金沙江干流引水至滇中地区，以缓解当地用水矛盾，改善区域内水环境状况，促进受水区经济社会协调、可持续发展。

2）对水利工程设计和施工的影响

在长江上游冰冻圈变化的背景下，降水模式变化、地表温度上升、大气持水能力增加，因此降水概率、强度增加，破坏了水文资料序列代表性，增加了设计洪水大小计算的不确定性，使得采用现有的工程水文计算方法制定的流域开发利用工程、防洪和抗旱工程的运行调度将面临由冰冻圈变化带来的风险。

青海省温泉水库 2010 年汛期超高水位运行险情与上游冰冻圈变化有密切关系。2010 年 6 月至 7 月上旬水库所在格尔木河流域支流雪水河上的温泉水库水量猛增，致使下游出现险情。2010 年 5~7 月昆仑山地区自动气象站气温降水资料显示，上游出现连阴雨天气，降水日数多，持续时间长，达到了夏季连阴雨天气灾害标准。其间格尔木河流域降水强度大，其中 6 月降水量创历史最多极值，6 月 7 日降水量高达 27.1mm，为百年一遇。短期冰川融雪水量补充是导致该事件发生的另一个主要原因。2010 年 5 月中旬以来流域气温回升明显，加速了上游积雪融化，冰雪融水迅速增加。6 月 2~9 日水库周边地区覆盖有大范围积雪，占集雨区面积 9344km^2 的 66%；6 月 10 日至 7 月 6 日积雪大部分已经融化，融化面积 3177.7km^2，占前期积雪面积的 52%。2010 年 6 月上旬以来，水库水体范围不断增大。经测算，至 2010 年 7 月 11 日水库水体范围较 2009 年 6 月 29 日增大 17km^2。综上分析可知，上游冰冻圈的快速变化是导致温泉水库出现洪水险情的主要原因之一（张建云和向衍，2018）。

水利工程的设计需要考虑以下因素的变化：①水利工程上游区域降水的时空变化、相态变化以及由此而导致的径流变化，这个径流变化将影响水利工程的防洪设计标准，以及水库的最大库容、防洪库容。②冰冻圈变化后，上游汛期的时空分布也在变化，再加上暴雨和暴雪的影响，需要考虑可能发生的地质灾害及泥沙淤积对水利工程安全和设计寿命的影响。③极端低温、极端干旱和极端降水事件对坝体建筑材料强度、抗冻融性能及耐久性的影响。实验与野外测试表明，低温对施工期和运行期混凝土坝安全影响较大，包括低温引起的冻融破坏等，使大坝安全系数最大可能降低 30%（贺瑞敏等，2008；张建云和向衍，2018）。

在施工阶段，冰冻圈环境的变化对工程的影响也不容忽视。两河口水电站位于四川省甘孜州雅江县境内，属于雅砻江干流规划开发 22 级电站中的中游控制性龙头电站。两河口大坝为砾石土心墙堆石坝，最大坝高 295m，坝址海拔约 3000m（海拔位居世界第三），是目前中国第一高土石坝。大坝心墙砾石土设计填筑量 441.14 万 m^3，黏性土 17.96 万 m^3，冬季时段土料填筑压实工程量为 121.98 万 m^3。受当地高海拔气候的影响，两河口地区夏季为雨季，连续不断的降雨导致夏季无法施工，建设、设计及施工方选择在冬季填筑大坝心墙土石料。

两河口库区冬季大部分天数夜间均出现负温，存在季节或短时冻土发育条件。在冬季大坝心墙填筑过程中接触黏土和砾石土会发生冻结，土料内部会形成大量冰晶。冻融作用下高压实砾石土和接触黏土的压缩性、渗透性等会发生变化，从而影响土料的压实度。掌握复杂环境条件下大坝心墙填筑土料砾石土和接触黏土的冻融变化规律及其主要影响因素，可有效保障大坝冬季施工过程的有序进行。为此，科研人员研发了"两布一膜"（两层涤纶纺织布夹一层保温膜）的施工方案，有力保障了冬季土建施工的质量。大坝建成投入使用后，运行正常，但是库岸边坡，尤其是冻结期最低水位以上的邻近区域将受到冻融过程的剧烈影响，岸坡表面厚度 1m 混凝土盖板的长期强度及稳定性势必受到严峻挑战。

3）对水利工程运营维护和效益的影响

水利工程的运营维护和效益，与其自身的工程稳定性、发电航运、防洪抗旱等要素均有密切关系。对长江上游区域而言，上述要素与冰冻圈变化所导致的径流变化、泥沙淤积等均有密切关系。

水工混凝土作为水利工程建设最主要的建筑材料之一，其对低温、干旱、寒潮等气候条件较为敏锐与脆弱。长江上游水利工程多处高寒区，一般 10 月中下旬即开始出现极端低温，直到次年 4 月才逐渐结束，整个冰冻期长达 5～6 个月之久，在冰冻期因水位的升降和温度的正负变化，大坝混凝土遭受表层冻融破坏和内部冻胀破坏。20 世纪 30 年代修建的丰满和水丰大坝的冻融破坏和冻胀破坏均较严重，危及大坝安全运行，后进行了多次补强加固；50 年代修建的云峰和桓仁等大坝以及 70 年代修建的覆窝水库同样也由于冻融破坏而出现不同程度的裂缝。随着长江上游，尤其是高海拔寒冷地区水渠、大坝工程的不断建设，此类问题需要给予足够重视。

受长江上游冰冻圈变化和人类活动的影响，长江源区及上游的径流、泥沙含量发生了较大变化（孙永寿和段水强，2015）。在同等径流条件下，2005～2012 年直门达站枯季径流占全年径流的百分比增大比较明显，枯季径流均呈上升趋势。这说明长江源区 2005～2012 年生态系统径流调节功能较 1956～2004 年均有所提高。以年代为单元，将 1956～2012 年划分为 5 个时间段，比较不同年代径流量与 1956～2012 年平均径流量的相对增减幅度。与 1956～2012 年相比，长江源区 20 世纪 70 年代、90 年代径流量偏少，20 世纪 80 年代、2000～2012 年径流量偏多，20 世纪 60 年代径流基本与多年平均流量持平。2005～2012 年径流较多年平均偏多 31.6%，偏多幅度较大。在显著性水平 $\alpha = 0.05$ 下，长江源区 1956～2012 年径流序列存在明显上升趋势。从输沙量的年内分配来看，长江源区 2005～2012 年输沙量集中期偏晚的点居多，说明集中期有所推后，最大输沙出现时间有所滞后。输沙量年际变化通常与径流年际变化一致，径流年际变化大的河流，输沙量年际变化也大；反之，径流年际变化小的河流，年输沙量变化也小。对直门达站 1956～2012 年径流量与含沙量、输沙量关系的分析发现，2005～2012 年含沙量、输沙量关系点均位于 1956～2004 年点的下方（图 7.10），说明在同等径流条件下，2005～2012 年含沙量、输沙量均有所减小，而且减小趋势较明显。河流泥沙大小与径流大小、降水强度、流域下垫面条件存在密切关系。降水、径流分析结果显示，长江源区降水量、降水日数增加，降水强度增强，降水年内的集中度、不均匀系数有所降低；径流量呈明显增加状态，径流集中度、不均匀系数减小，集中期有所推后，枯季径流占全年径流的比例有所增加，而相应的河流含沙量、输沙量反而减小。因此，长江源区河流含沙量的减少主要与来水量增加，降水、径流的年内分配集中度降低，下垫面生态植被覆盖条件好转有关。

长江上游径流量的增加有助于增加总的发电量，而径流集中度、不均匀系数的减小则表明径流在全年的分布更为平均，有利于降低水库调节库容用于发电、防洪和抗旱的压力，有助于减少汛期泄洪的浪费、增加旱季的发电量。河流含沙量的减少可以减缓库区泥沙的淤积速率，增加大坝的有效库容，同时也因为泥沙含量的减少而削弱了发电设备的磨损速率，延长了设备的使用寿命和维护周期。在上游径流和泥沙含量变化的作用下，金沙江屏山站 1989 年前的多年平均输沙量为 2.49 亿 t，多年平均径流量为 1400 亿 m³；

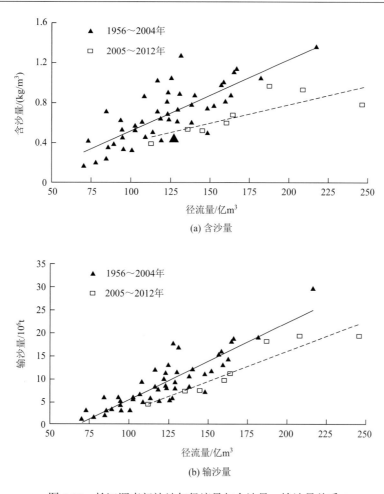

(a) 含沙量

(b) 输沙量

图 7.10　长江源直门达站年径流量与含沙量、输沙量关系

1990~2000 年，该站的多年平均输沙量为 2.95 亿 t，多年平均径流量为 1570 亿 m³。2000 年以后，随着生态环境的改善，该站多年平均输沙量下降到 2.00 亿 t 左右，但是多年平均径流量维持在 1600 亿 m³ 左右（郭生练等，2003；彭涛等，2018）。

在长江上游暖湿化气候的作用下，降水量增加，径流量增加，提高了各水利工程的防洪发电效应。同时，随着泥沙量的减少，长江上游各水库的泥沙淤积量减小，增加了有效的库容，也进一步提升了各水库的调洪、防洪能力。以三峡大坝为例，2003 年 6 月，坝前水位汛期 135m、枯水期 139m；2006 年 9 月，坝前水位汛期 144m、枯水期 156m；2008 年以后，坝前水位汛期 145m、枯水期达到 175m。三峡大坝蓄水后，入库输沙量急剧减少，1990 年前达到 48040 万 t，1990~2003 年减少至 35060 万 t，2003~2014 年，急剧减小至 17554 万 t。同期，三个时间段的含沙量分别为 1.24kg/m³、0.939kg/m³、0.316kg/m³。随着上游来水的增加，三峡电站 2012 年发电量 981 亿 kW·h；2014 年达到 988 亿 kW·h，位居世界第一；2015 年，首次超过 1000 亿 kW·h；2020 年，发电量达到 1118 亿 kW·h，创造了新的世界纪录。

7.3.2　冰冻圈变化对南水北调西线工程的影响

1）工程选址与选线

早在 1952 年我国就已开始了南水北调西线工程的前期研究。经过初步研究、超前期规划、规划等阶段，2001 年工程规划方案分为三期：一期工程在长江的大渡河支流阿柯河、麻尔曲、杜柯河和雅砻江支流泥曲、达曲 5 条支流上分别建引水枢纽，联合调水到黄河支流贾曲，年调水量 40 亿 m³。二期工程在雅砻江干流阿达建引水枢纽，引水到黄河支流贾曲，累积年增调水量 90 亿 m³。三期工程在长江的通天河上游侧坊建引水枢纽，输水到德格县浪多乡汇入雅砻江，顺流而下汇入阿达引水枢纽，布设与雅砻江调水的平行线路调水入黄河贾曲，累积年增调水量 170 亿 m³。2005 年 12 月，水利部水利水电规划设计总院审查通过《南水北调西线第一、二期工程项目建议书阶段勘测设计任务书》，将第一、第二期工程水源合并为南水北调西线第一期工程，规划年调水 80 亿 m³。近年来，水利部黄河水利委员会勘测规划设计研究院（简称黄委院）又提出了新的西线工程优化方案，将取水断面下移，对比了叶巴滩—两河口—双江口—岷江—洮河的自流方案和岗托—热巴—贾曲的抽水方案，认为自流方案更优，其调水均来自长江支流和干流（张金良等，2020）。其他学者提出了更多的大西线调水方案，建议从雅鲁藏布江干流或支流、怒江、澜沧江等调水。例如，梁书民和 Richard（2018）比较了多种调水方案，认为从西藏米林桑白到甘肃岷县铁关门洮河的调水方案最优，调水水源则扩充到雅鲁藏布江、怒江、澜沧江和长江干流。总体来看，西线工程项目投资巨大，施工难度高，仍处于选址优化阶段，其调水规模和线路存在多种比选方案，不同方案之间的调水处海拔和调水规模相差较大，调水线路越高则可调水量越少，且存在调水线路施工困难、维护成本高，以及冰冻期长供水期短的问题，而调水线路越低则纵向坡降越小存在隧道工程量越大、流速越慢、线路越长的问题。目前不同方案比选的分歧主要集中在高程、水库优化、地震带等方面，关于冰冻圈变化对调水选线的影响还讨论不多，其涉及的不仅包括长江上游，还包括雅鲁藏布江、怒江、澜沧江上游，这些地区的冰冻圈变化均对可调水量的计算具有重要影响，本节仅讨论冰冻圈变化对长江上游调水方案的影响。

冰冻圈变化对长江上游径流有明显影响，1990～2005 年，随着气候变暖，沱沱河上游冰川融水径流的增加尚可以部分弥补直门达以上较枯年份降水径流的减少，从而减少了直门达水文站的偏枯程度（Zhang et al.，2008）。如第 4 章所述，长江源直门达水文站以上的暖季冰川融水补给率与总径流呈现明显的负相关关系，在丰水年，冰川融水量小，估算的冰川径流仅占总径流量的 3.7%，但在干旱年份冰川融水的贡献率可以达到 10% 左右，冰川融水对河川径流的多年调节作用明显，特别在长江源冰川补给率高的河流，如沱沱河，冰川对河川径流的水文的多年调节作用更为显著。从径流补给看，2005～2007 年后直门达水文站观测的径流增加中部分来自冰川融水的持续增加。随着预估气候进一步变暖，长江源区的冰川将进一步退缩，冰川融水径流的拐点到来后冰川径流将减少，从而将进一步增大较枯年份降水径流的量，从而加剧枯水年干枯程度（Zhao et al.，2019），这将对西线工程的选址和调节水库的规模产生一定影响。

冰冻圈变化对调水河段更大的影响在于其年内调节能力，对西线调水影响较大的一个因素为汛期流量大，而干季流量较小，长江上游各水文站的径流年内集中度均较高，如金沙江各站径流的年内分配有明显的季节性。以屏山站为例，其径流主要集中在汛期（5～10 月），可占全年径流的约 80%；特别是 7～9 月为年内径流最大的时段，占全年径流的 50%以上；年内最大瞬时流量一般出现在 7～9 月，出现概率分别为22.0%、33.9%和 35.6%。年内最小瞬时流量多出现在 3 月，出现概率为 67%。例如，位于金沙江上游的巴塘和奔子栏站，汛期径流分别占全年径流的 82.4%和 81.0%，而干季（11 月至次年 4 月）径流仅占全年径流的 17.6%和 19.0%，这大大增加了水库调蓄的难度。

长江上游地处青藏高原气候寒冷地区，冬春两季河流封冻，枯水期径流很少，夏秋季降水径流和冰川融水径流叠加，汛期径流所占比例很大，必须通过水库调蓄进行西线调水工程。在气候变暖背景下，调水区多年冻土退化后冬季径流增加，春季积雪消融提前导致春季的融雪径流提前，而夏季的冰川融水径流峰值可能会有所减少。因此，预估未来气候进一步变暖条件下，调水区径流的丰枯比将有所下降，从而降低调水区多水库联合调度的难度。

西线调水区和受水区的丰枯对比对于西线调水工程的效益有重要影响。Huang 和 Niu（2015）以长江上游支流的绰斯甲站和足木足站为调水区代表，以黄河兰州站为受水区代表，分析了调水区和受水区的丰枯对比情况。结果表明，三站径流丰枯同步的概率为37.2%，异步的概率为 62.8%。在丰枯同步中，丰-丰同步的概率为 15.8%，枯-枯同步的概率为 18.5%，平水-平水同步的概率仅为 2.9%（Huang and Niu，2015）。由于长江源区冰川较多，多年冻土发育，而黄河源区冰川较少，多年冻土分布不及长江源区，因此冰冻圈变化会对两者径流丰枯的对比产生一定影响，目前还缺乏这方面的深入研究。

2）对西线工程施工和运营的影响

尽管目前南水北调西线建议的有多种调水线路方案，工程的规模相差甚远，但其基本思路均为从高海拔的地区调水往较低海拔地区，其施工范围大部分为高海拔地区，这对工程施工有重大影响。高海拔区自然环境恶劣且生态脆弱，因此各调水方案中均以长隧道为主，隧道长度从 10km 到上百千米。随着设计的调水规模增加，隧道的洞径也变化，目前我国的隧道施工以盾构机掘进为主，盾构机在高寒山区施工时面临缺氧的难题，其设备需要改进，国内已开展了相关的试验，取得了较好的结果。南水北调西线输水线路经过处多为多年冻土区和季节冻土区，我国在青藏铁路路基建设中广泛采用"主动冷却路基"原则，同时广泛采用旱桥来保护多年冻土，取得了良好的效果。在高寒区多年冻土区进行长距离输水仍然面临着很大挑战，渠系边坡易于冻融损坏、冬季结冰，是工程建设中的难点，需采取针对性的抗冻技术保证施工的质量。例如，在混凝土面板堆石坝技术中，应用面板抗冻止水结构时应准确控制技术应用关键点，针对橡胶盖板应拓展处理其功能，专门处理橡胶盖板端头。另外，应充分利用可控补偿防裂混凝土施工技术，在施工水坝部位采用该技术施工水工混凝土面板，其抗裂效果较好，并使引气剂、减缩剂、膨胀剂等优质材料得到综合应用。此外，可将弧形阀门布置在库区水面以下以有效避免阀门冰冻的情况。在工程设计施工中可采用露顶式弧形阀门冬季运行设计技术，并在工程建设中准备电加热器，连接好油箱与电加热器，使油泵充分利用管路和控制阀组，对管路和弧门埋件进行连接，并采用电加热器加热油，从而避免闸门难以启动问题（于磊，2020）。随着冰冻圈变化，冰冻圈灾害呈现快速增加趋势，多年冻土区的热融滑塌、热融湖塘、滑坡、泥石流等不断增加，在工程设计和施工中必须予以重视。特别值得注意的是，2019年的冰崩导致的连锁反应对雅鲁藏布江的堵江事件可能对调水工程的设计和施工产生重大影响，这种链式反应发生概率低、影响大，在工程设计和施工中必须高度重视。

寒区渠道工程的冻融破坏是可能影响水利工程运营的一个重要问题，冻害类型主要表现为衬砌破坏、渠坡垮塌及冬季输水渠道的漫堤和冰塞等（何鹏飞和马巍，2020）。针对以上问题，可以通过基土换填、衬砌材料和结构优化等措施有效提高衬砌稳定性。在衬砌与基土间铺设防水和保温材料可有效降低渗漏和基土的冻融劣化过程，从而减小渠坡垮塌风险。

冰冻圈变化对南水北调西线工程的未来运营可能有重要影响：一方面，为进行调水，需建设多个调节水库，冰冻圈变化导致的水资源总量和年内分配的变化对多水库的联合科学调度具有影响，在调度方案中需要仔细考虑冰冻圈变化的影响。另一方面，西线工程调水线路长，输水管线经过大量多年冻土区和季节冻土区，多年冻土的冻融循环和多年冻土的退化对输水管线的长期运维具有重要影响。此外，随着冰冻圈变化，冰冻圈灾害不断增加，调水线路沿线冰冻圈灾害的防控和预警是工程运营中所面临的一个重要问题。

3）对西线工程生态环境变化的潜在影响

在南水北调西线的不同调水方案中，拟调水量在各河流总径流中的比例有很大差异。例如，在2005年水利部水利水电规划设计总院批复的调水方案中，拟调水量在多个河流的年径流占比都超过了50%，而在黄委院提出的下移取水口的方案中，调水量的径流占比则降到了30%左右，其对调水区段附近生态环境的影响变小。总的说来，在2005年方案基础上对调水河流的生态环境影响主要集中在坝下邻近河段，在调水区需建立多个调节水库，调节水库的规模与冰冻圈变化对径流的影响有关，进而影响水库周边的生态环境。另外，距离调节水库的坝址越近，水位变化越大，随着距离的增大，影响程度逐步减弱，水位变幅越来越小。如对雅砻江和大渡河流域而言，由于支流众多，拟建坝址下游支流汇入很快，调水后河道水量能够较快恢复，在距离坝址20km左右处，各调水河流河道内水量即恢复到调水前水量的35%～47%；距坝址50km左右处，恢复到43%～64%；距坝址100km左右处，恢复到51%～75%；在雅砻江雅江县、大渡河双江口处（距离引水坝址300～400km）河道内水量恢复到调水前水量的73%、85%（曹鹏飞等，2018），采用优化方案后调水对当地河道生态系统的影响将进一步减弱。引水坝址位于高山峡谷区，两岸地下水位高于河水位，河道内水位降低对两岸地下水位影响有限，对两岸植被、栖息生物不会造成大的影响，但调水会导致某些洄游鱼类的洄游路线受阻。

调水工程主要为线性工程，目前建议的线路中桥梁和隧道占比高，对多年冻土的扰动相对较少。我国对线性工程（如青藏铁路）建设和运行中的生态环境修复、保护已经积累了丰富的经验，西线调水工程对沿线生态环境的影响总体可控，但对沿线的生态环境必须加强监测。此外，在工程的前期规划中，对于沿线生态环境和自然保护区应在规划中重点考虑。隧洞工程施工的环境影响是局部、短期和可逆的，且随着工程的竣工，在采取一定的环境保护措施的情况下，不利影响将会减弱，甚至逐步消失。从受水区的生态环境看，西线工程的建设将增大黄河水量，有利于黄河流域生态恢复和水环境改善。通过科学调配水沙调控体系以及利用沿黄灌区的农田退水，增加黄河河道生态用水，增强河道纳污能力（王浩等，2015）。

7.4　冰冻圈变化对三江源国家公园建设的影响

7.4.1　三江源国家公园概况

三江源国家公园是 2021 年 9 月由国务院批复设立的，其由国家主导管理，边界清晰，以保护大面积高寒自然生态系统为主要目的，以实现自然资源科学保护和合理利用，同时提供与其环境和文化相容的精神的、科学的、教育的、休闲的和游憩的机会。三江源国家公园位于青海省南部，地处青藏高原腹地，平均海拔 4712.63m，是长江、黄河、澜沧江的发源地。三江源国家公园是三江源的核心区域，包括长江源、黄河源、澜沧江源 3 个园区，总面积 $12.31 \times 10^4 km^2$，占三江源总面积的 31.16%，地理位置介于 89°50'57"E～99°14'57"E，32°22'36"N～36°47'53"N（图 7.11）。行政区划上，三江源国家公园包括果洛藏族自治州玛多县、玉树藏族自治州杂多县、治多县、曲麻莱 4 个县区，12 个乡镇，53 个行政村，截至 2019 年末，总人口 155361 人。此后，三江源国家公园在体制试点基础上，完成范围和功能分区优化，将长江正源各拉丹冬和当曲区域、黄河源约古宗列区域纳入正式设立的三江源国家公园范围，区划总面积由 $12.31 \times 10^4 km^2$ 增加到 $19.07 \times 10^4 km^2$，实现三江源头整体保护。

三江源区气候寒冷，年平均气温在–1.0～–6.0℃，年降水量从东南部约 550mm 减少到西北部约 200mm（Yang et al.，2007a）；三江源区冰冻圈发育，长江源区有冰川 753 条，总面积为 1276.02km²；黄河源区有 58 条冰川，总面积为 125.0km²（杨建平等，2003；Yang et al.，2003）；澜沧江源区冰川总面积为 39.88km²[①]（Guo et al.，2015）。多年冻土主要分布在长江源区、黄河源区，周边高山分布有片状多年冻土，黄河谷地和沿河两岸为季节冻土（Yang et al.，2007b）。三江源区湿地广布，有河流型、湖泊型与沼泽型湿地三种类型，主要分布在长江源区，分别占江河源区河流、湖泊和沼泽湿地总数量的 69.6%、71.8%和 74.5%（杨建平等，2006）。三江源区植被类型主要为高寒草甸、高寒草原和高寒灌丛，高寒草甸主要分布在海拔 3900～5100m 的滩地和山地，高寒草原主要分布在高寒草甸以下的缓坡面、河谷平原、山前带，高寒灌丛主要分布在源区水热条件较好的东部海拔 3500～4600m 的山地阴坡、半阴坡或沟谷滩地。高峻地势、高寒干旱半干旱气候、冰冻圈、高寒湿地、高寒植被构成了三江源区独特的高寒自然生态环境，使三江源国家

---

① 中华人民共和国国家发展和改革委员会. 国家发展改革委关于印发三江源国家公园总体规划的通知. https://www.ndrc.gov.cn/xxgk/zcfb/ghwb/201801/t20180117_962245.html.

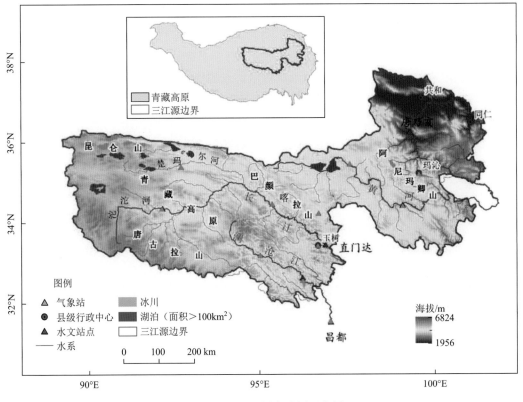

图 7.11　三江源国家公园区位图

公园成为集高寒草地、高寒沼泽、河流、湖泊、雪山、冰川、野生动物等世界自然遗产为一体，展现地球年轻的地貌，保存大面积原真的原始风貌，中国乃至东南亚的重要水源涵养区和我国重要的生态安全屏障。

7.4.2　冰冻圈变化对三江源国家公园的影响

1）三江源国家公园地区的冰冻圈变化

过去几十年，三江源国家公园地区冰冻圈快速萎缩。1968～2020 年，长江源区冰川面积减少了 15.6%，源区绝大部分冰川表现为后退，只有极少部分冰川处于前进状态，且有两条冰川已经消失。与长江源区冰川退缩相比，黄河上游冰川退缩更为明显。1966～2000 年阿尼玛卿山区冰川面积减少了 17%，57 条冰川中，除了 3 条前进和两条没有明显变化外，其余的则普遍处于退缩状态。退缩幅度最大的冰川是耶和龙冰川，1966～2000 年其退缩了 1950m，2000 年的冰川长度是 1966 年的 23.2%（杨建平等，2003；Yang et al.，2003）。近几十年来，三江源区多年冻土范围缩小、活动层厚度增加、多年冻土层变薄、年平均地温升高（杨建平等，2004；金会军等，2010；张忠琼和吴青柏，2012）。由于气候持续显著变暖，以片状连续型为主的多年冻土逐渐转变为岛状、斑块状多年冻土和季节冻土（金会军等，2010）。未来，在不同的气候情景下，多年冻土将进一步退化（张忠

琼和吴青柏，2012；马帅等，2017）。长江源区积雪日数超过 150d，积雪厚度大于 2cm
的区域占整个源区的 40%。1980～2019 年平均积雪面积、年最大雪深等参数整体呈下降
趋势。

2）对水文水系统的影响

快速变化的冰冻圈已经并将持续影响三江源国家公园的水文水系统，其主要影响有：
①冰冻圈萎缩影响其水源涵养能力。首先，冰冻圈水源面积整体减小，水源萎缩。其次，
冰冻圈的"冷岛"效应减弱，水汽凝结能力受到影响，流域水分内循环在高海拔地区凝
聚效应可能会改变，这些影响总体可能导致冰冻圈原有的水源涵养能力降低、径流补给
量减少、对水资源的调节作用减弱（丁永建等，2020）。就当前而言，尽管冰冻圈冰体减
少，但冰雪融水径流呈增加趋势，近 40 年长江源区河川径流量减少了 14%，而冰川径流
量则增加了 15.2%（Zhang et al.，2008；Gao et al.，2010；Zhao et al.，2011）；长江源区
春季积雪融水对河川径流的贡献为 6.6%～22.2%，1981～2010 年 4～7 月融雪径流总量
明显增加。未来到 2100 年，黄河、长江与澜沧江流域冰川面积将减少 50%，除长江源
在 21 世纪 30 年代达到峰值外，其余两河流域冰川径流已经超过峰值。未来冰川面积大
幅减少，将显著影响三江源国家公园水源涵养能力，减少冰雪融水对河川径流的补给量，
从而显著影响园区水系统、水文与水资源。②冰冻圈退化影响地表产汇流过程，增加冬
季径流。多年冻土退化，活动层增厚，活动层内土壤水分向下迁移，致使发育于多年
冻土环境的高寒草甸、高寒沼泽和湿地显著退化，这种下垫面与储水条件的变化导致
冬季径流增加（Ye et al.，2009；丁永建等，2012）。

3）地表环境变化直接或间接影响园区的方方面面

冰川退缩，使得冰川前缘地表暴露，裸地面积增加；多年冻土退化，随之引发高寒
草甸、高寒沼泽和湿地退化，这种地表环境的变化将通过气候、水文、生态等过程直接
或间接对园区产生多种影响。

4）对生态的影响

三江源国家公园地区的高寒草地是以冷生冻土环境为生境的（王根绪等，2001）。一
方面，多年冻土退化将改变活动层中的水、热状况，从而影响高寒草地的结构和功能；
另一方面，多年冻土退化，成壤作用加强，土壤中细颗粒组分增多，土壤持水能力增强，
肥力增加，有利于植被生长和微生物活动。然而，冻土大范围退化，地表径流侵蚀作用
增加，导致土壤细颗粒物的淋溶与损失；且冻土退化诱发热融滑塌后，碎块状且有机质
含量较高的植被层随泥流散落滑动，直接破坏了经几百乃至上万年形成的高寒草甸层，
加剧了生态系统退化和因裸露后的局地荒漠化、沙漠化过程。过去 40 年来，多年冻土退
化及其诱发的热融滑塌、冻融侵蚀等改变了高寒草地的生境，并削弱了多年冻土水分涵
养能力，致使长江、黄河源区的高寒生态系统经历了以高覆盖草地面积减少、高寒湿地
萎缩以及土地荒漠化加剧为典型特征的生态环境退化。其中，与冻土环境关系密切的高
寒沼泽草甸和高寒草甸草地退化尤为强烈，高覆盖高寒草甸草地面积减少了 17.3%，高寒
沼泽草甸面积减少了 23.7%（王根绪等，2009）。除了多年冻土退化与高寒生态系统变
化的关系研究之外（吴青柏等，2003；Wang et al.，2004；杨建平等，2004；王根绪等，
2004；Fang et al.，2011），近年来，研究人员也开展了多年冻土退化理论过程和模式研

究（Wu et al.，2009），为三江源生态保护和建设"以自然修复为主，以工程治理措施为辅"提供了理论依据。

5）对可持续发展的影响

冰冻圈变化通过水文、生态、环境等过程，不仅影响三江源国家公园的自然生态环境，也影响园区的社会经济可持续发展。就渐变过程而言，多年冻土变化通过改变活动层的水、热状况，影响高寒草地的结构和功能，进而影响园区畜牧业和牧民的生计（杨建平等，2006）；就极端过程而言，三江源区高寒草地对灾变抑制作用小，灾变程度大，是青藏高原雪灾频发、高发地区。1950～2008 年三江源区冬春季共发生了 229 次不同程度的雪灾，近几十年来雪灾呈微弱上升趋势。总体上，三江源雪灾呈现"十年一大灾、五年两头灾、三年一小灾"的年际变化规律（王世金等，2014）。频发的雪灾严重影响园区畜牧业经济，随着雪灾发生强度增加，牛羊肉产量呈下降趋势，雪灾发生强度每增加 1 个单位，将导致牛羊肉产量降低 0.213 个单位（Fang et al.，2016）。为应对园区雪灾的不利影响，近年来人工草地、暖棚建设等措施受到高度重视，并呈现出明显作用。研究表明，人工草地、牲畜暖棚建设每增加 1 个单位，牛羊肉产量将分别增加 0.24 个、0.61 个单位（Fang et al.，2016）。这些有效的应对措施显著降低了雪灾对园区畜牧业经济的影响。

三江源区的生态环境是一种以冰冻圈为基础的高寒环境，冰冻圈变化具有牵一发而动全身的效应，不仅显著影响园区水系统、水文水资源、生态系统，而且通过水文、生态、灾害等过程，影响园区社会经济可持续发展。冰冻圈的多要素、多相变、多方面影响的属性，使园区呈现独特的高寒生态环境，保留了其原真性，也使其影响具有复杂性，对脆弱的畜牧业社会经济具有更大的冲击。

参 考 文 献

曹鹏飞，陈梅，苏柳，等.2018. 南水北调西线一期工程对调水河流及生态环境的影响分析[J]. 水利发展研究，18（2）：15-18.

崔福庆，刘志云，张伟，等.2020. 气候温升背景下青藏工程走廊带多年冻土热融蚀敏感性分布预测研究[J]. 河南科学，38（8）：1270-1278.

丁永建，刘时银，刘凤景，等.2012. 中国寒区水文学研究的新阶段[J]. 冰川冻土，34（5）：1009-1022.

丁永建，赵求东，吴锦奎，等.2020. 中国冰冻圈水文未来变化及其对干旱区水安全的影响[J]. 冰川冻土，42（1）：23-32.

郭生练，徐高洪，张新田，等.2003. 长江三峡入库径流泥沙特性变化研究[C]. 中国水力发电工程学会水文泥沙专业委员会第四届学术讨论会论文集.

何鹏飞，马巍.2020. 我国寒区输水工程研究进展与展望[J]. 冰川冻土，42（1）：182-194.

何瑞霞，金会军，吕兰芝，等.2010. 格尔木—拉萨成品油管道沿线冻土工程和环境问题及其防治对策[J]. 冰川冻土，32（1）：18-27.

贺瑞敏，王国庆，张建云，等.2008. 气候变化对大型水利工程的影响[J]. 中国水利（2）：52-54，46.

金会军，李述训，王绍令，等.2000. 气候变化对中国多年冻土和寒区环境的影响[J]. 地理学报，55（2）：161-173.

金会军，王绍令，吕兰芝，等.2010. 黄河源区冻土特征及退化趋势[J]. 冰川冻土，32（1）：10-17.

梁书民，Richard G.2018. 南水北调西线工程线路设计优化方案探讨[J]. 水资源与水工程学报，29（5）：133-141.

马帅，盛煜，曹伟，等.2017. 黄河源区多年冻土空间分布变化特征数值模拟[J]. 地理学报，72（9）：1621-1633.

孟超，韩龙武，赵相卿，等.2018. 气温持续升高对青藏铁路运输安全的影响研究[J]. 中国安全科学学报，28（S2）：1-5.

牛富俊，王玮，林战举，等.2018. 青藏高原多年冻土区热喀斯特湖环境及水文学效应研究[J]. 地球科学进展，33（4）：335-342.

彭涛，田慧，秦振雄，等. 2018. 气候变化和人类活动对长江径流泥沙的影响研究[J]. 泥沙研究，43（6）：54-60.

钱进，刘厚健，俞祁浩，等. 2009. 青藏 500kV 输电工程沿线冻土工程特性及其对策探讨[J].中国农村水利水电（4）：106-111.

孙永寿，段水强. 2015. 长江源区近年水沙变化趋势及成因分析[J]. 人民长江，46（9）：17-22.

王根绪，程国栋，沈永平，等. 2001. 江河源区的生态环境变化及其综合保护研究[M]. 兰州：兰州大学出版社.

王根绪，丁永建，王建，等. 2004. 近 15 年来长江黄河源区的土地覆被变化[J]. 地理学报，59（2）：163-173.

王根绪，李娜，胡宏昌. 2009. 气候变化对长江黄河源区生态系统的影响及其水文效应[J]. 气候变化研究进展，5（4）：202-208.

王国尚，俞祁浩，郭磊，等. 2014. 多年冻土区输电线路冻融灾害防控研究[J]. 冰川冻土，36（1）：137-143.

王浩，栾清华，刘家宏. 2015. 从黄河演变论南水北调西线工程建设的必要性[J]. 人民黄河，37（1）：1-6.

王世金，魏彦强，方苗. 2014. 青海省三江源牧区雪灾综合风险评估[J]. 草业学报，23（2）：108-116.

王中隆. 2001. 中国风雪流及其防治研究[M]. 兰州：兰州大学出版社.

王忠玉，王进昌，李勇，等. 2016. 青藏铁路运营十周年学术研讨会论文集[C]. 中国铁道学会，青海省科学技术协会，西藏
　　自治区科学技术协会.

魏彦强，王世金. 2020. 青藏高原气候变化与畜牧业可持续发展：风险与管控[M]. 北京：中国社会科学出版社.

吴青柏，牛富俊. 2013. 青藏高原多年冻土变化与工程稳定性[J]. 科学通报，58：115-130.

吴青柏，沈永平，施斌. 2003. 青藏高原冻土及水热过程与寒区生态环境的关系[J]. 冰川冻土，25（3）：250-255.

徐敩祖，王家澄，张立新. 2001. 冻土物理学[M]. 北京：科学出版社.

杨建平，丁永建，刘时银，等. 2003. 长江黄河源区冰川变化及其对河川径流的影响[J]. 自然资源学报，18（5）：595-602.

杨建平，丁永建，陈仁升，等. 2004. 长江黄河源区多年冻土变化及其生态环境效应[J]. 山地学报，22（3）：278-285.

杨建平，丁永建，陈仁升，等. 2006. 长江黄河源区生态环境变化综合研究[M]. 北京：气象出版社.

于磊. 2020. 寒区水利水电工程设计及施工技术[J]. 中阿科技论坛（中英阿文），5：83-84.

俞祁浩，刘厚健，钱进，等. 2009. 青藏直流联网工程±500kV 输电线路的工程问题分析[J]. 工程地球物理学报，6（6）：806-812.

俞祁浩，温智，丁燕生，等. 2012. 青藏直流线路冻土地基监测研究[J]. 冰川冻土，34（5）：1165-1172.

张建云，向衍. 2018. 气候变化对水利工程安全影响分析[J]. 中国科学（技术科学），48：1031-1039.

张金良，马新忠，景来红，等. 2020. 南水北调西线工程方案优化[J]. 南水北调与水利科技，18（5）：109-114.

张中琼，吴青柏. 2012. 气候变化情景下青藏高原多年冻土活动层厚度变化预测[J]. 冰川冻土，34（3）：505-511.

赵林，程国栋，俞祁浩，等. 2010. 气候变化影响下青藏公路重点路段的冻土危害及其治理对策[J]. 自然杂志，32（1）：
　　9-12，63.

赵韬，张明义，路建国，等. 2021. 多年冻土区地表变形与影响因素相关性分析[J]. 哈尔滨工业大学学报，53（11）：145-153.

Fang Y P，Qin D H，Ding Y J. 2011. Frozen soil change and adaptation of animal husbandry: a case of the source regions of Yangtze
　　and Yellow Rivers[J]. Environmental Science & Policy，14（5）：555-568.

Fang Y P，Zhao C，Ding Y J，et al. 2016. Impacts of snow disaster on meat production and adaptation: an empirical analysis in the
　　yellow river source region[J]. Sustainability Science，11（2）：249-260.

Gao X，Ye B S，Zhang S Q，et al. 2010. Glacier runoff variation and its influence on river runoff during 1961—2006 in the Tarim
　　River Basin，China[J]. Science China Earth Science，53（6）：880-891.

Guo W Q，Liu S Y，Xu J L，et al. 2015. The second Chinese glacier inventory: data，methods and results[J]. Journal of
　　Glaciology，61（226）：357-372.

Huang H，Niu J. 2015. Compensative operating feasibility analysis of the west route of South-to-North water transfer project dased
　　on M-Copula function[J]. Water Resources Management，29（11）：3919-3927.

Ma W，Mu Y H，Wu Q B，et al. 2011. Characteristics and mechanisms of embankment deformation along the Qinghai-Tibet Railway
　　in permafrost regions[J]. Cold Regions Science and Technology，67：178-186.

Mei Q H，Chen J，Wang J C，et al. 2021. Strengthening effect of crushed rock revetment and thermosyphons in a traditional
　　embankment in permafrost regions under warming climate[J]. Advances in Climate Change Research，12（1）：66-75.

Niu F J，Lin Z J，Liu H，et al. 2011. Characteristics of thermokarst lakes and their influence on permafrost in Qinghai-Tibet Plateau[J].
　　Geomorphology，132（3）：222-233.

Niu F J，Luo J，Lin Z J，et al. 2016. Thaw-induced slope failures and stability analyses in permafrost regions of the Qinghai-Tibet Plateau，China[J]. Landslides，13（1）：55-65.

Wang G X，Yao J Z，Guo Z G，et al. 2004. Changes of frozen soil ecosystem under the influence of human engineering activities and its implications for railway construction[J]. Chinese Science Bulletin，49（15）：1556-1564.

Wu J C，Sheng Y，Wu Q B，et al. 2009. Processes and modes of permafrost degradation on the Qinghai-Tibet Plateau[J]. Science China（Earth Sciences），53（1）：150-158.

Yang J P，Ding Y J，Chen R S，et al. 2003. Causes of glacier change in the source regions of the Yangtze and Yellow Rivers on the Tibetan Plateau[J]. Journal of Glaciology，49（167）：539-546.

Yang J P，Ding Y J，Chen R S. 2007b. Climatic causes of ecological and environmental variations in the source regions of the Yangtze and Yellow Rivers of China[J]. Environmental Geology，53（1）：113-121.

Yang J P，Ding Y J，Liu S Y，et al. 2007a. Variation of snow cover in the source regions of the Yangtze and Yellow Rivers in China between 1960 and 1999[J]. Journal of Glaciology，53（182）：420-426.

Ye B S，Yang D Q，Zhang Z L，et al. 2009. Variation of hydrological regime with permafrost cover Lena basin in Siberia[J]. Journal of Geophysical Research-atmosphere，114（D7）：1291-1298.

Zhang Y，Liu S Y，Xu J L，et al. 2008. Glacier change and glacier runoff variation in the Tuotuo River basin，the source region of Yangtze River in western China[J]. Environmental Geology，56（1）：59-68.

Zhao Q，Ding Y，Wang J，et al. 2019. Projecting climate change impacts on hydrological processes on the Tibetan Plateau with model calibration against the Glacier Inventory Data and observed streamflow[J]. Journal of Hydrology，573：60-81.

Zhao Q D，Ye B S，Ding Y J，et al. 2011. Simulation and analysis of river runoff in typical cold region[J]. Science in Cold and Arid Regions，3（6）：498-508.

第8章　冰冻圈旅游资源开发

冰冻圈旅游资源包括以冰冻圈要素为主的冰川旅游与滑雪旅游，以冰冻圈为承载地的世界遗产地、国家地质公园与国家森林公园，以冰冻圈人文景观为依托的文化旅游目的地等。冰冻圈旅游服务潜力主要受制于资源禀赋、资源多样性、气候舒适度、交通可达性和人口经济条件。这些因素的综合在一定意义上反映了未来不同时间尺度上的冰冻圈旅游的可持续性。冰冻圈是长江上游重要的组成部分，不仅为下游提供源源不断的冰雪融水，而且存在巨大的冰雪旅游服务潜力。鉴于当前长江上游冰冻圈资源中冰川、积雪较易进行旅游开发，故本章以冰川旅游和滑雪旅游为例，探讨冰雪旅游资源开发潜力及其区划问题，并提出冰雪旅游资源开发保障机制。

8.1　冰冻圈旅游资源

长江上游含冰冻圈旅游资源的区域横跨 9 省（自治区、直辖市）44 个地市州，包括四川省大部分地区[除阿坝藏族羌族自治州（简称阿坝州）部分地区外]、云南省、重庆市、西藏自治区、青海省、甘肃省、贵州省、陕西省和湖北省部分区域（图 8.1）。区域内西部大部分属于藏区，以西藏、云南、四川、青海的康巴藏区为主，区域北部包含小部分安多藏区。区域内东低西高，海拔落差 7000m 以上，人口主要集中于四川盆地，丰富的地表形态与巨大的垂直自然带差异造就了该区域独特的自然景观与旅游资源。

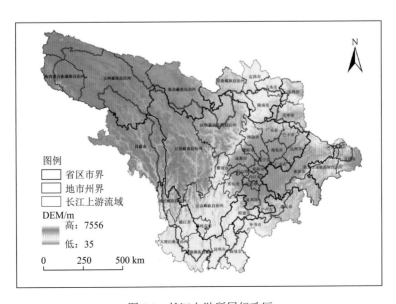

图 8.1　长江上游所属行政区

8.1.1　冰雪旅游发展历程

中国人对冰雪世界的认识历史悠久，但真正意义上的冰川旅游却起始于 20 世纪初的高山植被和山地冰川的科学考察及 50～60 年代的登山探险活动，发展于 21 世纪的冰雪观光和休闲体验旅游。可以说，科学考察及其登山探险运动的开展为中国冰川旅游的发展起到积极的促进作用，也让大众对冰川有了更为清晰的认识。

1902 年，英国登山队首登梅里雪山主峰，但以失败告终。1911～1914 年，英国植物学家金顿·瓦尔德两次对横断山梅里雪山明永冰川及周边植被做了详细调查，1916 年其成果在英国地理杂志发表，其中这样描述了明永冰川："穿单衣坐在冰川上，冰川是冷的，岸边却开满了鲜花"。自 1923 年，约瑟夫·洛克以植物学家和探险家的身份，先后在中国的云南、四川和青海省等地进行探险考察，途经云南梅里雪山、玉龙雪山，四川亚丁、稻城、贡嘎山，记录了横断山多处冰川雪峰，曾在美国《国家地理》发表多篇文章和大量照片，对此区域冰川、植被、人文资源作了高度评价（洛克，1994；Rock，2006）。1930 年，广州两广地质调查所李承三、徐瑞麟，随瑞士教授韩墨赴西康（藏东南）调查，并在贡嘎山周边对冰川和冰川地质进行了实地调研（黄汲清，1984）。1932 年，美国人特里斯·穆尔与理查德·波萨尔首次登顶贡嘎山主峰。贡嘎山，是四川省最高的山峰，被称为"蜀山之王"，在登山运动和科学研究中占有十分重要的地位，是一座极受登山爱好者青睐的名山。1933 年，美籍英国作家詹姆斯·希尔顿出版的《消失的地平线》（*Lost Horizon*），称藏东南及横断山地区为"香格里拉"，这里雪山冰川、森林、草甸、湖泊、峡谷等美景让人叹为观止，并描述其为"一块遗落凡间的天堂碎片，人间仅存的净土"。为此，出现了该区域许多地区争抢"香格里拉"地名的现象。

20 世纪 50 年代以来，伴随着国际政治稳定、经济发展总体形势，中国国际冰川考察活动兴起，登山探险旅游也初现端倪。改革开放后，通达性较好的横断山区冰川旅游逐步开始开展，随着人民生活水平的逐步提高和境外旅游的升温，冰雪观光旅游也逐步向体验、休闲度假旅游阶段过渡。冰川作为中国西部最为重要的自然地质景观，已经在当前休闲体验旅游中显现出了巨大的经济效益。20 世纪 80 年代，中国冰川旅游得以零星开发（伍光和和沈永平，2007）。1988 年，国务院批准贡嘎山海螺沟冰川森林公园及"三江并流"为国家级风景名胜区，由此带动了横断山脉贡嘎山海螺沟冰川、燕子沟冰川、梅里雪山冰川旅游的快速发展。1991 年，云南省丽江地区玉龙雪山冰川旅游正式开始，从而形成了雪山冰川与丽江古城旅游组团式开发的新模式。1992 年，中国第一个以第四纪冰川遗迹为主题的冰川遗迹陈列馆在北京石景山区模式口正式开放。1993 年，四川绵阳市平武县岷山雪宝顶自然保护区成立，雪宝顶冰帽景点由此向游人开放。1997 年，云南省丽江地区玉龙雪山冰川旅游正式开始，从而形成了古城（丽江古城）雪山旅游新的模式。

8.1.2 区域旅游资源概况

　　长江上游区域拥有独特而典型的高寒生态系统，冰川、积雪、森林、高山草甸、草原、荒漠、沼泽、湿地等生态系统广泛分布，具有生物多样性保护、旅游休闲、研学旅游、科普教育等多种生态系统服务功能。其中，冰雪资源是其生态旅游的重要依托资源。中共中央办公厅、国务院办公厅发布的《建立国家公园体制总体方案》中明确提出国家公园坚持全民共享，为公众提供作为国民福利的游憩机会，因此在编制国家公园规划过程中，可以进行"不损害生态系统的原住民生产生活设施改造和自然观光、科研、教育、旅游"的开发建设活动。未来，在生态保护前提下，有序推进冰雪旅游开发将有利于推进该区域高质量发展。

　　《旅游资源分类、调查与评价》中，旅游资源可以分为 8 大主类、31 个亚类和 155 个基本类型。长江上游区域涵盖 8 大主类、29 个亚类和 147 个基本类型（表 8.1）。

表 8.1　长江上游旅游资源一览表

主类	亚类	旅游资源单体
A 地文景观	AA 综合自然旅游地	四姑娘山景区、峨眉山景区、黑山谷景区
	AB 沉积与构造	九寨沟景区、黄龙景区、安县生物礁国家地质公园
	AC 地质地貌过程形迹	黄龙景区、赤水丹霞景区、金佛山景区
	AD 自然变动遗迹	汶川地震遗迹、螺髻山冰川侵蚀遗迹、东川泥石流遗迹
B 水域风光	BA 河段	长江三峡景区、清江画廊景区、大渡河峡谷国家地质公园
	BB 天然湖泊与池沼	泸沽湖景区、若尔盖湿地、拉市海景区
	BC 瀑布	九寨沟树正瀑布、宜昌三峡大瀑布、阿坝牟尼扎嘎瀑布
	BD 泉	海螺沟温泉、重庆北温泉、西岭雪山温泉
	BF 冰雪地	达古冰川景区、明永冰川景区、西岭雪山景区
C 生物景观	CA 树木	丽江文峰寺万朵茶花、蜀南竹海景区、二郎山
	CB 草原与草地	红原—若尔盖大草原、甘南玛曲草原、玉树草原
	CC 花卉地	蝶彩花卉园、重庆花卉园、昆明植物园
	CD 野生动物栖息地	四川大熊猫栖息地、大理蝴蝶泉、可可西里
D 天象与气候景观	DA 光现象	峨眉山佛光、云南天文台、瓦屋山日出
	DB 天气与气候现象	峨眉山雾凇、海螺沟景区、牛背上云海
E 遗址遗迹	EA 史前人类活动场所	三星堆、阆中市灵山遗址、丽江宝山石头城
	EB 社会经济文化活动遗址遗迹	合川钓鱼台遗迹、广元三国时期栈道、遵义会议址

续表

主类	亚类	旅游资源单体
	FA 综合人文旅游地	峨眉山景区、乐山大佛景区、丽江古城
	FB 单体活动场馆	四川省体育馆、重庆"中美合作所"、四川省科技馆
	FC 景观建筑与附属型建筑	大足石刻、西昌地震碑林、都江堰千佛塔
F 建筑与设施	FD 居住地与社区	阆中古城、羌族碉楼、邓小平故里、仪陇朱德故里
	FE 归葬地	郫江崖墓群、重庆悬棺、川陕革命根据地红军烈士陵园
	FF 交通建筑	泸定桥、重庆海棠溪码头、嘉阳小火车
	FG 水工建筑	二滩水电站、升钟水库、紫坪铺水库
G 旅游商品	GA 地方旅游商品	四川火锅、冬春夏草、蜀绣
	HA 人事记录	昆明世博园、眉山三苏祠、青莲李白故居
H 人文活动	HB 艺术	川剧变脸、西昌碑林、杜甫《绝句》西岭雪山
	HC 民间习俗	康巴藏族习俗、羌族、纳西族习俗
	HD 现代节庆	藏历新年、彝族火把节、黄龙庙会

注：亚类缺岛礁和河口与海岸。

长江上游自然-文化景观独特，生物多样性和自然-文化遗产具有显著的稀缺性、典型性和原真性。该流域拥有青藏线"唐蕃古道"和川滇藏线"茶马古道"两条黄金旅游带。拥有三江并流、黄龙、青城山—都江堰、大熊猫栖息地、丽江古城、峨眉山—乐山大佛、可可西里、九寨沟、大足石刻 9 处世界遗产地，亚丁国家级自然保护区 1 处世界生物圈保护区。

长江上游还拥有大量的国家级旅游景点。具体包括：四川海螺沟、黄龙、四姑娘山、久治年宝玉则、玉龙雪山、龙缸、东川泥石流、赤水丹霞、万盛、大渡河峡谷等国家地质公园，西岭、二滩、海螺沟、九寨、夹金山、飞来寺等国家森林公园，贡嘎山、三江并流、玉龙雪山、四姑娘山、西岭雪山、邛海—螺髻山、雅砻河 7 处国家级风景名胜区，以及九寨沟、四姑娘山、贡嘎山、雪宝顶、白茫雪山、可可西里、三江源、苍山洱海、亚丁、芒康滇金丝猴10 处国家级自然保护区。其中，5A 级景点包括玉龙雪山、丽江古城、香格里拉普达措、乐山大佛、峨眉山、海螺沟、稻城亚丁、黄龙、碧峰峡、青城山—都江堰、汶川特别旅游区、宜昌三峡大坝—屈原故里、三峡人家、神农溪、大足石刻、巫山小三峡、黑山谷、四面山、龙缸、邓小平故里、阆中古城、北川羌城、剑门蜀道剑门关、朱德故里、光雾山、赤水丹霞、昆明世界园艺博览园27 处。其中，以冰川旅游为主的景区包括玉龙雪山、海螺沟、稻城亚丁（图 8.2）。

研究区旅游状况差异显著，主要的旅游目的地集中于四川、云南、重庆等地，而旅游资源丰富的青海、甘肃、西藏旅游收入与游客人数相对较少（表 8.2）。该区域西北旅游发展相对较慢，东南部旅游发展相对成熟。例如，2018 年，依托玉龙雪山冰雪景观与丽江

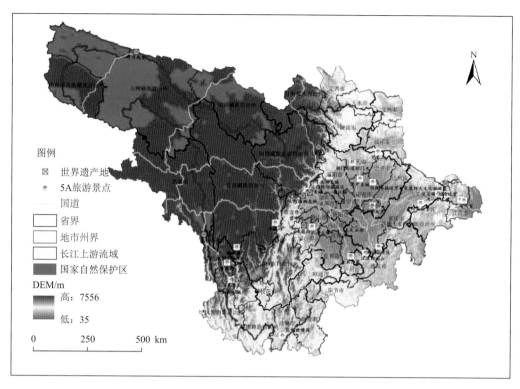

图 8.2　长江上游重点旅游资源空间分布

古城文化遗产，丽江市全年接待人数高达 4523.88 万人次，实现旅游总收入 119.42 亿元。
该流域横断山区巨大的海拔高差，造就了多样的自然-文化景观，进而使该区域成为中国
冰川旅游发展较快区域（滑雪旅游相对滞后）。

表 8.2　长江上游行政区国内旅游人数和收入一览表（2018 年）

市（州）	所在省	国内旅游人数/万人次	国内旅游收入/亿元
成都市	四川省	24017.29	3616.87
自贡市	四川省	4620.41	391.69
攀枝花市	四川省	2566.36	337.47
泸州市	四川省	5198.37	512.75
德阳市	四川省	4332.5	385.17
绵阳市	四川省	6383.4	647.4
广元市	四川省	5028.86	419.53
遂宁市	四川省	4971.36	467.21
内江市	四川省	4286.88	311.02
乐山市	四川省	5710.22	889.47
南充市	四川省	5736.5	578.61
眉山市	四川省	4790.71	404.28
宜宾市	四川省	6535.1	687.26

续表

市（州）	所在省	国内旅游人数/万人次	国内旅游收入/亿元
广安市	四川省	4052.12	403.09
达州市	四川省	2831.08	208.86
雅安市	四川省	3740.58	320.42
巴中市	四川省	2936.81	248.54
资阳市	四川省	2549.97	189.91
阿坝藏族羌族自治州	四川省	2369.47	165.59
甘孜藏族自治州	四川省	2212.47	220.8
凉山彝族自治州	四川省	4651.14	436.66
重庆市	重庆市	59723.71	4344.15
昆明市	云南省	15911.23	142.2
曲靖市	云南省	3923.56	3.31
昭通市	云南省	3821.13	0.2
丽江市	云南省	4523.88	119.42
楚雄彝族自治州	云南省	4454.76	5.48
大理白族自治州	云南省	4606.27	104.58
迪庆藏族自治州	云南省	2320.2	90
昌都市	西藏自治区	227.82	18.69
果洛藏族自治州	青海省	32.6	2.4
玉树藏族自治州	青海省	111.7	7.3
毕节市	贵州省	10436	833
遵义市	贵州省	15500	1557.2
宝鸡市	陕西省	10185.8	768.45
汉中市	陕西省	5200	306
恩施土家族苗族自治州	湖北省	2111.13	179.59
宜昌市	湖北省	7738.23	7691.28
神农架林区	湖北省	1587.5	57.29
甘南藏族自治州	甘肃省	1217.2	57.04
陇南市	甘肃省	1761	92.4
天水市	甘肃省	4219	253.3
定西市	甘肃省	815	38.6

8.1.3　冰雪旅游资源

　　当前，开发较为成熟的冰川景点均分布于此，如达古冰川、雪宝顶冰川、海螺沟冰川、明永冰川、白水河 1 号冰川。其他零型开发的冰川旅游景点有各拉丹冬冰川、岗加曲巴冰川、巴塘冰川、新路海冰川、年保玉则冰川、哈龙冰川、唯格勒当雄冰川、燕子沟冰川、贡巴冰川等（图 8.3）。

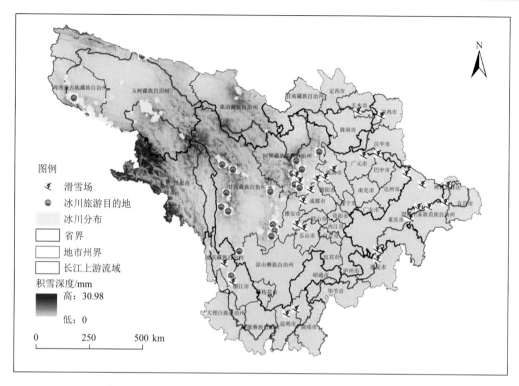

图 8.3 长江上游冰雪旅游资源

该区域积雪资源旅游开发相对滞后。1998 年，云南省玉龙雪山旅游索道投入运行，冰川旅游正式开始，目前玉龙雪山冰川公园已发展成为中国冰川旅游地接待人数最多的景区。同年，成都市大邑县西岭雪山滑雪场建成营业，成为我国南方第一家规模最大、档次最高、设施最完善的大型高山滑雪场。当前，已开发滑雪场包括四川省成都市西岭雪山滑雪场、龙池都江堰滑雪场、眉山市瓦屋山滑雪场、乐山市峨眉山滑雪场、阿坝州毕棚沟滑雪场、九顶山太子岭滑雪场、鹧鸪山滑雪场、绵阳市西羌九黄山猿王洞滑雪场、云南省迪庆州香格里拉滑雪场、昆明市骄子雪山滑雪场、曲靖市大海草山滑雪场等 20 余家（图 8.3）。当前，伴随着冬奥会的成功举办，未来该区域滑雪旅游将展现出巨大潜力。

8.1.4 冰雪旅游资源可达性

可达性是决定旅游资源客源市场大小的重要因素，冰雪旅游资源由于气温的限制，一般位于远离市区的山区。冰雪资源的可达性研究对其开发有着重要意义。可达性表示从不同地方到达某一滑雪场或冰川景点的容易程度，可分为区内可达性与区外可达性。

区内可达性指在某一小区域内部到达冰雪旅游场地的容易程度，用时间距离进行度量。时间数据以地级市政府驻地为出发地代表，以各个滑雪场或冰川景点为目的地，利用高德地图导航软件计算需要花费的最短时间。一些滑雪场或冰川景点虽属某一地级市，但离另一地级市更近，若差距较大，通常大于 30min，则认为该滑雪场或冰川景点的服务对象为另一地区。区外可达性指全国其他区域到某一区域滑雪场或冰川景点的容易程度，用平均最短时间距离进行衡量。长距离的跨省区市旅游交通方式主要包括航空、铁路与公路，但航空旅行的时间差异较小，因此航空可达性不予考虑。通过高德地图导航，得到全国所有地级市两两之间的时间距离，最后平均得到全国各地到某一区域的平均时间成本。综合可达性即区内可达性与区外可达性的总和（窦文康等，2021）。

长江上游在中国滑雪旅游可达性等级区划中多处于较好与中等位置。相较于华北地区滑雪场密集且可达性较好，长江上游滑雪场可达性并无明显优势（图 8.4）。鉴于藏东南、川西和滇西北一些冰川资源靠近川渝客源市场，故长江上游存在多条可达性较好的冰川旅游资源，包括已开发和未开发的（图 8.3）。中国滑雪场具有公共服务设施与旅游资源属性，从城市中心到达滑雪场的平均用时为 1.24h。由于公路交通的发达程度与城市区位的原因，全国滑雪场的可达性呈圈层式结构。长江上游地区滑雪场可达性普遍较差。然而，四川省和重庆市经济基础相对较好，两省市滑雪场高达 26 家，川渝两地域拥有大量的垄断性旅游资源，加之作为中国第三大旅游客源市场，其冰雪旅游市场潜力巨大。四川盆地与川西高原的交接地带、滇西高原有多条可达性较好的冰川与可达性中等的滑雪场，这些区域可利用冰川可达性较好的优势，吸引远域客源，游客观赏冰川之后，可进行滑雪娱乐，以充分发挥冰川可达性与冰雪资源组团开发的优势（窦文康等，2021）（图 8.4）。

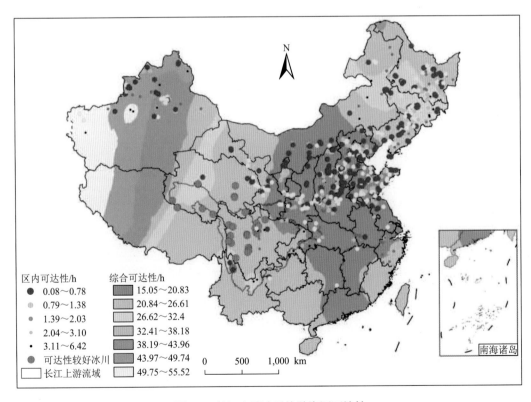

图 8.4　长江上游冰雪旅游资源可达性

8.2　冰冻圈旅游资源开发潜力评价

冰川与积雪物理属性不一，其中，积雪分布具有季节性，而冰川则四季都存在。冰川可用于四季旅游开发，而积雪仅仅限于冬春季。因此，冰川与积雪旅游资源开发潜力评价体系各异。本节从冰川资源禀赋、旅游资源多样性、气候适宜度、交通可达性、人口经济条件五方面评价研究区冰川旅游服务潜力水平。同时，从地形因子、气候因子、土地类型、经济因子四个方面入手，对滑雪旅游资源开发潜力进行评价。

8.2.1　冰川旅游资源开发潜力

1）冰川旅游服务影响因素

冰川旅游服务是指冰川旅游资源及其项目、活动为旅游者提供的冰川观赏、体验、游憩、科普等功能，而冰川旅游服务评价是冰川旅游服务程度大小的度量或体现。由于冰川旅游服务受自然和社会因素（冰雪资源、气候、交通、基础设施、人口经济）影响，因此其潜力也受上述因素综合影响。借鉴生态系统服务及其旅游资源价值评价方法，结合实地考察、问卷调查等方法，本节从冰川资源禀赋、旅游资源多样性、气候适宜性、交通可达性、人口经济条件五方面（表 8.3）对中国冰川旅游服务潜力进行了评价（Wang et al.，2020；王世金等，2020）。同时，协同对比了长江上游冰雪旅游潜力程度，以期为未来长江上游冰川旅游资源开发提供理论依据。

表 8.3　冰川旅游服务潜力评价体系

总目标层	目标层	因素层	指标说明
冰川旅游服务潜力指数（A）	冰川资源禀赋（B₁）	县域冰川面积（C₁）	范围内冰川总面积
		县域冰川条数（C₂）	范围内冰川总条数
	旅游资源多样性（B₂）	不同类型国家级景点数量（C₃）	范围内国家级景点数量（国家湿地公园、国家森林公园、世界文化遗产、国家风景名胜区等）
		不同类型非国家级景点数量（C₄）	范围内非国家级景点数量（科普教育基地、文化景点、省级自然保护区、红色旅游经典景区等）
	气候适宜度（B₃）	温湿指数（C₅）	温湿指数是指通过温度和湿度的综合作用来反映人体与周围环境的热量交换
		风效指数（C₆）	风效指数是指寒冷环境条件下风速与气温对裸露人体的影响
		极端气候指数（C₇）	极端气候指数是指极端事件对冰川旅游活动的潜在风险，包括平均低温日数、平均强降水日数、平均大风日数
	交通可达性（B₄）	路网密度（C₈）	路网密度是指路网总长度与县域面积之比
		交通干线影响度（C₉）	交通干线影响度由典型冰川距机场、火车站和公路距离表征，反映交通干线对区域冰川旅游通达性的影响程度
		典型冰川距县域驻地距离（C₁₀）	典型冰川距县域驻地的直线距离
	人口经济条件（B₅）	人口密度（C₁₁）	人口密度是指单位面积上居住的人口数，反映人口的密集程度，是带动地方经济增长的主要因素
		GDP（C₁₂）	GDP 是指在核算期内实现的生产总值，反映当地经济发展水平

2）冰川旅游潜力等级区划

现阶段，中国冰川旅游服务潜力主要受交通可达性显著影响，特别是冰川的可进入性。然而，伴随着交通条件的改善，未来冰川规模将成为影响冰川旅游服务潜力大小的主导因素。冰川旅游服务潜力综合评价结果显示：当前，高（五级、四级）、中（三级）、低（二级、一级）冰川旅游服务潜力县域数分别达 30 个、68 个、68 个。云南和西藏东南部县域冰川旅游服务潜力指数明显高于其他区域，这些区域交通可达性指数均值高于0.75，而西藏北部、青海、甘肃等区域冰川旅游服务潜力指数整体偏低。

长江上游区域的云南玉龙纳西族自治县（简称玉龙县）拥有中国冰川旅游服务潜力最高指数。该区冰川规模不大，但气候舒适、交通便利、人口经济条件优越、旅游资源多样性极为丰富，且国家级景点较多，诸多组合条件使玉龙县拥有最大的冰川旅游服务潜力。四川省阿坝州和甘孜州冰川资源禀赋指数居中，但大部分冰川旅游目的地气候适宜、体感舒适，且距离县域行政中心较近，人口经济条件平均等级比其他地区高，当前冰川旅游开发优势也很明显。雀儿山冰川资源地处 318 国道，尽管规模较小，已具有一定的开发潜力。相对于其他地区，长江源各拉丹冬冰川区冰川规模大，冰川资源较为富集，但受交通可达性因素影响，这些区域冰川旅游服务潜力整体处于较低水平。其他区域冰川旅游开发潜力均较差（图 8.5）。

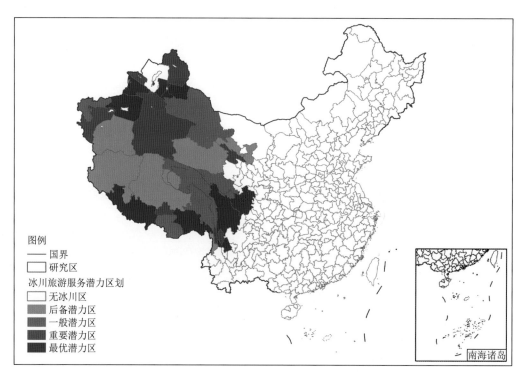

图 8.5　长江上游在中国冰川旅游服务潜力等级区划中的位置

3）冰川旅游开发策略

总体上，长江上游区域冰川旅游资源开发潜力综合指数排列遵循区位交通潜力的大小、近域客源市场的远近、经济条件是否优越的区位特点,未来冰川旅游应加强交通通达性和市场营销的改善及提升力度,以减小区位劣势对该区冰川旅游带来的负面影响。阿坝州、甘孜州和丽江市属于最优、重要冰川旅游发展潜力区,应充分利用当地相对较好的社会经济水平、较大的客源市场、较好的景观组合度,以及较高的知名度,在冰川旅游的提质增效上做文章,加大冰川旅游关联产品的开发力度,努力建成一批有区域代表性的冰川旅游休闲度假胜地,并通过极化效应和扩散效应促进中国冰川区冰川旅游及其经济社会的全面发展。其他区域冰川旅游开发潜力较为一般,应借国家生态功能区划、主体功能规划和三江源国家公园国际化,因地制宜,量力而行,在改善本区旅游基础设施建设的基础上,逐步开发适宜本区的冰川观光、科普旅游产品,以提升保护区的科普和游憩功能。

　　川藏—滇藏线是长江上游区乃至国内重要的景观大道,冰川旅游资源是该景观大道上的一个重要组成部分。该区是中国第一级阶梯向第二级阶梯过渡的高山深谷地带,山脉大多南北走向,冰川资源分布广泛,是中国现代冰川分布最东和最南区域。该区重点依托城市包括丽江市、香格里拉市、成都市、雅安市、林芝县、波密县、昌都县等。该旅游区地处我国西南,气候适宜、水热条件良好,蕴含中国西部独特的自然与人文历史,拥有众多中国乃至世界重要的自然、文化遗产,以及多处国家级景点景区。该旅游带是中国西部旅游资源最为富集的地带,未来冰川旅游空间布局应围绕藏彝走廊和藏东南两大片区展开,以川藏、滇藏公路为主干线,以成渝近域客源市场营销为主方向,以贡嘎山冰川森林旅游圈、雀儿山冰川草甸旅游圈、玉龙雪山冰川古镇旅游区、高黎贡山冰川峡谷旅游区、梅里雪山冰川文化旅游区、昌都香格里拉冰川旅游区为重点开发区,形成以冰雪景观、森林草甸、峡谷河流、漂流探险、休闲度假、旅游购物为主体的川藏—滇藏线香格里拉休闲度假旅游带(王世金,2015;王世金和车彦军,2019)。

8.2.2　滑雪旅游开发潜力

　　滑雪旅游开发不仅受制于积雪条件、人造雪气象气候条件、地形条件的影响,还受控于区位条件、可进入性、接待条件等,其开发潜力评价对该区未来滑雪场健康、持续发展具有重要的现实意义(王世金等,2017,2019)。

　　1)滑雪场主要影响因素

　　滑雪场是滑雪旅游的空间载体,其影响因素直接关乎滑雪旅游潜力大小。滑雪场不仅受制于气候因素,而且与人口经济社会系统息息相关。例如,滑雪场对积雪资源的需求量较大,积雪日数越长、积雪深度越深对滑雪旅游业越有利。在一些天然降雪较少的地区,可以通过人工造雪维持滑雪场正常运营。人工造雪需在温度 0℃ 以下环境进行,此时,温度条件成为滑雪场能否建立的关键因子。地形条件对于滑雪场选址至关重要,不同等级的雪道对坡度有相应的具体要求。人工造雪的需水量非常大,这要求滑雪场建造人工蓄水池或建立在靠近地表径流和水库的地方。滑雪场还应建立在植被丰富,环境景观优美的地区。充足的客源市场和优越的区位才能保证滑雪场的经济效益,经济发展程度极大地影响着滑雪场的分布。交通的便捷度是发展滑雪旅游的关键,距离交通干线越近，越有利于滑雪场的发展。旅游景点区域基础设施较好，有一定的客源市场，滑雪场建立在景区或周边形成旅游产业集聚发展（表 8.4）。

表 8.4　滑雪场主要影响因素

目标层	领域层	因素层	指标说明
滑雪旅游潜力指数	地形因子	海拔 坡度 坡向	地形因子能很大程度上影响冰雪运动基础设施的建设和开展
	气候因子	1 月平均气温 1 月平均湿度 年总降雪天数	环境温度和湿度决定人工造雪的可能和维持时间，总积雪日数决定自然雪的形成及持续时间
	土地类型	植被类型 土地类型 开发强度	土地利用类型，如沙漠和水体，是决定冰雪运动能否开展的重要前提条件
	经济因子	交通因素 人口密度 经济条件	可达性越好，冰雪运动可进入性越强。人口规模和经济规模决定了人的参与能力和消费规模大小，是维系运动设施盈利与否的关键

2）滑雪旅游服务潜力评价与等级区划

滑雪旅游开发潜力评价、区划包含以下四个进程：①确立滑雪场选址标准；②建立相关指标数据库；③指标数据分析；④得到当前积雪资源开发适宜性分布图。通过对已有雪场调查、专家咨询及文献查阅确立滑雪场选址条件。其中，滑雪场选址包含积雪资源、温度条件、地理条件、经济条件、路网条件以及旅游景点共六个条件。本节利用当前 743 个滑雪场数据，采用最大熵模型（MaxEnt），以信息熵最大的分布作为 MaxEnt 模型的最优分布，将对应的样本点数据和 12 个环境建模因子（表 8.4）分别导入 MaxEnt 中进行建模，随机选取 70%作为进入模型的训练集，剩余 30%作为模拟结果的测试集，其他参数采取默认设置。结果显示：影响滑雪场因素中累积贡献率 84%以上的因子有 4 个，分别是人口密度、1 月平均气温、海拔和年总降雪天数（表 8.5）。其中，滑雪场与人口密度空间分布高度匹配（贡献率 36.10%），显示滑雪旅游是以人的需求驱动为主的一项活动。在人口分布密集区，雪场分布密度较高，高人口密度对一个滑雪旅游目的地正常的运营维继起到了关键的主导作用。高的游客量补偿了滑雪场的运营成本，是盈利与否的关键决定性因素。此外，最冷月 1 月的平均气温（贡献率 23.70%）在很大程度上决定着成雪条件，尤其是人工造雪是否能够开展。由于我国滑雪场主要针对春节前后的客流量，最冷月 1 月平均气温决定了人工造雪的维持时间，是滑雪场运营时间长短和运营成本大小的决定性因素。另外，在地理环境因子中，海拔（贡献率 16.40%）起到了限制作用，高海拔，尤其是我国南方地区的山区具有较好的成雪条件，但在青藏高原高寒地区恰恰也制约了滑雪旅游的开展。主成分分析结果显示，滑雪场和年总降雪天数关系不密切，意味着滑雪场和自然降雪之间关系较低，自然降雪不是影响滑雪旅游潜力的主要因素，相对地，人工造雪的气候条件是滑雪旅游开发潜力的决定性因素。

表 8.5　滑雪场影响因素主成分分析结果

变量	单位	贡献率/%	累积贡献率/%
人口密度	人/km²	36.1	36.1
1 月平均气温	℃	23.7	59.8
海拔	m	16.4	76.2
年总降雪天数	天	8.1	84.3

　　总体看，当前中国 84%的滑雪场位于综合适宜度较高的区域。其中，长江上游中低山区拥有一定的滑雪场适宜性，其他区域适宜性较弱。具体而言，长江上游不适宜雪场开发的区域主要分布于长江源区和横断山高山区，该区虽然温度较低，但高寒缺氧、山大沟深，多为荒漠与草地，可达性差、人口稀少、人口密度低。总之，一方面建设滑雪场的自然条件较差，另一方面可达性较差，没有稳定的客源市场，该区不适宜建设滑雪场。同时，长江上游中东部的四川省、云南省和重庆市大部分区域也具有较低的滑雪场开发适宜性。因该区全年气温较高，平均海拔较低，即使在全年最冷月的 1 月，平均气温也大多在 0℃以上，很难达到自然降雪和人工造雪的条件，只在局部的海拔相对较高的丘陵和山区有零星积雪分布，滑雪旅游潜力极小（图 8.6）。

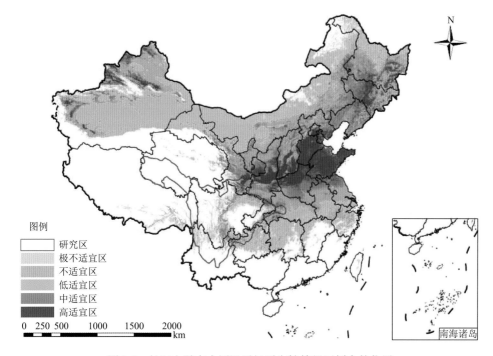

图 8.6　长江上游在中国滑雪场适宜性等级区划中的位置

　　相反，长江上游川西高原、秦岭、乌蒙山、巫山等山区具有较高的雪场开发适宜性，该区不仅有一定的人工造雪气候条件，而且区域人口众多、经济活跃、雪场可达性相对较高，因此拥有较高的雪场开发适宜性。未来，可布局一定数量和一定规模的雪场及其配套设施（图 8.6）。

3）未来适应策略

长江上游的长江源、川西高原和川渝滇贵鄂气候、地理及区位条件各异，其开发策略应因地制宜。尽管长江源是积雪资源富集区，但远离中远域客源市场，当前阶段不应作为重点开发区。相反，尽管川渝滇贵鄂积雪资源匮乏，人工造雪气候条件极为脆弱，但其拥有密集的人口和较高的经济基础，在此背景下，这些区域陆续出现了诸如峨眉山、九顶山、西岭雪山、玉舍雪山、神农架在内的多处优良级滑雪场。这一区域滑雪场空间布局显示出明显的客源市场为导向的特征。近中期，长江上游滑雪旅游潜力巨大，需重点开发。

受制于气候条件、产业基础、滑雪认知等因素，目前长江上游滑雪旅游乃至运动整体处于起步阶段。尽管多数雪场滑雪人数较多，但大多属于一次性体验滑雪，亟须培育和发掘潜在滑雪客源市场。受暖冬影响，重庆、湖北、四川一些雪场往往在 1 月中下旬之后开业，2 月底就结束滑雪，甚至一些雪场滑雪营业时间不足一月。同时，滑雪季阴雨连绵、湿度极大，造雪条件较差，雪道融化加速，存雪困难，变暖背景下高温融雪风险加剧，为原本脆弱的冰雪资源雪上添霜，其雪场经营压力较大，潜在风险巨大。

未来，这一区域应因地制宜，结合气候、地形地貌、造雪条件，合理规划滑雪场，杜绝以短视经济利益为驱动的冰雪产业开发。相反，应在人工造雪气候条件评估基础上，适度开发适宜气象条件的滑雪场。同时，在峨眉山、西岭雪山、神农架等级较高雪场开设夜场滑雪项目，增加雪场营业时间，以弥补滑雪季较短问题。其他区域滑雪旅游还需与地方民俗历史文化、休闲度假、康体健身、体育活动等旅游形式相结合，其最佳方式是将雪场建成综合型、四季型旅游区，通过与其他旅游形式的联动发展，促进这一区域滑雪旅游乃至滑雪产业的快速发展。

8.3　冰冻圈旅游资源开发模式、空间开发战略与保障机制

在气候变暖的大背景下，冰冻圈生态环境的脆弱性和旅游资源开发的矛盾更加突出，因此协调冰雪旅游资源开发与生态保护之间的矛盾是长江上游冰雪旅游景区面临的严峻挑战，也是冰冻圈旅游资源开发与利用的重要目标之一。本节将总结长江上游冰冻圈冰雪旅游资源的典型开发模式，从空间开发战略和综合保障机制两个方面对长江上游冰雪旅游资源的开发进行分析和说明。

8.3.1　开发模式

长江上游冰雪旅游具有明显的资源优势和后发优势。上游地区冰雪地域辽阔，自然条件特殊，历史悠久，民族风情独特，文化底蕴浑厚。冰川、峡谷、溪流、森林、草甸等自然景观与唐蕃文化、藏文化、西域文化、丝路文化和茶马文化等人文景观完美结合。随着世界旅游市场的不断成熟，国内旅游方式也经历着由单纯的观光旅游向自驾车、探险科考、康体、休闲度假等沉浸式体验旅游方式转变，旅游方式的转变为冰雪体验旅游发展提供了更加广阔的旅游消费市场（马兴刚等，2019）。

　　鉴于上游地区冰雪脆弱性和巨大的生态效益，其旅游开发应坚持保护优先的原则，采取多种旅游开发模式，构建多样化的旅游开发项目，以满足旅游者的体验需求，从而带动所在地经济发展，助力乡村振兴，为相关地区经济发展提供坚实的基础。要坚持"保护第一，开发第二"的原则，在保护的基础上进行旅游资源开发，同时通过旅游资源开发增收反馈生态环境保护，形成良性的可持续性循环。

　　一般而言，冰川旅游吸引功能并非由冰雪单体决定，往往由冰雪与周边景观组合程度决定。长江上游冰雪旅游资源与雪域高原、高山峡谷、森林草甸、西部文化资源相互影响、相互依存，构成了冰雪自然景观与文化景观的和谐统一。因此，上游地区冰雪旅游也须由冰雪景点单一开发模式向组团式开发模式转变。

　　1）"冰雪旅游＋城市旅游"模式

　　长江上游部分冰雪旅游资源距节点城市较近，具有冰雪旅游与城市旅游组合开发的天然优势。例如，在横断山区，由于冰雪气候条件优越，冰雪资源距人类，特别是城市聚居区较近，从而成为我国冰雪旅游发展较好的区域。玉龙雪山是云南省冰雪旅游资源开发最早、最成熟的冰雪旅游地。与世界文化遗产丽江古城交相呼应，是冰雪旅游开发与以古城为代表的城市旅游开发相结合的典型代表（图8.7）。

图 8.7　玉龙雪山冰雪旅游（a）和丽江夜景（b）

　　玉龙雪山景区冰雪资源丰富、景区开发成熟、与丽江古城深度融合，已经具有很好的组合效应（王世金和车彦军，2019）。具体表现为：

　　（1）景观资源丰富。目前，玉龙雪山冰雪资源开发主要集中于白水河 1 号冰川。该冰川是玉龙雪山现存冰川中最大的一个，冰川流动性较为明显，冰舌区冰面崎岖，有些地方形成了冰瀑布，冰体和冰裂隙交错分布。冰面呈波状起伏，巨厚的冰川冰从粒雪盆流出，形成冰舌，并在冰川末端形成冰墙、冰塔、冰桥、冰洞、冰下河道等。玉龙雪山除了现代冰川外，还拥有丰富的古冰川遗迹。5000m 雪线以上是以"玉龙十三峰"为代表的角峰、刃脊、冰斗等景观，而雪线以下、终碛堤以上是以槽谷、悬谷、侧碛堤、冰碛丘陵为主的冰蚀冰碛地貌带，游客可以感受雪山形态的变化；河谷区为冰川堆积地貌，U 形谷为最典型的地貌特征，在 U 形谷地区广泛分布着冰碛沉积物，区内大多数河流呈 U 形沿古冰川谷流淌，此处的水体变化最丰富，游客可以感知雪山的柔美（王世金等，2012a）。

（2）景区开发成熟。玉龙雪山景区是全国首批 5A 级旅游景区，也是中国为数不多的能够通过登山索道到达并进行观光的现代冰川景区之一，该旅游区逐步发展成为国际精品旅游景区和冰雪旅游休闲度假胜地。依托玉龙雪山现代冰川资源及其东麓的古冰川遗迹，已经开发了以观光为主的"白水一号"冰川公园、牦牛坪、云杉坪三个景点，并相应建了三条索道；依托于白水河开发了被称为"小九寨"的蓝月谷景点；开发了演艺娱乐项目，即由张艺谋导演的玉龙雪山原生态大型实景演出——《印象·丽江（雪山篇）》；建设了休闲度假项目，有目前世界上海拔最高且球道最长、亚洲唯一的雪山高尔夫球场——玉龙雪山高尔夫球场，这些都在一定程度上吸引着游客并满足游客的旅游需求。

（3）冰雪景区与丽江古城高度融合。玉龙雪山冰雪径流为丽江古城提供了源源不断的水源，而古城布局则以水为脉（络），古城街道及房屋随水势、山势自然伸展，形成了"家家溪水绕户转，户户垂柳赛江南"的独特风貌。古城与玉龙雪山景区每年吸引游客数达 700 多万，大部分游客均选择白天登临玉龙雪山感受冰川奇景，晚上夜游丽江古城体验古镇生活。冰雪旅游与城市旅游相互影响、相互促进、相得益彰（王世金等，2012a）。

在长江上游冰川区中，横断山冰雪区与成都市和雅安市等周边节点城市的组合与玉龙雪山和丽江古城的组合较为类似。此外，在西部冰川区，诸如这类冰雪旅游和城市组合还包括祁连山七一冰川与嘉峪关市、祁连山冷龙岭冰川与西宁市、博格达峰冰川与乌鲁木齐和昌吉市、中天山托木尔峰冰川与阿克苏地区、公格尔—慕士塔格冰川与喀什和阿图什市、念青唐古拉山冰川与拉萨市和林芝市等。玉龙雪山和丽江古城组合的开发经验可为以上景区提供经验指导。

2）"冰雪旅游＋民俗文化"模式

冰雪旅游吸引力取决于冰雪单体资源与其周边特色资源的组合程度。冰雪资源附近的特色资源是构成冰雪旅游吸引力的重要组成部分。冰雪旅游资源与其周围的森林草原、温泉、湖泊、宗教文化、民俗风情相互依存和影响，因此冰雪资源开发依托周围特色资源，特别是民俗文化资源至关重要（Sun et al.，2021）。达古冰川风景区位于中国四川阿坝藏族羌族自治州黑水县境内，是一处集冰川、雪山、森林、野生动物、草甸于一体的自然生态旅游区（图 8.8）。依托冰雪资源，在民俗风情和红军文化方面进行了一系列开发，取得较好的成果，具有较好的代表性。

(a)　　　　　　　　　　　　　　　(b)

图 8.8　达古冰川冰雪旅游（a）和藏寨（b）

达古冰川风景区藏文化主要有以下四种形式和载体。

（1）多声部民歌，也称为"二声部民歌"或"复音民歌"。达古冰川风景区所在的黑水县是藏族与羌族的聚居地，在黑水县举办祭祀礼仪、节日歌舞及民间歌会活动中多声部民歌是必备的重要节目。

（2）黑水锅庄。锅庄是藏族的民间舞蹈，在节日或农闲时，男女围成圆圈，自右而左，边歌边舞，其是藏族三大民间舞蹈之一。达古冰川风景区独特的民族地域文化造就了当地黑水锅庄歌曲优美和舞姿动人的特色，也提升了达古冰川风景区旅游文化内涵。

（3）卡斯达温，也称出征舞，是古代战争时期出征勇士在出征前所跳的民间祭祀舞。卡斯达温舞蹈气势雄壮，规模宏大，体现出黑水藏民豪放粗犷、骁勇善战的民族气节。

（4）达古藏寨。上达古藏寨是红色革命的见证地，1935~1936 年，红军在阿坝州境内停留达 16 个月，确定了北上抗日等关系中国革命命运的重大战略方针。中达古藏寨四周林木苍翠，布满了各色经幡，加上藏寨本身设计巧妙，施以彩绘，又饰以野猪头、奇石、莲花台等图腾，充满了古朴沧桑和浓郁的佛教气氛。下达古藏寨位于红军湖附近，长征时期红军三进三出黑水，藏族同胞祈盼红军胜利，在下达古藏寨楼上遍插红色经幡。

近年来，达古冰川风景区打造了以"藏文化体验"为重点的文化类精品。首先，利用藏寨，建立了集休闲、避灾、节庆活动、食宿等于一体的多用藏寨群组，在藏寨外围设置文化墙，介绍达古藏寨和藏族文化。其次，景区定期举行旅游区藏族文化节，通过吃藏式餐饮、跳藏族歌舞、穿藏族服饰、住藏式宅楼等活动品味藏族文化。最后，开设藏医藏药以及藏式保健、养生体验活动，开展教育旅游活动。此外，依托景区内红军湖、红军桥及红军长征路线等历史文化遗迹，挖掘红军文化故事，让游客情景代入式地体验红军长征文化，感受长征精神的洗礼。

在喜马拉雅山、藏东南以及滇西北冰川区，受本土宗教和藏传佛教影响，许多山峰多被当地人顶礼膜拜，有些雪峰则成为整个区域和民族的宗教崇拜物。同时，藏区许多山峰周边分布有大量寺庙和嘛呢石堆，每年都有络绎不绝的僧众前来朝勤、传经，形成了冰川区独特的文化景观。冰川、雪峰自然景观与冰川区寺庙、玛尼堆、经幡、朝圣等人文景观组合绝佳，具有组团式开发的天然优势（王世金等，2012a）。在藏区，诸如此类景观组合还包括贡嘎山大小贡巴冰川与贡嘎寺、海螺沟冰川与金花寺，沙鲁里山卡洼洛日峰冰川与日巴觉姆寺。另外，古代丝绸之路的贯通和区域气候条件为天山冰川区孕育了多处著名的文化景观。例如，天山第二高峰汗腾格里峰东侧的木扎尔特冰川则是古代木扎尔特古道的必经之地，古道曾是汉通乌苏、大宛的主要商路，也是连接南北疆的一条捷径。在这一区域，可以深度挖掘古丝绸之路文化资源，并与冰川旅游有机结合，从而提升冰川旅游内涵。

3）"冰雪旅游/运动＋冰雪产业链"模式

冰雪资源分布于独特的海拔、气候、山地和资源禀赋丰度优势地区。在优先保护冰雪分布区生态环境的原则下，结合区域发展的实际情况重点发展冰雪山地户外运动，打造冰川休闲健身步道，开展冰川徒步，大力发展以"健"为支撑的冰川旅游健康运动产业，加强与推动冰川旅游同冰川徒步、冰川骑行、冰川滑雪等体育康体项目融合发展，从而推动相关产业发展。以西岭滑雪场为例进行分析和说明（图 8.9）。

图 8.9　西岭滑雪场（a）和缆车（b）

成都西岭雪山滑雪场位于距离成都 105km 的大邑县境内，是中国目前规模最大、设施最好的大型高山滑雪场、大型雪上游乐场和大型滑草场、高山草原运动游乐场。西岭雪山总面积 482.8km²，海拔 1260～5364m，其中大雪塘海拔 5364m，是成都第一峰，终年积雪在阳光照射下，洁白晶莹，银光灿烂，秀美壮观，唐代大诗人杜甫盛赞此景，写下了"窗含西岭千秋雪，门泊东吴万里船"的《绝句》，西岭雪山也因此而得名。每年 11 月底到次年 3 月底为积雪期，积雪厚度在 60cm 以上，雪质优良，形成南方独特的林海雪原奇观，被游客誉为"东方的阿尔卑斯"（李明达，2010）。

西岭雪山滑雪场拥有 2000 套世界名牌滑雪器具，10 条国际标准滑雪道，可容纳 2000 人同时滑雪。同时还有雪地摩托、蛇形雪橇、雪上飞碟、雪上滑车等，形成了 20 个雪地游乐项目，建成了国内唯一大型雪上游乐场。有环形雪地摩托越野车道、马拉雪橇、雪上飞碟、雪上飞伞。滑雪场培植了 50km² 的高山草坪，形成了高山草原规模，进口了 600 套滑草器具，成为中国最大的滑草场，完善和丰富了春、夏、秋、冬四季旅游项目。

西岭滑雪旅游景区发展链条作用明显，带动了相关产业效益的联动提升。西岭景区使得西岭所在地方及周边地区的餐饮、宾馆、交通、通信和零售业得到了快速发展，相关行业的商户收益稳定，营业收入不断提高。最为明显的是滑雪设备、物资供应、物流业发展活跃，其呈现出与滑雪景区的联动发展态势，形成了不可分割的经济链条。综合上述，西岭雪山滑雪产业的开发是山地冰雪运动旅游开发模式的一个比较成功的案例。

以滑雪为主的冰雪运动或冰雪旅游的发展可带动相关配套产业发展，长江上游类似景区及我国其他地区的开发可以借鉴。2022 年 2 月在北京和张家口举办的冬奥会更具有说服力。以冰雪运动为主体的冬奥会不仅仅是一项体育盛会，它还促进了基础建设产业、交通运输业、通信电子等行业的供给和需求双料增长，刺激了消费服务业的发展，为环保产业的发展提供了巨大的机会，直接推动了体育产业和一些特许经营行业的强力发展。

4)"冰雪旅游＋康养度假"模式

随着大众旅游时代的到来，旅游体验化已经成为游客出行的重要需求，以追求身心健康体验为目的的康养旅游逐渐兴起。2016 年年初,《国家康养旅游示范基地标准》的颁布,使康养旅游发展成为新时尚。海螺沟的冰雪旅游和康养度假的发展是最为典型的模式。

海螺沟位于四川省甘孜藏族自治州东南部,贡嘎山东坡。海螺沟是集生态完整的原始森林和高山沸、热、温、冷泉为一体的综合型旅游风景区。海螺沟内的冰川面积达 31km^2,包括 3 条山谷冰川和其他 8 条悬冰川、冰斗冰川。海螺沟 1 号冰川就是面积最大的一条,顶点海拔 6750m,末端海拔 2850m,是地球上同纬度冰川中海拔最低的。它自上而下由粒雪盆、大冰瀑布和冰川舌三级阶梯组成,全长 13km。冰川舌厚达 40～150m,其上有体态各异、造型奇特的冰川景观。冰川舌长 5km,全部伸进原始冷杉林带,形成了世界罕见的冰川与原始森林交错共存的自然绝景(易东林等,2019)。冰川是海螺沟景区的灵魂及核心卖点,但目前对于该景观的观光游览仅有两种方式:索道观光及徒步观光,游览尚未形成回路,游览时间短,游憩设施缺乏。此外,冰川科普解说体系不完善、不生动、缺乏体验性产品等是游客体验度不深的因素(何耀灿,1990;朱智和李梅,2016;陈嘉睿和赵川,2018)。

海螺沟还有 70km^2 的原始森林,不同海拔与特殊气候条件下的奇花异树,组成了海螺沟独有的植物王国,康定木兰、天麻、贝母、中华猕猴桃等珍稀植物都在这儿生长繁茂。现代冰川、温泉、景观生态多样性很强的植被使海螺沟成为综合性高山旅游胜地。

海螺沟地处地热资源富集区,天然出露的温泉出水温度高、流量大,水质富含锂、锶、钡、硫化氢、偏硅酸和偏硼酸等众多对人体有益的微量元素,是罕见的冰融型碳酸钠钙中性优质医疗热矿泉,且与冰川巧妙融合,呈现出远山冰川隐现,池边白雪皑皑,池中热气腾腾、烟雾缭绕的神奇仙境,极具特色,为温泉旅游的发展提供了得天独厚的条件。依托上述特有的地热矿泉,海螺沟温泉度假产业发展迅速,也极具特色(图 8.10)。

(a)　　　　　　　　　　　　　　　(b)

图 8.10　海螺沟冰瀑(a)和温泉(b)

海螺沟景区康养旅游产品主要包括以下五种（张瑾瑜和陈理丽，2019）。

（1）森林康养旅游产品。森林康养旅游产品紧扣康养"身"和"心"的功能内涵，以森林为媒介，实现减轻疲劳、愉悦身心、调节情绪、科普教育等功效。根据游客不同需求和出游动机将森林旅游产品分为深度体验型、强身健体型、疗养度假型和科普教育型四种，使游客获得良好的康养体验。

（2）温泉康养旅游产品。海螺沟温泉为冰融型碳酸钠钙中性优质医疗热矿泉，能调节中枢神经，提高机体免疫力，改善人体造血功能；还能起到消除疲劳，改善体质，促进新陈代谢、延年益寿等康养效果，其康养品质国内罕见，是真正的天然康养温泉。海螺沟景区温泉康养旅游为旅游者提供了颇具特色的温泉康养环境，且景区开发出丰富多样的温泉康养旅游产品。海螺沟景区温泉可与藏医药相结合，开发温泉药浴、足底按摩等产品；可与当地特色民俗相结合，这样既可以惠及当地百姓，又可以增加温泉产品的多样性。鼓励"温泉＋体育""温泉＋田园""温泉＋森林""温泉＋藏医药"的发展模式，整合周边康养旅游产品，充分发挥温泉"疗养、休养、保养"的作用，推动海螺沟景区温泉康养旅游产品升级转型。

（3）田园康养旅游产品。充分利用海螺沟景区丰富的自然和人文资源，坚持"以精养生、以气养生、以动养生、以和养生、以食养生"的五原则，将乡村与田园融合、养生与生产结合、科普与体验结合，打造具有康养性的田园旅游产品。

（4）体育运动康养旅游产品。结合得天独厚的山地资源，海螺沟可大力发展山地自行车、登雪山、丛林穿越、丛林宿营等山地体育运动项目；利用独特的原始森林旅游资源，开展林地漫步、森林趣苑、丛林野战、森林瑜伽等旅游产品；依托贡嘎山，开展攀登雪山、滑雪等特色体育项目。将传统体育项目与现代体育项目相结合，积极引导和规范山地运动的发展，使游客在领略原始森林风光的同时，尽情享受高原山地体育运动项目的魅力。

（5）藏医药康养旅游产品。依托海螺沟旅游资源积极开发康养产业，围绕旅游资源开发健康食品和特色藏医服务产业，开发藏医药特色旅游资源，打造海螺沟景区藏医药健康旅游品牌。利用藏医药文化元素突出的藏医药医疗机构、藏医药企业以及汉藏药材种植基地、藏药浴等资源，将旅游、康养、购物相结合；以藏药浴、藏灸疗等藏医外治医疗服务和慢性疾病藏医药防治服务为切入点，推动藏医院提供展现南派藏医特色的个性化医疗服务；以大健康、慢病防治为平台，与旅游资源整合，实现"康养-观光-文化"产业的联合与突破。

康养旅游作为旅游业和健康、养生、养老等产业交叉融合发展形成的新产品和新业态，不仅仅是一种新的提法，也是一种新的市场趋势。"冰雪旅游＋度假康养"的旅游方式，推动了冰雪旅游地向山地度假康养型旅游胜地的转变，也适应了大众旅游形态从传统的观光型向娱乐型、休闲型、度假型、体验型过渡及转型。

5）冰川遗迹与科考科普

长江源上游冰川对我国西部大开发中的水资源利用、防灾减灾和环境保护有着重要影响。为了进一步挖掘冰川资源的利用潜力和价值，顺应"全域旅游"发展理念的要求，运用"冰川＋旅游"的发展思维来对冰川资源进行科考与科普，以便更好地通过对冰川旅游资源的开发，丰富旅游产品的新兴业态，为科普者研究冰川环境、冰川景观、冰川灾害提供便利条件，使游客在参观冰川景观的同时，无形地获取冰川学以及地理学、历史学等方面的科学知识，并且在丰富游客知识体系的同时，也向他们普及保护冰川生态环境的文明理念。此外，长江源上游冰川并不是单独分布的，与之密切联系的高原植被、动物等在生物多样性和珍稀动植物繁育保护研究中也具有极高的科学研究价值（表 8.6）。

表 8.6　长江源上游主要冰川景区科研科普项目

景区名称	科研科普项目
玉龙雪山	1.与中国科学院（简称中科院）昆明植物研究所丽江森林生态系统定位研究站联合开展了云杉坪 25hm² 亚高山暗针叶林大样地科研监测及极小种群兰科植物繁育移植项目 2.与云南省林业科学院联合开展了杓兰、滇牡丹种植资源调查与监测保护项目 3.与西南林业大学联合开展了不同海拔梯度云冷杉及高山松年轮测定项目 4.与云南大学生命科学学院联合开展了两栖类动物的监测项目，并在中国绿色时报发表新记录两栖类动物两种 5.与云南大学国际河流与生态安全研究院开展玉龙雪山尾凤蝶保育示范 6.与云南师范大学开展了社区共管研究项目 7.与云南省林业调查规划院联合开展了多项建设项目生物多样性影响评价工作
达古冰川	1.与中科院合作开展冰雪旅游增值示范效应 2.与中科院西北生态环境资源研究院冰冻圈科学国家重点实验室签署战略合作协议，就冰川变化监测、冰川保护、冰川旅游及可持续发展等方面开展系列合作 3.与阿坝师范学院共建实践教学基地 4.与四川科技馆、阿坝州科学技术协会、黑水县科学技术协会等共同举办的"天府科技云-科学 E 课堂"之"走进达古冰川，讲述地球故事"
海螺沟景区	1.与中科院成都山地灾害与环境研究所（简称中科院成都山地所）签署协议，共同设立院士（专家）工作站，重点开展冰川科学研究 2.与中科院成都山地所、宁波诺丁汉大学等高等院校、科研院所签订战略合作关系，建立海螺沟企业服务指导中心，推进产学研协同创新，创建州级高技能人才基地和四川省省级科普基地
卧龙景区	1.与四川西部教育研究院签署合作开展中小学生研学旅行战略合作框架协议 2.与阿坝师范学院签署校地合作框架协议

　　我国冰川遗迹分布广泛、形态多样，适宜开展冰川遗迹科考科普旅游，其典型区域包括新疆中央天山托木尔峰、东天山博格达山、阿尔泰山友谊峰，四川横断山贡嘎山海螺沟、海子山、亚丁稻城、雀儿山和沙鲁里山等。总体而言，冰川遗迹是冰川旅游资源的重要组成部分，开发冰川旅游资源不可忽视冰川遗迹旅游资源。冰川遗迹景观形态丰富多样，是冰川、地质、地貌、气候学相关专业学生或科研工作者的天然教学课堂，开展冰川遗迹与科考、科普及其环境教育等活动潜力巨大，前景广阔（王世金等，2012a）。

　　从上面可以看出，长江上游冰雪旅游资源并非单独存在的，冰川、峡谷、森林草甸等自然风光与藏文化、丝路文化及茶马文化等多种地域文化形成了绝佳的组合，形成独有的景色和文化特色，随着国内旅游市场的不断发展和冰雪旅游基础设施的日趋完善，冰雪旅游景区及其所孕育的壮美自然风光和深厚文化底蕴，将会吸引越来越多的目光，带来更加广阔的旅游消费市场。冰雪产业部门与旅游产业部门的资源禀赋也将在日趋开放的多元竞争态势中更加充分地流通与扩散，以此吸引更多的产业参与市场融合，促使"冰雪＋旅游"市场价值空间不断拓展。以冰雪本体资源为核心，以旅游服务为载体，伴随消费者需求的动态变化，通过产业间渗透与交叉，经过技术、产品、企业与市场等融合形成兼具冰雪产业与旅游产业特性的"冰雪旅游"新兴产业业态（李在军，2019）。因此，在长江上游冰雪资源进行旅游开发时，以冰雪资源及气候为依托，以通过各种冰雪形成的景观及其衍生出的人文景观作为旅游产品，以冰雪观光、冰雪运动为主要表现形式，体现具有观赏性、参与性与刺激性等特点的休闲旅游。可考虑采用"融合"发展的方式来提高冰雪单体资源的吸引力和经济价值，采用"冰雪＋森林草原""冰雪＋民俗风情""冰雪＋温泉""冰雪＋湖泊""冰雪＋宗教文化""冰雪＋乡村旅游""冰雪＋专项拓展""冰雪＋科考"等一系列旅游开发思路来提高冰雪资源的旅游开发利用率，促使"冷资源"转向"热业态"，实现冰雪旅游作为"旅游＋运动＋度假"的新型休闲业态的高增长、新体验、效益好的三大特点。

8.3.2　空间开发战略

长江上游地处西部内陆腹地，交通不便、耕地面积不足、经济条件落后，未来以冰雪旅游为特色的生态旅游产业将成为该区新的经济增长点。基于此，长江上游冰雪旅游空间布局要充分利用冰雪旅游地区位特点、历史文化内涵，突出冰雪区独具特色的高品位冰雪资源和区域文化旅游资源。

按照"突出中心城市、依托成渝城市群、巩固西南区域、辐射全国"的基本原则（王世金等，2012b），长江上游冰川旅游区域开发可以根据冰川区空间结构、冰川资源特色、城镇与交通网络空间分布和旅游线路与区域的相对完整性采用点面相结合的空间开发格局。滑雪场的空间分布与冰川分布和冰川旅游中心具有较强的空间关联性，滑雪场的空间开发除了依托现有资源之外，还应借助冰川旅游中心城市和冰川旅游成熟景点的辐射效应。冰川旅游的自然观光和滑雪运动相结合，衍生冰雪旅游产品链条，满足当前对于冰雪运动的旅游需求。依托冰川旅游开发的空间战略、滑雪场开发的空间战略，长江上游采取"两区"空间协同发展战略的思路，即川西和滇北滑雪旅游综合示范区，形成空间发展格局。

1）冰川旅游中心城市

中心城市是长江上游冰川区域经济发展的战略支撑点和基础设施建设的投资重点，是西部最具活力的地区和重点受资地区，也是资金流、信息流、能源流、客流、物流和旅游流最为集中的地区，是未来冰川旅游发展的重要依托中心。加快冰川区中心城市建设步伐，对于推动西部冰川旅游和经济社会全面发展具有十分重要的战略意义。长江上游冰川分布区辐射的中心城市具有冰川旅游发展"桥头堡"和"第一引擎"作用，这些城市地处铁路、公路和航运主干线，海拔相对较低，气候条件优越，与冰川旅游景区距离较近，具有优先开展冰川旅游的区位优势。经过筛选，成都、绵阳、雅安、西昌、昆明、丽江、贵阳 7 个城市具有这样的特点，其中，西昌、贵阳和丽江已成为中国著名的避暑胜地。

冰川旅游开发战略应为侧重于点状开发模式，重点依托这些中心城市，着重培育冰川观光、避暑休闲、宗教旅游等旅游功能，通过中心城市的组织功能、集聚扩散功能、辐射带动功能和传输功能，加快长江上游地区冰川区域城市避暑旅游与冰川旅游的组团式开发进程。

2）冰川旅游带

冰川旅游带主要指川藏和滇藏冰川旅游带。冰川旅游资源是川藏、滇藏线景观大道上的一个重要组成部分。该区是中国第一级阶梯向第二级阶梯过渡的高山深谷地带，山脉大多南北走向，冰川资源分布广泛，是中国现代冰川分布最东和最南区域。该区重点依托地区包括成都、雅安、丽江、香格里拉、林芝、波密和昌都等，以川藏、滇藏公路/铁路为主干线。

川藏和滇藏冰川旅游带地处祖国西南，气候适宜、水热条件良好，蕴含西部独特的自然与人文历史，目前已拥有众多中国乃至世界重要的自然和文化景点，如大熊猫栖息地、九寨沟—黄龙风景名胜区、丽江古城、三江并流 4 处世界遗产地，亚丁自然保护区 1 处世界生物圈保护区，亚丁、贡嘎山、雪宝顶、四姑娘山、察隅慈巴沟、雅鲁藏布大峡谷、高黎贡山和白茫雪山 8 处国家级自然保护区，唐古拉山—怒江源、三江并流、玉龙雪山 3 处国家级风景名胜区，以及玉龙雪山、老君山和易贡 3 处国家地质公园。该区是西部旅游资源最为富集的区域，未来冰川旅游空间布局应围绕藏彝走廊和藏东南两大片区展开，以川藏、滇藏公路为主干线，以成渝近域客源市场营销为主方向，以贡嘎山冰川森林旅游区、雀儿山冰川草甸旅游区、玉龙雪山冰川古镇旅游区、高黎贡山冰川峡谷旅游区、梅里雪山冰川文化旅游区、雅鲁藏布江冰川峡谷旅游区、林芝冰川生态旅游区、昌都香格里拉冰川旅游区为重点开发区，形成由点-片-面组成的以冰雪景观、峡谷河流、森林草甸、漂流探险、休闲度假、旅游购物为主体的川藏—滇藏线香格里拉休闲度假旅游带。

3）冰川旅游示范区

横断山旅游区。横断山是中国最大的南北走向平行的山脉，这一区域现代冰川集中分布于梅里雪山、贡嘎山、沙鲁里山、雀儿山等多处雪山。横断山共发育冰川 1725 条，面积 1579km²，大部分冰川属于小型海洋性山谷冰川、冰斗冰川和悬冰川。由于该区山高谷深、冰面坡度陡峭、冰体破碎、冰面裂隙纵横，极大地限制了冰上体验旅游活动的开展。然而，本区地处亚热带气候区，气候适宜，河谷拥有绝佳的水热条件，冰川、草甸、森林、峡谷多样性景观组合壮观，目前已成为中国著名的冰川观光与山地休闲度假旅游目的地。鉴于此，该区功能定位应为：依托优越的地域水热组合条件，借助成渝近域客源市场，多方位开发以冰川观光、冰雪摄影、科考科普、消夏避暑、休闲度假、冰川地质博物馆体验为主体的冰川及其衍生旅游产品，使其发展成为我国冰川旅游的龙头和旅游脱贫致富的窗口。同时，结合本区香格里拉和茶马古道文化旅游资源，积极打造集冰川观光、休闲度假、文化体验于一体的多功能冰川旅游度假区。

4）滑雪旅游综合示范区

川西和滇北滑雪旅游综合示范区。川西地区是承载川西冰川旅游带的空间开发战略的主要地区，该地区冰川和积雪资源丰富，冰川旅游景区发展成熟度较高，具备较好的滑雪旅游开发的自然条件和市场条件，目前这一地区滑雪开发比较成熟的有峨眉山滑雪场、西岭滑雪场、龙池都江堰滑雪场、九顶山太子岭滑雪场和鹬鸪山滑雪场等，其中西岭滑雪场开发成熟度较高。滇北地区与川西地区在空间上毗邻，是滇藏冰川旅游带的承载地区之一，该地区滑雪旅游开发比较成熟的有香格里拉滑雪场、轿子雪山滑雪场和大海草山滑雪场，尤其香格里拉滑雪场，依托于香格里拉景区的客流辐射，发展较快。川西和滇北滑雪旅游综合示范区定位应为：依托川西和滇北冰川旅游带的辐射效应，就近借助长江经济带和关中城市群的客源市场，结合自身特色自然资源和周边人文景观，深入挖掘滑雪旅游的内涵，大力推进滑雪服务行业和滑雪装备行业发展，从而增强上述地区滑雪旅游的综合竞争力。

8.3.3　综合保障机制

1）政策保障

长江上游冰冻圈区大多地区区位闭塞、经济落后、远离客源市场。因此，该区域实施资源导向性、市场导向性、资源加市场导向性的冰雪旅游开发模式就显得不切实际。为了便于冰雪旅游的快速发展，政府及政策支持，就显得尤为重要。首先，长江上游冰雪旅游资源分布较分散，跨越多个省级行政区域，各个区域都有自身情况和发展考量，存在实际上的沟通壁垒和协作难题，因而长江上游区域内的政策协同支持是保障冰雪旅游区域平衡发展的现实需要。其次，就长江上游冰雪旅游发展的现实而言，单纯依靠市场力量难以推动区域内冰雪旅游可持续发展，如类似景区开发模式的正外部性和替代性，可能会导致区域内冰雪旅游开发的恶性竞争和"搭便车"行为，因而区域内的政策协同也是克服市场失灵的客观需要。最后，基于上游地区经济发展的现实，政府及政策上的支持是区域内冰雪旅游发展的重要推动力，也是当地振兴的重要政策支持渠道。

具体而言，长江上游地区冰雪旅游开发政策保障应包含如下几个方面。

（1）冰雪旅游业发展战略。目前，长江上游地区缺乏区域内冰川协同发展战略，各个地区冰雪旅游开发缺乏统一的政策参考和战略指导，因此，制定区域冰川旅游发展战略尤为迫切。从宏观上看，区域内冰雪旅游发展战略能为各个地方发展冰川旅游提供模式参考，避免同质化竞争，从而有利于增强长江上游地区冰雪旅游发展的整体效益和口碑。从微观上看，以区域内冰雪旅游发展战略作为总遵循，有助于调动各个地方开发冰雪旅游的积极性。

（2）加强基础设施建设的相关政策支持。长江上游大部分冰雪区位闭塞，交通条件是制约冰雪旅游发展的最重要因素之一。同时，交通和景区基础设施条件是影响旅游体验和复游率的重要因子。因此，大力推动以改善交通条件为核心的基础设施建设对上游地区冰雪旅游发展具有重要意义。

（3）冰雪旅游产业政策相关的法律法规。冰雪旅游产业相关的法律法规是保障开发主体和游客利益的重要依据，一方面，完善冰雪旅游产业开发的相关法律法规是规范开发行为，确保可控开发行为和保障区域内生态环境的重要依据。另一方面，相关法律法规也是调动开发主体积极性和保护开发主体合法利益的依据。

（4）优化景区运营管理企业组织结构的政策。景区运营管理企业是直接从事冰雪旅游景区开发的主要平台载体，其经营效率直接关系冰雪旅游开发的成败，因此，对其政策支持也关系冰雪旅游开发的直接成效，其中景区运营企业组织结构是影响经营效率的最主要因素，对景区运营企业组织结构的政策支持可以从如下三方面着手：①改善景区运营企业外部环境，如简化注册手续和审核流程、提供上门税收服务、搭建合作平台等；②提高运营企业的融资效率，为景区运营企业做大做强提供融资服务；③对于引入第三方进行合作开发的景区平台合作模式，应明确其合作平台企业的产权结构和产权关系，确保合作方的合法权益。

2）资金保障

长江上游的区位条件决定了在其适合地区进行冰雪旅游开发必然具有开发周期长和资金需求量大两个特点。无论是提供外部开发环境的当地政府，还是从事景区运营管理的企业，必然无法绕开资金需求的现实难题。然而，资金保障对于长江上游冰雪旅游开发具有十分重要的意义：首先，长江上游特有的区位赋予了当地基础设施建设的重要意义，资金保障是当地进行旅游开发的重要基础，同时也是基于国防因素的考量。其次，资金支持是当地实现乡村振兴的重要基础。最后，资金保障更是吸引外部企业合作开发当地冰雪旅游资源的重要砝码。

从资金需求的对象看，保障政府资金需求和冰雪旅游资源开发企业资金需求的渠道不尽相同。就政府需求而言，地方财政预算中的冰雪旅游发展专项资金和地方财政信用中的冰雪旅游发展债券是保障政府资金需求的重要来源。就开发企业而言，国家和地方税收减免及融资调节是开发企业资金保障的重要举措。进一步而言，银行金融机构对冰雪旅游开发企业的融资支持，如提供利率优惠、期限延长、简化审批手续等；非银行金融机构对冰雪旅游开发企业的资金支持，如提供信托融资平台、引入保险资金和支持上市等。

3）人才保障

长江上游冰雪旅游资源开发离不开人力资源的支撑和人才保障。现代冰雪旅游发展业态的转变使得其对人力资源需求大幅增加，对人力资源的要求已经不仅体现数量上，更体现在质量上。建立和完善冰雪旅游的人力资源保障体系，不仅是当前提高冰雪旅游服务质量的客观要求，也体现了当前旅游市场竞争对于人才的需求。但是，从根本上而言，人才保障是满足当前和未来冰雪旅游行业发展的客观需要。

系统性、科学性和综合性是冰雪旅游开发人力资源保障体系的三大主要特征，其特征决定了建立冰雪旅游开发人力资源保障的两大重要措施。

（1）冰雪旅游人才的输出。主要包括：建立一定规模的冰雪旅游专业教育机构，其中，主要是区域内冰雪旅游人才培训专项计划；根据区域内不同景区开发进程设置从业人员总量，而后景区根据自身发展阶段分设数量和调节自身结构比例，即遵循"总量控制，局部调节，结构自由"的原则对长江上游冰雪从业人员数量和结构进行调节，对冰雪旅游从业人员进行阶段考核。

（2）冰雪旅游人才的引入。主要有两种形式：建立相对宽松的人才流动机制；大力招募专业的冰雪旅游人才。

4）市场保障

远离主要的客源市场是长江上游地区冰雪旅游开发所面临的共同难题，也是其营销成本居高不下和口碑效应难以形成的重要原因。研究表明，在其他条件不变时，游客的游览欲望随着距离增大而呈现衰减。就目前来看，长江上游地区冰雪旅游开发的统一市场保障体系还比较缺乏，市场配置资源的效率较为低下，仍以政府行政主导为主，相关旅游企业竞争力不足。因此，整体而言，建立统一的市场保障体系是保障长江上游冰雪旅游区市场机制稳定和配置效率的重要措施。就个体而言，统一的市场保障体系是增强区域内冰雪旅游相关企业竞争力的重要助推器。

推动长江上游市场保障体系建设，可以从三个方面着手。第一，完善冰雪旅游行业管理。进行冰雪旅游行业监管可以采用多种手段，如审批手段、监理手段、服务手段、考核手段和舆论手段等涵盖行业流程的上、中、下游措施，其根本目标是规范冰雪旅游行业的竞争秩序，保障游客的权益，促进冰雪旅游行业健康发展。第二，制定和执行冰雪旅游市场规则。冰雪旅游市场规则，包括依据国家开发政策制定的冰雪旅游项目、服务规范、价格标准和准入准出门槛等。制定和执行的冰雪旅游市场规则的首要前提是要进行完善统一的冰雪旅游标准体系建设。第三，提高冰雪旅游服务质量与强化价格监管。冰雪旅游服务质量和价格直接关系游客体验和口碑效应，是吸引冰雪旅游人群的主要因素，提高服务质量是稳定市场客源的主要措施。此外，强化价格监管是规范服务秩序，保障游客利益的主要途径。为此，可以采取诸如提供服务价格审批公示、提供监督和投诉电话及常态抽检等措施。

5）基础设施保障

基础设施是承载长江上游经济发展的物质支撑，不仅关系冰雪旅游开发的成败，更关系长江上游地区致富。按照一般划分，长江上游地区基础设施可分为景区外基本设施和景区内基础设施。景区外基础设施主要包括交通和通信，其直接影响景区的可达性。景区内基础设施主要包括冰雪旅游住宿、餐饮、购物和娱乐等，其直接关系景区游玩的丰富性和层次性，良好的景区内基础设施是承载游客观赏和提高游客体验感的最重要的物质基础。就景区内基础设施而言，应在现有设施基础上，根据未来冰雪旅游业发展的需要，对道路交通系统、能源电力系统、给排水系统等加以调整，以适应不断增长的冰雪旅游需求。

6）生态环境保障

冰雪旅游资源依赖于特殊的气候条件，在气候变暖的大背景下，生态环境的脆弱性更加突出，因此协调开发和保护的矛盾对于当前和未来冰雪旅游发展具有极其重要的意义。在"保护第一，开发第二"的原则下，做好生态环境保障，是长江上游冰雪旅游开发至关重要的环节。冰雪旅游是冰雪资源环境和冰雪旅游活动二者的统一，冰雪资源环境是直接承载冰雪旅游活动的物质平台，其资源禀赋情况直接影响冰雪旅游的开发。另外，冰雪旅游活动也对冰雪资源环境产生直接影响，合理范围内的冰雪旅游活动是人类活动与冰雪资源环境良性互动的必然要求，过度开发导致过载的冰雪旅游活动必然会引起冰雪资源的加速退缩，造成冰雪资源环境的不可逆损伤。因此，在长江上游地区建立生态环境保障机制是协调冰雪旅游资源开发、冰雪旅游活动、经济发展和环境保护，实现经济效益、社会效益和环境效益统一的必由之路。

在长江上游冰雪地区建立生态环境保障的根本目的是合理开发区域内的冰雪旅游资源，维护区域内自然生态平衡和文化生态的传承。根据因地制宜的原则，其具体内容是对自然和人文景观资源的保护、对动植物资源的保护、对气候资源的保护和对水资源的保护，其中，对水资源的保护应包括对湖泊、温泉和地热等资源的保护。在长江上游地区的生态环境保障中，环境承载力规划是其中最重要的组成部分，不仅关系区域冰雪旅游开发的容量，更关系当地的可持续发展。环境承载力规划包括三个主要方向：人文环境质量控制、单因子生态容量控制和空间生态容量测算。

参 考 文 献

陈嘉睿，赵川. 2018. 海螺沟景区旅游资源保护性开发探讨[J]. 度假旅游（10）：163-164，167.

窦文康，王世金，韩彤彤，等. 2021. 中国滑雪场可达性及市场潜力测度[J]. 地理科学，41（2）：319-327.

何耀灿. 1990. 贡嘎山东麓海螺沟的温泉资源[J]. 资源开发与保护（4）：219-223.

黄汲清. 1984. 中国的冰川[J]. 冰川冻土，6（1）：85-88.

李明达. 2010. 西岭雪山滑雪旅游开发状况及前瞻[J]. 中国商贸（19）：168-169.

李在军. 2019. 冰雪产业与旅游产业融合发展的动力机制与实现路径探析[J]. 中国体育科技，55（7）：56-62，80.

洛克 J. 1994. 中国西南古纳西王国[M]. 昆明：云南美术出版社.

马兴刚，王世金，琼达，等. 2019. 中国冰川旅游资源深度开发路径研究——以西藏米堆冰川为例[J]. 冰川冻土，41（5）：1264-1270.

王世金. 2015. 中国冰川旅游资源空间开发与规划[M]. 北京：科学出版社.

王世金，车彦军. 2019. 山地冰川与旅游可持续发展[M]. 北京：科学出版社.

王世金，焦世泰，牛贺文. 2012a. 中国冰川旅游资源开发模式与对策研究[J]. 自然资源学报，27，（8）：1276-1285.

王世金，秦大河，任贾文. 2012b. 中国冰川旅游资源空间开发布局研究[J]. 地理科学，32（4），464-470.

王世金，徐新武，邓婕，等. 2017. 中国滑雪旅游目的地空间格局、存在问题及其发展对策[J]. 冰川冻土，39（4）：902-909.

王世金，徐新武，颉佳. 2019.中国滑雪场空间格局、形成机制及其结构优化[J]. 经济地理，39（9）：222-231.

王世金，周蓝月，窦文康，等. 2020. 基于 GIS 的不同时期冰川旅游服务潜力评价——以新疆维吾尔自治区为例[J]. 遥感技术与应用，35（6）：1283-1291.

伍光和，沈永平. 2007. 中国冰川旅游资源及其开发[J]. 冰川冻土（4）：664-667.

易东林，刘妍，唐斯，等. 2019. 海螺沟景区旅游资源特色评价及优化开发研究[J]. 知识经济（18）：31-32.

张瑾瑜，陈理丽. 2019. 海螺沟景区康养旅游产品创新开发研究[J]. 当代旅游（6）：76-77.

朱智，李梅. 2016. 四川海螺沟冰川森林公园可持续旅游发展研究[J]. 环境科学与管理，41（2）：155-160.

Rock J F. 1947. Ancient Na-khi kingdom of Southwest China[M]. London：Oxford University Press.

Sun W，Zhang F，Tai S，et al. 2021. Study on glacial tourism exploitation in the Dagu Glacier scenic spot based on the AHP-ASEB method [J]. Sustainability，13（5）：2614-2631.

Wang S J，Xie J，Zhou L Y. 2020. China's glacier tourism：Potential evaluation and spatial planning[J]. Journal of Destination Marketing & Management，18：100506.